U0657786

分析超速离心技术
原理与应用

**Analytical
Ultracentrifugation**

Principles and
Applications

李文奇　叶晓东　李少伟 ◎ 主编

清华大学出版社
北京

内 容 简 介

　　本书从分析超速离心技术的理论、设备组成、检测方法、分析软件及实验设计等方面介绍了其技术原理，并以丰富的科研实例介绍了其在蛋白质研究、医药研发等领域的应用。本书可供生物、化学、材料学科的研究人员和生物医药企业研发及质控人员使用，可作为初学者的基础理论学习材料，也可为科研人员提供应用指导。

图书在版编目（CIP）数据

　　分析超速离心技术：原理与应用 / 李文奇，叶晓东，李少伟主编. -- 北京：清华大学出版社，2025.8（2025.11 重印）. -- ISBN 978-7-302-70075-3

　　Ⅰ. Q71-33

　　中国国家版本馆 CIP 数据核字第 2025CG5604 号

责任编辑：魏贺佳
封面设计：傅瑞学
责任校对：欧　洋
责任印制：刘　菲

出版发行：清华大学出版社
　　　　网　　　址：https://www.tup.com.cn，https://www.wqxuetang.com
　　　　地　　　址：北京清华大学学研大厦 A 座　　　邮　　编：100084
　　　　社　总　机：010-83470000　　　　　　　　邮　　购：010-62786544
　　　　投稿与读者服务：010-62776969，c-service@tup.tsinghua.edu.cn
　　　　质量反馈：010-62772015，zhiliang@tup.tsinghua.edu.cn
印　装　者：小森印刷（北京）有限公司
经　　销：全国新华书店
开　　本：170mm×240mm　　印　张：12.5　　字　　数：224 千字
版　　次：2025 年 8 月第 1 版　　　　　印　　次：2025 年 11 月第 2 次印刷
定　　价：98.00 元

产品编号：105961-01

编 委 会

（按姓氏笔画排序）

序

当我们探索世界的奥秘时,总会被微小而神秘的分子吸引。

为了"看"清这些分子的形貌、"摸"清它们的习性,科学家们前赴后继,上下求索。分析超速离心(AUC)技术正是这样一种经典的生物物理学分析手段。它作为一项精密的分析手段,从一个独特的角度去揭开各种分子的奥秘。近二三十年来,国外 AUC 技术飞速发展,取得了重大突破。设备的进步和计算机技术的跨时代发展,使得 AUC 技术为探索生物大分子世界的奥秘打开了一扇全新的窗口。受仪器设备研发和分析技术推广两方面的限制,很长一段时间内,国内对这项技术的应用较为有限。

AUC 技术起源于瑞典。1924 年,瑞典科学家 Theodor Svedberg 首次将 AUC 技术应用于研究金胶体等胶体颗粒的沉降行为,随后应用于蛋白质的表征,并在 1926 年成功用于测定第一个蛋白质——马血红蛋白的分子量大小。自 2003 年北京大学购置了首台贝克曼的分析型超速离心机至今,越来越多的国内团队开始采用这一技术进行科学研究,但是 AUC 技术的经典教材——Peter Schuck 等人的 *Basic Principles of Analytical Ultracentrifugation*、*Sedimentation Velocity Analytical Ultracentrifugation：Discrete Species and Size-Distributions of Macromolecules and Particles*、*Sedimentation Velocity Analytical Ultracentrifugation：Interacting Systems* 三部曲,Susumu Uchiyama 等人的 *Analytical Ultracentrifugation：Instrumentation，Software，and Applications*、David J. Scott 等人的 *Analytical Ultracentrifugation：Techniques and Methods* 等——都是国外著作,不可谓不是国内生物物理界的一大憾事。

得知这本《分析超速离心技术：原理与应用》即将问世,我颇为振奋。长期以来,国内研究者论文发表多,著书立说少——因为撰书是一件需要占用大量的科研时间的工作。所以,作为一线科研工作者,李文奇、叶晓东、李少伟和他们的同事、朋友们编著的这本书,跨越基本原理和方法应用,涵盖从高分子聚合物、纳米材料到蛋白质研究、生物医药等领域,实属难得。恰恰因为他们是一线科研人员，是走在技术应用前沿的先锋，他们的作品中所浓缩的经验、传达给读者的信息，才是最宝贵的。

　　诚然，与国际经典"大部头"相比，这本书还略显"稚嫩"。万事开头难。任何一次疾驰，都是从零速度起步；只有迈出了第一步，才会有紧跟而上的第二、第三步，最终飞奔向前。

于厦门

2025 年 1 月

前　言

分析超速离心（analytical ultracentrifugation，AUC）技术可以通过监测溶质分子在离心场中的沉降和扩散过程，来表征其沉降系数、分子量、摩擦比、相互作用强度等流体力学、热力学信息。AUC 技术广泛应用于蛋白质、核酸、病毒、多糖、合成高分子以及纳米颗粒等物质的表征，涉及细胞生物学、分子生物学、生物化学、免疫学、生物物理学、生物技术、生物材料、物理化学、胶体化学和高分子材料等多个学科。

自 1924 年被发明以来，AUC 技术作为一项具有百年历史的诺贝尔奖级别技术，始终在科学研究中占据重要地位。AUC 技术是目前唯一利用纯物理学原理在模拟生理状态下研究溶液中大分子物质的经典技术。尽管曾有一段时间处于低谷期，但得益于近 20 年来硬件设备和数据处理方法的改进，AUC 技术重焕生机。特别是其在生物医药领域应用的开发与拓展，使得整个国际 AUC 市场需求急剧增加，AUC 技术也因此成为兼具基础科学研究价值和商业市场价值的生物物理学研究工具。

关于 AUC 技术的专著最早可追溯到 1940 年。Svedberg 和 Pedersen 合著的经典著作《超速离心》(*The Ultracentrifuge*)，为后续技术的研发奠定了坚实的理论基础。1947 年，Pickels 设计的 Spinco Model E 分析型超速离心机首次亮相，开启了 AUC 技术的商业化时代。20 世纪 50—70 年代，AUC 技术被广泛应用于蛋白质、核糖体、DNA 以及病毒的研究，全世界安装投用了大约 2000 台分析型超速离心机。随后，由于尺寸排阻色谱、凝胶电泳、激光光散射等新技术的出现，AUC 技术经历了短暂的停滞时期。直至 20 世纪 90 年代，随着贝克曼库尔特有限公司 Optima XL-A/XL-I 型号分析型超速离心机的推出，以及计算机和软件处理数据能力的提升，AUC 技术重新回到大众视野，并在接下来的三十余年中持续发展。特别是在 2010 年以后，以 Peter Schuck 为代表的科学家们出版了多部 AUC 专著，为研究人员提供了巨大的帮助。

国内关于 AUC 技术的著作最早见于 1978 年，程伊洪和王克勤在《仪器分析及其在分子生物学中的应用（第三册）》(刘培楠等编)“超速离心分析法”一章中简要介绍了 AUC 技术。1983 年陶宗晋编著的《离心沉降分析技术》较为详细地阐述了 AUC 技术的相关信息。尽管随着 AUC 技术的发展，书中的信息已经不再适用于现在的新理论、新技术，这些书籍作为最早向国内研究者介绍 AUC 技术的先驱，在 AUC 发展史中具有重要地位。

为方便国内研究人员了解和应用 AUC 技术，本书作者团队在汲取国内外前辈知识精华的基础上，结合自身在 AUC 技术应用中遇到的问题和解决方法，经过一年多的努力，编写了这本《分析超速离心技术：原理与应用》。本书共设 4 个章节：第 1 章，分析超速离心技术的基本原理。该章节从 AUC 技术的发展历史讲起，详细介绍了 AUC 设备的组成、各种检测器及辅助工具，最后对 AUC 的实验设计和数据处理方法进行了详尽说明，是读者全面了解 AUC 技术的重要工具。第 2 章，分析超速离心技术在聚合物及纳米材料领域的应用。介绍如何使用 AUC 技术研究这些大分子的分子量、分布、非理想性以及相互作用等特性，并讨论了利用 AUC 技术表征纳米颗粒的性质，这包括粒子的尺寸、分布、密度以及表面配体结合情况，为聚合物及纳米材料领域研究人员提供了宝贵资料。第 3 章，分析超速离心技术在蛋白质研究中的应用。蛋白质作为生命活动的主要执行者，承担着重要的生物学功能。AUC 技术在蛋白质性质鉴定和功能分析方面发挥着重要作用。该章节介绍了 AUC 技术在可溶蛋白、膜蛋白、蛋白相互作用及无序蛋白研究中的应用，系统反映了 AUC 方法的强大功能。第 4 章，分析超速离心技术在生物医药领域的应用。该章节从 AUC 在生物医药领域应用的概述讲起，详细介绍了 AUC 技术在疫苗、抗体药、病毒类产品及其他生物制品研发与质控中的具体应用。

本书作者均是一线科研工作者。他们是来自清华大学的李文奇、常卿、褚文丹、刘俊华、王朝兴、曾承实、刘哲贤、郭文丽、李玉鑫；中国科学技术大学的叶晓东、罗真理、高亚婷、倪康、王辰阳；厦门大学的李少伟、顾颖、俞海、李婷婷、薛文辉、张思博、韩峰、郑明华；中国食品药品检定研究院的俞小娟、王兰、秦玺、李响；以及贝克曼库尔特有限公司的霍德华、余启昆、叶苗。自 2003 年起，他们就开始接触和应用 AUC 技术，并在各自的研究领域进行持续探索，为发掘 AUC 技术本身及其应用的潜力不懈努力。贝克曼库尔特有限公司作为全球领先的分析型超速离心机制造商，始终致力于推动技术的创新与发展，鼎力支持本书出版，并慷慨提供了珍贵的历史照片和技术图片，为内容的丰富性和专业性增添了重要价值。山西吕梁学院的张霞博士为本书绘制了精美插图。

本书全体作者希望可以借由本书与读者分享自己的经验，如有疏漏之处请各位批评指正。期待 AUC 技术在国内基础科研和生物医药领域绽放风采！

李文奇　叶晓东　李少伟

2025 年 8 月

目　录

第1章

分析超速离心技术的基本原理

1.1 发展简史

1908 年,Perrin 通过制备均匀分散的稳定乳液,在重力场下实现沉降平衡,并通过测量不同位置的粒子浓度,得出了阿伏伽德罗常数(Perrin,1926)。1913 年,Dumansky 等人(1913)首次尝试利用离心法测量粒子的尺寸,但由于圆柱体离心池中的对流问题而未能成功。1922 年,瑞典科学家 Svedberg 研究了不同胶体颗粒在重力场中的沉降,并发展了一种根据粒子浓度在不同时间和不同位置的变化检测粒径分布的方法。但对小于 100nm 的粒子,仅在地球重力场作用下,其沉降较慢,无法准确测量粒子尺寸。因此,Svedberg 和 Rinde(1923b)提出了在离心场中使用这种方法来研究更小尺寸的胶体颗粒。

1923 年,Svedberg 在威斯康星大学访问期间,与 Nichols 一起研制了配备有光学检测系统的离心机,成功观测到尺寸在 $20\sim150$nm 范围的粒子在离心场中的沉降(Svedberg et al.,1923a)。然而,由于溶液在圆柱体离心池中存在沿着管壁的对流问题,他们没能给出关于沉降速度简单而精确的计算(Pedersen,1976)。为此,Svedberg 等人进行了一系列改进:一是设计了扇形样品池以减少溶液对流;二是向仪器中通入压力约 20mmHg 的氢气用于散热,以提高温度均一性,减少由温度差引起的对流;三是采用油涡轮驱动的方法。最终,他们成功发明了分析超速离心(analytical ultracentrifugation,AUC)技术(Svedberg et al.,1924)。该技术最初用于研究胶体金等胶体颗粒的沉降行为,后应用于蛋白质的表征(Svedberg et al.,1926a,b;Svedberg et al.,1928)。通过在低转速下的沉降平衡实验和在高转速下的沉降速度实验,证明了蛋白质具有确定的分子量。由于 Svedberg 在分散体系中的杰出贡献,包括通过实验验证了爱因斯坦-布朗运动理论,他于 1926 年获得诺贝尔化学奖。

早期的 AUC 仪器使用拍照曝光方式测量粒子在样品池不同径向位置的吸

收(Svedberg et al.，1940)。1928 年，Lamm 发展了一种称为 Lamm 尺度的方法，检测不同径向位置的折光指数梯度。随后，Lamm(1929)又提出了描述溶液中粒子沉降和扩散行为的 Lamm 方程。1930 年代，纹影检测器(schlieren optical system)被设计出来，用于检测不同径向位置的折光指数梯度(Philpot，1938；Longsworth，1939；Svensson，1939，1940)。

1940 年，Svedberg 和 Pedersen 合著了超速离心领域的经典著作《超速离心》(*The Ultracentrifuge*)(Svedberg et al.，1940)。1947 年，由 Pickels 设计的 Spinco Model E 分析型超速离心机首次亮相，该仪器采用电机驱动。值得注意的是，在 1947 年之前，全球仅有大约 8 台基于 Svedberg 设计的油涡轮驱动的分析型超速离心机，以及大约相同数目的基于 Beams 和 Pickels 设计的空气涡轮驱动的分析型超速离心机(Beams et al.，1935)。在此基础上，瑞利干涉检测器和光电扫描吸收检测器也相继问世(Richards et al.，1959；Hanlon et al.，1962)，提升了仪器检测分析能力，有效促进了 AUC 技术的推广应用。

20 世纪 50—70 年代被认为是 AUC 的黄金年代，它被广泛应用于蛋白质、核糖体、DNA 以及病毒等方面的研究，全世界安装投用了大约 2000 台 AUC 设备(Schachman，1989)。Watson 和 Crick 于 1953 年提出 DNA 双螺旋模型(Watson et al.，1953)，但关于 DNA 复制的机理争议不断。1958 年，Meselson 和 Stahl 基于氯化铯密度梯度平衡分析超速离心法(density gradient equilibrium-analytical ultracentrifugation，AUC-DGE)证实了 DNA 的半保留复制机理(Meselson et al.，1957，1958)，该实验也被誉为"最美生物学实验"(Holmes，2001)。在该实验中，Meselson 和 Stahl 首先采用氮源仅为 $^{15}NH_4Cl$ 的培养基培养大肠杆菌。经过 14 代后，新复制产生的 DNA 均为 ^{15}N 标记。随后，他们将这些带有 ^{15}N 标记的 DNA 和原本仅含 ^{14}N 的 DNA 进行氯化铯 AUC-DGE 实验。结果表明，在离心场下，由于这两种 DNA 的密度不同，它们分布在不同的径向位置。这一实验结果验证了 AUC-DGE 可用于分离和鉴别 ^{14}N DNA 和 ^{15}N DNA。接下来，他们将大肠杆菌的培养基迅速换成 ^{14}N 氮源的培养基进行传代培养，并观察传不同代后的 DNA 密度。经一次细胞分裂后，DNA 提取液的 AUC-DGE 离心图谱呈单一条带，其密度恰好介于 ^{14}N DNA 与 ^{15}N DNA 之间，即同时含有 ^{15}N 和 ^{14}N 子链的杂合分子条带，从而排除了全保留复制模型。第二次细胞分裂后，离心图谱出现两条带：一条位于杂合分子位置；另一条则是密度较低的轻带，对应于完全由 ^{14}N 子链构成的 DNA。随着培养代数的增加，杂合分子条带逐渐减弱，轻带逐渐增强，说明细胞新合成的 DNA 仅含 ^{14}N。这一连续变化有力验证了 DNA 的半保留复制机制(Meselson et al.，1958)。AUC 还在发现 80S 酵母核糖体单位(Chao et al.，1956)以及 30S，50S 核糖体亚单位和 70S 核糖体之间的关系中发挥了关键作用(Tissières et al.，1958)。

之后，由于 AUC 设备在 Spinco Model E 基础上没有更大的改进，数据获取仍然基于摄影，处理相对繁琐，AUC 在科研领域的应用随着尺寸排阻色谱(size exclusion chromatography，SEC)、凝胶电泳、激光光散射等新技术的出现而逐渐减少，到 20 世纪 80 年代，仅有少数实验室继续使用 AUC 开展研究(Schachman et al.，1999)。贝克曼库尔特有限公司(Beckman Coulter，Inc.，简称贝克曼公司)于 1991 年和 1996 年先后推出了 Optima XL-A 和 Optima XL-A/XL-I 型分析型超速离心机，并配备了紫外可见光吸收检测器和瑞利干涉检测器，改进了样品检测方法，实现了数据收集和分析的高度自动化(Schachman，1989；Furst，1997)。同时计算机性能和软件处理数据能力不断提升，一批数据分析软件如 SEDFIT、UltraScan 和 SEDANAL 可对沉降数据进行深入分析，得出精确结果(Stafford，1992；Carruthers et al.，2000；Schuck，2000；Brown et al.，2006)，使 AUC 作为"第一原则分析方法"重新焕发生机。AUC 的应用无需标准样品校准仪器，可以分析粒径在 1～5000nm 范围粒子的分子量、大小、形状和密度等信息，因而被广泛应用于蛋白质、核酸、聚多糖、合成高分子以及纳米颗粒等研究领域。图 1.1 展示了不同时期的分析型超速离心机。

(a) Svedberg分析型超速离心机部分组件　　(b) 贝克曼Model E

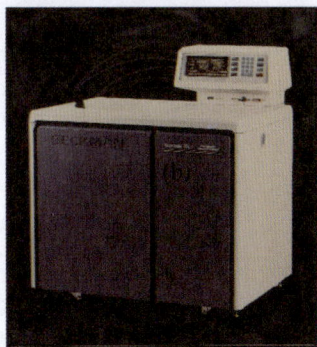

(c) 贝克曼Optima XL-A　　(d) 贝克曼Optima AUC

图 1.1 不同时期的分析型超速离心机照片

1.2 实验原理

在溶液或胶体分散体系中，溶质粒子因受到溶剂分子的热运动而发生布朗运动。布朗运动受溶质粒子大小、溶液温度以及黏度影响。若溶质与溶剂密度不同，在外力作用下，溶质会因与溶剂的密度差发生沉降或上浮的定向运动。这种运动与其分子量、大小、形状、密度等有关。当溶质粒子的尺寸小于 100nm 时，粒子沉降所涉及的重力势能差相对于热能 $k_B T$ 较小，此时粒子处于接近均匀分布状态。当对溶液施加较强的外力，如离心力，溶质粒子所受外力可抗衡热运动，从而出现定向运动。我们用相对离心场来表示离心场的大小，相对离心场等于离心加速度除以地球的重力加速度 $g(g \approx 9.81 \text{m/s}^2)$。在 AUC 实验中，离心加速度为 $\omega^2 r$，ω 表示转子的角速度（rad/s），径向位置 r（即粒子与旋转轴间的距离）范围为 $5.7 \sim 7.2$cm。如果使用样品池径向中间位置，$r = 6.5$cm，调节转速为 $1000 \sim 60\,000$rpm[①]，可以产生的离心场为 $70g \sim 260\,000g$。在足够强的离心场下，粒子会发生沉降，通过光学检测器检测分析溶液中粒子随时间及径向距离的浓度变化 $c(r,t)$，可以获得粒子的沉降系数、扩散系数及分子量等信息。根据实验模式，AUC 实验主要分为沉降速度（sedimentation velocity，SV）和沉降平衡（sedimentation equilibrium，SE）实验，其主要区别在于粒子在离心场下的运动行为不同。在 AUC-SV 实验中，粒子的沉降大于扩散，导致粒子持续向远离轴心的方向运动，直到达到样品池的底部。而在 AUC-SE 实验中，粒子的沉降与扩散达到平衡，使得粒子在不同位置的浓度保持不变。下面将对 AUC-SV 和 AUC-SE 实验的原理和数据分析进行介绍。

1.2.1 Svedberg 方程

在两组分体系中，假设溶液或者分散体系中的粒子的密度为 ρ_p，粒子的质量为 m_p，溶剂密度为 ρ_s。在离心场中沉降时，粒子同时受到离心力（F_s）、浮力（F_b）和摩擦力（F_f）的作用。

离心力 F_s 的表达式为：

$$F_s = m_p \omega^2 r \tag{1.1}$$

其中，ω 表示转子的角速度（$\omega =$ 转速 $\times 2\pi/60$，单位为 rad/s），r 表示粒子与旋转轴之间的距离。离心力 F_s 的方向指向样品池的底部，其大小与离心加速度 $\omega^2 r$ 成正比。

---

① rpm 为国际上 AUC 领域常用转速单位，即 r/min（转每分）。

　　粒子在溶剂中受到的浮力 F_b 可以根据阿基米德定律计算。在稀溶液中，溶液密度 ρ 和溶剂密度 ρ_s 近似。当粒子加入溶液中，引起溶液体积增加 v，因此排出的溶剂质量为 $m_s = \rho_s v$。粒子在离心场中所受到的浮力 F_b 等于 m_s 和离心加速度 $\omega^2 r$ 的乘积，方向与离心力 F_s 相反，其表达式为：

$$F_b = -m_s \cdot \omega^2 r = -\rho_s v \cdot \omega^2 r \tag{1.2}$$

　　粒子在沉降过程中受摩擦力 F_f 的作用，其与运动速度 u 成正比，方向与粒子运动方向相反：

$$F_f = -fu \tag{1.3}$$

其中，f 为粒子与溶剂间的摩擦系数，与粒子尺寸、形状及溶剂特性有关。在稀溶液中，沉降和扩散的摩擦系数通常相等，可根据爱因斯坦-萨瑟兰方程计算得出：

$$f = \frac{k_B T}{D} = \frac{RT}{D N_A} \tag{1.4}$$

其中，R 为摩尔气体常数，k_B 为玻耳兹曼常数，T 为绝对温度（单位为 K），D 表示扩散系数（单位为 m^2/s），N_A 为阿伏伽德罗常数。

　　当 AUC 设备启动后，粒子开始加速定向运动。随着粒子速度增加，摩擦力增大，在极短的时间内，粒子受到的离心力、浮力和摩擦力达到平衡，因此，

$$F_s + F_b + F_f = m_p \omega^2 r - \rho_s v \omega^2 r - fu = 0 \tag{1.5}$$

整理可得沉降系数（sedimentation coefficient）s 的定义表达式：

$$s \equiv \frac{u}{\omega^2 r} = \frac{m_p(1 - \rho_s v / m_p)}{f} = \frac{M(1 - \bar{v}\rho_s)}{N_A f} \tag{1.6}$$

其中，沉降系数 s 表示单位离心场下的速度，其单位 S 以 Théodor Svedberg 命名，$1S = 10^{-13}s$。粒子的摩尔质量 M 可表示为 $M = N_A m_p$，其中 $1 - \bar{v}\rho_s$ 是浮力因子，$M(1 - \bar{v}\rho_s)$ 为经过浮力校正的有效摩尔质量。$\bar{v}$ 为粒子的偏比容（partial specific volume），代替 v/m_p，其物理意义是由于粒子的加入导致溶液体积的增量，其定义为 $\bar{v} = (\partial v / \partial m)_{T,P}$，单位为 mL/g。需要注意的是，随着粒子径向沉降，其与旋转轴的距离 r 逐渐增加，受到离心力也在增加，因此沉降中，粒子的沉降速度会有所增加。

　　结合式（1.4）和式（1.6），可得到著名的 Svedberg 方程：

$$M = \frac{sRT}{D(1 - \bar{v}\rho_s)} \tag{1.7}$$

　　Svedberg 方程阐述了粒子的摩尔质量（M）与扩散系数（D）和沉降系数（s）之间的关系，提供了一种测量粒子的摩尔质量的方法。须注意，s 和 D 受溶质

浓度、溶液温度和溶剂性质影响，因此分析时须采用同一温度、相同溶剂的数据，并且将溶质浓度外推到无限稀释，以消除浓度因素影响。

对于球形粒子，假设其密度为 ρ_p，其摩尔质量 M 可表示为

$$M = \frac{4}{3}\pi\left(\frac{d_p}{2}\right)^3 \rho_p N_A \qquad (1.8)$$

其中 d_p 是粒子的直径。结合式(1.6)和式(1.8)以及斯托克斯定律 $f = 3\pi\eta_s d_p$（其中 η_s 为溶剂的黏度），可以得到粒子直径 d_p 的表达式：

$$d_p = \sqrt{\frac{18\eta_s \cdot s}{\rho_p - \rho_s}} = \sqrt{\frac{18\eta_s}{\rho_p - \rho_s} \cdot \frac{u}{\omega^2 r}} \qquad (1.9)$$

因此，通过 AUC 实验中测得的沉降系数，可以得到粒子的直径。同样，在重力场下，通过测量已知大小的小球在一定时间内沉降的距离，只需要将离心加速度 $\omega^2 r$ 替换成重力加速度 g，就可以根据类似式(1.9)的式子计算黏度 η_s，这就是落球式黏度计的原理。

1.2.2 Lamm 方程

由于体系中浓度不均匀，粒子在离心场中沉降的同时还会发生扩散，特别是在沉降界面处，由于浓度梯度最大，扩散更为显著，因此沉降界面并不垂直，而是一个渐变的界面。同时考虑沉降与扩散这两个因素对浓度的影响，可得到描述粒子浓度(c)随着时间(t)和径向位置(r)变化的方程，即 Lamm 方程。

如图 1.2 所示，假设存在一个扇形池以角速度 ω 旋转，其中的体积元 dV 位于距离旋转轴中心为 r 和 $r + dr$ 的位置。

对于样品池厚度为 a，距离旋转轴中心为 r 的截面，因为夹角 φ 非常小，截面面积 A 可以近似表示为：

$$A \approx ra\varphi \qquad (1.10)$$

粒子在离心场中，单位时间内由于沉降作用通过该截面的粒子质量为：

$$\frac{\mathrm{d}m_s}{\mathrm{d}t} = c \cdot A \cdot u = c \cdot ra\varphi \cdot s\omega^2 r \qquad (1.11)$$

其中 c 和 u 是粒子的浓度和速度，利用沉降系数的定义 $s \equiv u/\omega^2 r$ 得到表达式。而单位时间内，由于粒子浓度梯度引起的扩散的粒子质量可以根据 Fick 第一定律表示为：

$$\frac{\mathrm{d}m_D}{\mathrm{d}t} = -D \cdot ra\varphi \frac{\partial c}{\partial r} \qquad (1.12)$$

其中，dm_D/dt 表示单位时间内由于扩散作用通过界面的粒子质量，$\partial c/\partial r$ 表示截面处的浓度梯度，D 为扩散系数。因此，在沉降和扩散共同作用下，距旋转轴

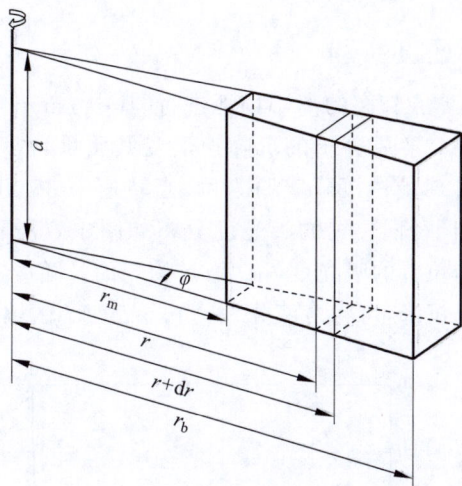

图 1.2 分析超速离心扇形池的示意图

φ 为夹角,通常为 $2.4°$;a 表示样品池中的光程,即样品溶液的厚度,通常为 12mm 或者 3mm。r_m 和 r_b 分别对应样品液面和底部与转轴的距离。授权改编自 Mächtle 和 Börger(2006) © Springer-Verlag Berlin Heidelberg 2006

距离为 r 的截面处,单位时间通过的粒子净质量为:

$$\frac{dm_{in}}{dt} = \frac{dm_s}{dt} + \frac{dm_D}{dt} = cra\varphi s\omega^2 r - Dra\varphi\frac{\partial c}{\partial r} = ra\varphi\left(cs\omega^2 r - D\frac{\partial c}{\partial r}\right) \quad (1.13)$$

距旋转轴为 $r+dr$ 的界面处,单位时间内通过的粒子净质量为:

$$\frac{dm_{out}}{dt} = \frac{dm_{in}}{dt} + \frac{\partial(dm_{in}/dt)}{\partial r}dr \quad (1.14)$$

对于两个界面之间的体积 $V = ar\varphi dr$,单位时间内的净粒子质量和净浓度变化分别为:

$$\frac{dm}{dt} = \frac{dm_{in}}{dt} - \frac{dm_{out}}{dt} \quad (1.15)$$

即:

$$\frac{\partial c}{\partial t} = \frac{dm}{dt \cdot V} = \frac{1}{r}\frac{\partial}{\partial r}\left[\left(D\frac{\partial c}{\partial r} - \omega^2 rsc\right)r\right] \quad (1.16)$$

这就是 Lamm 方程。该方程是由 Svedberg 的学生 Ole Lamm 于 1929 年提出(Lamm,1929)。在稀溶液中,可假设 D 和 s 都与浓度无关,式(1.16)可变为:

$$\frac{\partial c}{\partial t} = D\left(\frac{\partial^2 c}{\partial r^2} + \frac{1}{r}\frac{\partial c}{\partial r}\right) - s\omega^2\left(r\frac{\partial c}{\partial r} + 2c\right) \quad (1.17)$$

该方程表明,浓度随时间的变化包括两项,第一项与扩散(D)相关,第二项与沉降(s)相关。

1.2.3　沉降速度实验

沉降速度实验通常在较高的离心场下进行,其中 Lamm 方程式(1.17)中的沉降项主导了扩散项。溶质分子的沉降速度受其质量、密度、大小和形状的影响。以大豆蛋白 11S 球蛋白沉降实验为例,当转速为 35 000rpm 时,在离心场下沉降 60min 后,不同径向位置的吸光度分布如图 1.3 所示。在实验开始时,溶质分子在不同径向位置的吸光度(浓度)是均匀的。随着实验的进行,溶质分子以一定速度向底部沉降,可将溶液分为 a/b/c/d 四个区域。

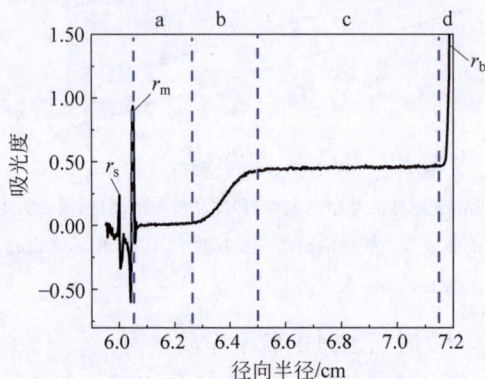

图 1.3　沉降速度实验中,不同径向位置的吸光度分布图

11S 球蛋白样品,检测波长 $\lambda=280$nm,转速 $\omega=35\,000$rpm,离心时间 $t=60$min。r_s 对应于参比液液面与转轴的距离,r_m 和 r_b 分别对应着样品溶液的液面和底部

区域 a,溶质已经完全沉降,只剩下溶剂分子。

区域 b,溶质浓度逐渐增加,是一个过渡区域,称为沉降界面区,随着沉降时间增加,该界面向样品池底部移动,如图 1.4 所示。在该界面区的样品浓度分布受样品的扩散和多分散性影响。例如,如果体系中的粒子为单分散且没有扩散现象,则边界区将呈陡增的特征。

区域 c 中溶质浓度保持均匀,被称为平台区,若实验中出现多个平台,则说明溶液中含有多种具有不同沉降系数的溶质。

区域 d 表示样品池的底部区域,溶质在该区域逐渐积累,溶质反向扩散明显,在数据分析时需去除此部分数据。

在实验中,为了区分样品液面的位置,通常会稍微多加一些溶剂到参比池中。例如对于 12mm 的中心件,样品池中的样品加入量为 400μL,参比池中参比液的加入量为 410μL。在实验中,若溶质密度小于溶剂,则溶质会上浮,采集的数据与前述情况相反。图中还显示,即使大豆 11S 球蛋白粒子具有均一的分

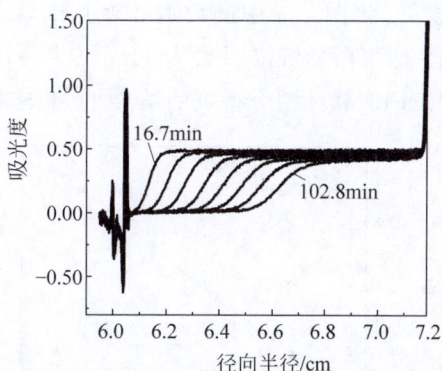

图 1.4　沉降速度实验中,不同时间点、不同径向位置的吸光度分布图
11S 球蛋白样品,检测波长 $\lambda = 280\text{nm}$,转速 $\omega = 35\,000\text{rpm}$,时间间隔 $\Delta t = 12.3\text{min}$

子量,在沉降过程中,由于溶质分子的扩散作用,沉降界面会逐渐展宽。因此,对于具有均一分子量的样品,可以通过测量沉降界面的展宽来计算样品的扩散系数。

1.2.3.1　沉降系数

前文已提到,沉降系数 s 被定义为单位离心场下的沉降速度 u,即 $s \equiv u/\omega^2 r$。由于 $u = \mathrm{d}r/\mathrm{d}t$,可以将沉降系数 s 表示为 $(\mathrm{d}r/\mathrm{d}t)/\omega^2 r$,这个表达式可以进一步转化为:

$$\ln \frac{r}{r_\mathrm{m}} = s \int_0^t \omega^2 \mathrm{d}t = s\omega^2 t \tag{1.18}$$

其中,r_m 为溶液液面位置,r 是沉降界面的中点位置,亦可以用浓度梯度分布的二次矩(second moment)的平方根来表示(Goldberg,1953),二次矩的方法适用于使用纹影光学检测器测得的浓度梯度数据(折光指数梯度),特别适用于沉降界面不对称或具有多个峰的情况。用二次矩方法确定在假想没有扩散和多分散的情况下的界面位置,这样计算得到的等效界面移动可以用来确定重均沉降系数。具体的计算公式如下:

$$\langle r^2 \rangle = \frac{\displaystyle\int_{r_\mathrm{m}}^{r_\mathrm{p}} \frac{\mathrm{d}c}{\mathrm{d}r} r^2 \mathrm{d}r}{\displaystyle\int_{r_\mathrm{m}}^{r_\mathrm{p}} \frac{\mathrm{d}c}{\mathrm{d}r} \mathrm{d}r} \tag{1.19}$$

其中,r_p 是平台区某一位置。通常如果样品是单一的,且粒子之间没有相互作用,可以将不同时间点测得的吸光度曲线进行拟合和微分处理,以得到相应的微分曲线。根据微分曲线峰的中心位置确定对应沉降界面的中心位置 r。根据式(1.18),如果 ω 恒定,测得不同时刻的 r 值,以 $\ln(r/r_\mathrm{m})$ 为纵坐标,对 $\omega^2 t$ 作图，斜率即为沉降系数 s。将图 1.4 中的数据处理并作图，如图 1.5 所示，根据斜率可以得到大豆 11S 球蛋白的沉降系数为 11.15S。使用该方法得到的沉降系数与使用常用的 SEDFIT 软件拟合得到的结果 11.14S 非常接近。

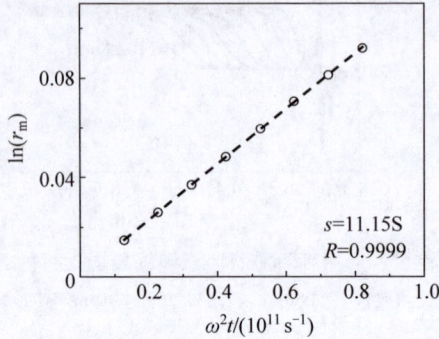

s=11.15S
R=0.9999

图 1.5　由图 1.4 中的数据，根据式（1.18）计算 11S 球蛋白样品沉降系数 s

1.2.3.2　沉降系数的浓度依赖性

沉降速度实验测得的粒子的沉降系数通常与粒子浓度相关。正是因为沉降系数表现出对浓度的依赖性，所以在 20 世纪 50 年代，早期错误的术语"沉降常数"（sedimentation constant）逐渐被更为准确的术语"沉降系数"（sedimentation coefficient）所取代。这种依赖性的强弱取决于溶质分子的性质。对于球形粒子，依赖性较弱；而对于无规线团形状的高分子量大分子，依赖性较强。沉降系数的浓度依赖性可以用式（1.20）或式（1.21）表示（Harding et al.，1985），

$$s(c) = \frac{s_0}{1 + k_s c} \quad 或 \quad s_0(1 - k_s c)，\quad k_s c \ll 1 \tag{1.20}$$

$$\frac{1}{s(c)} = \frac{1}{s_0}(1 + k_s c) \tag{1.21}$$

其中，s_0 为理想状态下的沉降系数，即将浓度外推到零时的沉降系数，也称为无限稀释时的沉降系数。$s(c)$ 是浓度为 c 时的沉降系数，而 k_s 为浓度相关系数。需要注意的是，上述公式只在稀溶液范围内适用。可以通过在一系列不同浓度下测得的沉降系数，根据式（1.20）将 $s(c)$ 对浓度作图并进行线性拟合，以获得 s_0 和 k_s 的值。也可根据式（1.21）使用浓度 c 时的沉降系数的倒数 $1/s(c)$ 对浓度 c 作图，并进行线性拟合，以获得 s_0 和 k_s 的值。沉降系数的浓度依赖性主要由以下三种因素决定（Schachman，1959；Mächtle and Börger，2006）：1）溶液的黏度 η_s，随着粒子浓度的增加，溶液的黏度 η_s 也会增大，根据式（1.6）以及斯托克斯定律，当 η_s 增加时，沉降系数 s 会减小；2）溶液的密度，例如，当溶液中不

存在其他蛋白质时,脂蛋白会在离心场中沉降,但当溶液中存在高浓度的其他低分子量蛋白质时,脂蛋白则会发生上浮(Gofman et al.,1949);3)当粒子发生沉降时,留下的空间需要被溶剂分子填充,从而对粒子产生对流阻力。因此,粒子浓度越大,这种对流阻力越大。有时,沉降系数会随着浓度的增加而增加,这往往是由于蛋白质单体和多聚体之间的快速平衡导致的。

粒子沉降系数的浓度依赖性也与粒子的形状相关。粒子形状越接近球形,浓度对沉降系数的影响越小,即 k_s 越小(Schachman,1959;Creeth et al.,1965;Harding,1995a,b)。当沉降系数对浓度依赖性较强时,可能会引起自窄效应(self-sharpening effect)。如图1.3所示,在沉降速度实验中,随着样品逐渐沉向底部,形成沉降边界区域 b。在此区域内,粒子的浓度逐渐增大,即边界内侧靠近上层清液区的浓度趋近于零,而边界外侧靠近平台区的浓度与初始浓度相近。由于沉降系数的浓度依赖性,不同位置的粒子的沉降系数逐渐变化。边界内侧浓度较低,粒子的沉降系数较大,而边界外侧浓度较高,沉降系数较小,就可能导致沉降边界变窄。

在多组分体系时,例如两种具有不同沉降系数的蛋白质混合溶液,研究发现沉降系数较小的组分的浓度偏大,并且这种现象在低浓度时不明显,称为 Johnston-Ogston 效应(Johnston et al.,1946)。具体而言,当溶液中存在两种不同的组分 A 和 B,A 沉降较慢,B 沉降较快。如图1.6所示,在某一时刻,体系中浓度的径向分布可以分为三个区间,其中区间 Ⅰ 只包含溶剂,区间 Ⅱ 只含有沉降系数慢的组分 A,区间 Ⅲ 中 A 和 B 两种组分共存。由于区间 Ⅲ 中总浓度较大,导致组分 A 的表观沉降系数变小,从而导致了区间 Ⅱ 中组分 A 的浓度比区间 Ⅲ 中要高。如果检测器对组分 A 有选择性,则可以观察到组分 A 在组分 B 的沉降界面处,浓度从一个较高平台逐渐降到一个较低的平台。

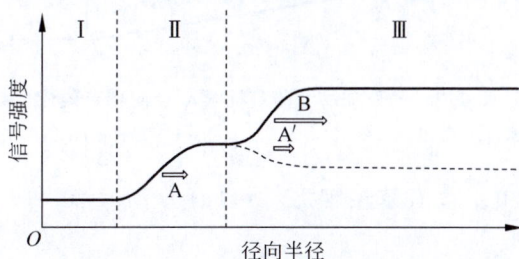

图1.6　Johnston-Ogston 效应示意图

授权改编自 Schuck 等(2016)© Taylor & Francis Group 2016

1.2.3.3 电荷效应

生物大分子如蛋白质、DNA、RNA 以及部分聚多糖都是带电的聚电解质。溶液中存在的盐种类及浓度会影响这些生物大分子的沉降。即使使用超纯水对这些聚电解质进行透析处理，仍然会存在一些反离子，比如 H^+ 或 OH^-，以中和生物大分子所带的电荷。在离心场下，生物大分子会与反离子部分分离，它们之间的静电相互作用会减慢生物大分子的沉降速度，这种效应被称为主要电荷效应（primary charge effect）。此外，所使用的盐中正离子和负离子的沉降行为也可能不同，导致在离心场下正离子和负离子会分开，从而影响大分子的运动，这种效应被称为次要电荷效应（second charge effect）。在实际实验中，通常会加入正离子和负离子的沉降速度几乎相同的盐，并控制离子强度在 $0.1 \sim 0.2 mol/L$，以减小电荷效应的影响。当然，也需要将粒子的沉降系数外推到无限稀释浓度得到 s_0。

1.2.3.4 径向稀释效应

在沉降速度实验中，因为样品池为扇形，截面离旋转轴越远，截面积越大，并且粒子在沉降过程中会在径向位置上加速，所以平台区域溶质浓度随着沉降时间的增加而减小，这一现象被称为径向稀释效应，如图 1.7 所示。因此，粒子在沉降过程中，平台区的浓度会降低。当粒子在离心场下发生上浮时，会造成径向增稠的现象（Trautman et al.，1954；Mächtle et al.，2006）。

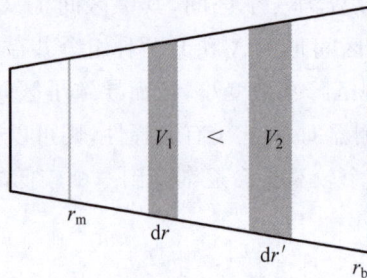

图 1.7 扇形样品池俯视图表示径向稀释效应

授权改编自 Mächtle 等（2006）© Springer-Verlag Berlin Heidelberg 2006

在平台区域，由于没有浓度梯度，所以有 $\partial c / \partial r = 0$ 和 $\partial^2 c / \partial r^2 = 0$，根据式（1.17）可以得到：

$$\frac{\partial c}{\partial t} = -2\omega^2 sc \tag{1.22}$$

或者

$$c_t = c_0 e^{-2s\omega^2 t} \tag{1.23}$$

在从式(1.22)到式(1.23)的积分过程中,假定 s 和 ω 都是常数,c_0 是初始浓度。

根据沉降系数的定义 $s \equiv \dfrac{\mathrm{d}r/\mathrm{d}t}{\omega^2 r}$,结合式(1.22),在从 $t=0$ 时刻(c_0 和 r_{m})积分到 t 时刻(c_t 和 r_t),可得以下关系:

$$\frac{c_0}{c_t} = \left(\frac{r_t}{r_{\mathrm{m}}}\right)^2 \tag{1.24}$$

1.2.3.5　溶剂的影响

粒子的沉降系数除受自身的摩尔质量、偏比容以及形状的影响,同时也与溶液的密度、黏度以及实验温度有关。为了消除溶剂性质的影响,通常将在不同溶剂体系中测得的沉降系数转化为假设在 20.0℃ 下在纯水中测量的值,用 $s_{20,\mathrm{w}}$ 来描述在此标准状态下的沉降系数。这样可以比较在不同温度下和不同缓冲溶液中测得的数值。$s_{20,\mathrm{w}}$ 的定义为:

$$s_{20,\mathrm{w}} = s_{T,\mathrm{b}} \frac{\eta_{T,\mathrm{b}}}{\eta_{20,\mathrm{w}}} \frac{(1-\bar{v}\rho)_{20,\mathrm{w}}}{(1-\bar{v}\rho)_{T,\mathrm{b}}} \tag{1.25}$$

其中,$\eta_{T,\mathrm{b}}$ 表示实验温度 T 下缓冲溶液的黏度,$\eta_{20,\mathrm{w}}$ 表示 20.0℃ 下水的黏度,$(1-\bar{v}\rho)_{20,\mathrm{w}}$ 和 $(1-\bar{v}\rho)_{T,\mathrm{b}}$ 分别对应粒子在 20.0℃ 时在纯水中和在温度 T 下在缓冲溶液中的浮力因子。通常情况下,$\bar{v}$ 随温度和缓冲溶液性质变化较小。此外,一般习惯把黏度项分解成缓冲溶液相对黏度和温度依赖因子,因此式(1.25)可以改写成:

$$s_{20,\mathrm{w}} = s_{T,\mathrm{b}} \frac{\eta_{T,\mathrm{b}}}{\eta_{T,\mathrm{w}}} \frac{\eta_{T,\mathrm{w}}}{\eta_{20,\mathrm{w}}} \frac{(1-\bar{v}\rho_{20,\mathrm{w}})}{(1-\bar{v}\rho_{T,\mathrm{b}})} \tag{1.26}$$

其中,$\rho_{20,\mathrm{w}}$ 和 $\rho_{T,\mathrm{b}}$ 分别表示 20.0℃ 下水的密度和实验温度 T 下缓冲溶液的密度。

1.2.3.6　摩擦比

摩擦比(f/f_0)表示粒子受到的摩擦系数 f 与具有相同分子量的理想小球受到的摩擦系数 f_0 之间的比值,用以反映粒子的形状以及水合作用对沉降系数的影响(Harding,1995a,b; Van Holde et al.,1998)。假设粒子的分子量已知,摩擦系数 f 可以通过测量沉降系数 s,利用式(1.6)计算。根据斯托克斯定律,摩擦系数 $f=6\pi\eta_{T,\mathrm{b}}R_{\mathrm{s}}$,其中 R_{s} 为粒子的等效分子半径,也称为斯托克斯半径。另外,假设具有相同质量和密度的无水小球(半径为 R_0)的摩擦系数为 f_0,可表示为 $f_0=6\pi\eta_{T,\mathrm{b}}R_0$。根据式(1.6)可推导出以下关系式:

$$\frac{M}{N_{\mathrm{A}}} = \frac{s_{T,\mathrm{b}}f}{1-\bar{v}\rho_{T,\mathrm{b}}} = \frac{s_{T,\mathrm{b}}}{1-\bar{v}\rho_{T,\mathrm{b}}}\left(\frac{f}{f_0}\right)f_0 = \frac{s_{T,\mathrm{b}}}{1-\bar{v}\rho_{T,\mathrm{b}}}\left(\frac{f}{f_0}\right)6\pi\eta_{T,\mathrm{b}}R_0 \tag{1.27}$$

因为粒子为球形，所以其球形半径为：

$$R_0 = \left(\frac{3}{4\pi}\frac{M}{N_A}\bar{\upsilon}\right)^{1/3} \tag{1.28}$$

结合式(1.26)、式(1.27)和式(1.28)，可得：

$$\frac{f}{f_0} = \frac{M(1-\bar{\upsilon}\rho_{T,b})}{N_A 6\pi\eta_{T,b}s_{T,b}}\left(\frac{4\pi N_A}{3\bar{\upsilon}M}\right)^{1/3} = \frac{M(1-\bar{\upsilon}\rho_{20,w})}{N_A 6\pi\eta_{20,w}s_{20,w}}\left(\frac{4\pi N_A}{3\bar{\upsilon}M}\right)^{1/3} \tag{1.29}$$

式(1.29)给出了摩擦比与沉降系数和摩尔质量之间的关系。同时，f/f_0 也可以通过平动扩散系数求得，

$$\frac{f}{f_0} = \frac{k_B T}{6\pi\eta_{20,w}}\left(\frac{4\pi N_A}{3\bar{\upsilon}M}\right)^{1/3}\frac{1}{D_{20,w}} \tag{1.30}$$

其中，$D_{20,w}$ 是假设在 20.0℃下在纯水中测量的平动扩散系数，与在实验条件下测得的 $D_{T,b}$ 之间的关系为：$D_{20,w} = D_{T,b}\dfrac{293.15/T}{\eta_{T,b}/\eta_{20,w}}$。另外，为了获得粒子形状信息，定义 Perrin 平动摩擦函数（Perrin translational frictional function）：

$$P = \frac{f}{f_0}\left(\frac{\bar{\upsilon}}{\upsilon_s}\right)^{1/3} = \frac{f}{f_0}\left(\frac{\bar{\upsilon}}{\bar{\upsilon}+\delta\upsilon_w}\right)^{1/3} \tag{1.31}$$

其中，δ 表示溶质的水化程度，定义为单位质量无水溶质结合的水的质量。一般来说，δ 的取值范围在 0.2～0.5（即每 1g 溶质结合 0.2～0.5g 水）。υ_s 是每克无水溶质所占据的体积，包括溶质和结合水的总体积，υ_w 表示水的比容。

1.2.3.7　差别沉降法

因加入配体或其他条件改变时而导致样品构象变化时，可以通过差别沉降法（difference SV）测出微小的沉降系数变化。在这种方法中，未发生变化的样品和发生变化的样品以相同的浓度和相同的体积分别装入参比池和样品池，然后利用吸收检测器或干涉检测器检测。这种方法可以检测沉降系数的变化，即使变化只有 0.01S，其误差可以控制在 0.0005S 以内（Kirschner et al.，1971）。

1.2.4　沉降平衡实验

在实验过程中，如果使用较低的转速，即施加在粒子上的离心场不足以使其完全沉降至样品池底部，粒子在沉降及扩散的共同作用下，经过一段时间后，会在样品池中随着径向距离的增大，浓度逐渐增加，最终达到分布平衡，即沉降平衡。在整个过程中，不会像沉降速度实验中形成明显的沉降界面。在沉降平衡实验中，通常间隔 30～60min 检测浓度的分布，如果浓度分布不随时间变化，则体系已经达到平衡。当达到平衡时，具有均一分子量的样品浓度在样品池中呈指数分布。达到沉降平衡所需的实验时间较长，一般需以天计，与样品溶液

高度的平方成正比(Vanholde et al.,1958),并与约化的有效分子量(reduced molecular weight)$\sigma=\dfrac{M\omega^2(1-\bar{v}\rho)}{RT}$和扩散系数有关。在实际操作中,可以通过在实验开始时施加比最终转速大的转速,然后降低转速的方法,从而缩短达到平衡的时间(Richards et al.,1959;Hexner et al.,1961;Ma et al.,2015)。由于在沉降平衡时,粒子处于相对静止的状态,因此粒子的形状不会影响浓度分布。

在达到沉降平衡时,粒子在样品池中的浓度分布取决于其分子量,可以通过测定样品池不同位置处的粒子浓度来获得粒子的分子量信息。除了沉降平衡方法外,当前还有多种其他方法可以获得粒子的分子量信息,包括尺寸排阻或凝胶渗透色谱、凝胶电泳、静态光散射、质谱等。相对于其他方法,沉降平衡方法具有诸多优点,例如测定的是绝对分子量因而不需要标准物质、样品需求量较少,可检测分子量范围非常宽($10^2\sim10^8$g/mol)等。

除了分子量测定之外,沉降平衡实验可用于研究大分子与大分子、大分子和小分子配体或金属离子之间的相互作用。当达到沉降平衡时,体系中的粒子浓度从液面处到样品池底部呈递增趋势,因此可以鉴别与浓度相关的相互作用。通过沉降平衡实验,可以获得复合物及参与复合的物质的分子量、结合数、结合常数等参数。沉降平衡实验适用于研究平衡解离常数(equilibrium dissociation constant,K_D)在 1nmol/L～10mmol/L 范围内的相互作用(Philo et al.,1996;Rowe,2011;Zhao et al.,2012)。

沉降平衡实验还可以结合密度梯度实验来测定粒子的密度(ρ_p)和偏比容($\bar{v}$)等。下面将介绍单分散体系分子量测定、多分散体系分子量及相互作用测定、粒子密度测定的基本原理。

1.2.4.1　单分散体系分子量测定

根据 Lamm 方程式(1.16),当体系达到沉降平衡时,任何位置的粒子浓度都不随时间变化,即$\dfrac{\partial c}{\partial t}=0$,因此可以得到$\dfrac{s}{D}=\dfrac{dc/dr}{\omega^2rc}$,结合 Svedberg 方程式(1.7),可以得到:

$$M=\frac{RT}{(1-\bar{v}\rho)\omega^2}\cdot\frac{dc/dr}{rc} \qquad (1.32)$$

因为$\dfrac{dc/dr}{rc}=\dfrac{2d(\ln c)}{dr^2}$,式(1.32)可以变换为:

$$\frac{d(\ln c)}{dr^2}=\frac{M(1-\bar{v}\rho)\omega^2}{2RT} \qquad (1.33)$$

对其积分,可以得到,

$$c(r) = c(r_0) \exp\left[\frac{M(1-\bar{v}\rho)\omega^2}{2RT} \cdot (r^2 - r_0^2)\right] \tag{1.34}$$

其中,$c(r_0)$代表在达到沉降平衡时参考径向半径 r_0 位置处的浓度。在单分散体系中,可以通过对上述 Boltzmann 分布进行拟合来获得粒子的分子量 M。如图 1.8 所示,当溶菌酶趋向沉降平衡时,浓度梯度逐渐增大,背向扩散也逐渐增加,直至达到平衡状态。利用式(1.34)进行拟合,得到的分子量为 14 400g/mol。

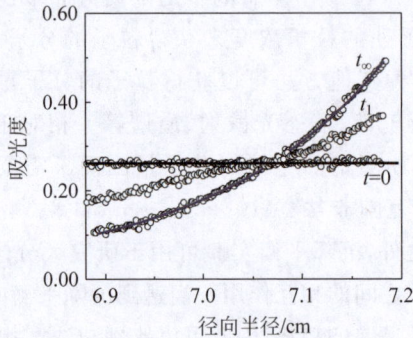

图 1.8 溶菌酶沉降平衡形成过程

在式(1.34)中,假设 $r_0 = r_m$,即起始位置为样品的液面位置时,达到平衡后,$c(r_m)$ 与样品的起始浓度 c_0 有关。

在离心开始时和达到沉降平衡后,体系中样品的质量保持不变,令参数 $B = \frac{(1-\bar{v}\rho)\omega^2}{2RT}$,参考图 1.2,可以得到以下关系:

$$\int_{r_m}^{r_b} c_0 A\,\mathrm{d}r = \int_{r_m}^{r_b} c_0 r\varphi a \cdot \mathrm{d}r = \int_{r_m}^{r_b} c(r) r\varphi a \cdot \mathrm{d}r \tag{1.35}$$

其中,开始时粒子在各个位置浓度均相等,均为 c_0。将式(1.34)代入式(1.35),进行积分,可以得到 $c(r_m)$ 的表达式:

$$c(r_m) = c_0 \frac{BM(r_b^2 - r_m^2)}{1 - \exp[BM(r_m^2 - r_b^2)]} \tag{1.36}$$

因此,式(1.34)可以改写为:

$$c(r) = c_0 \frac{BM(r_b^2 - r_m^2)}{1 - \exp[BM(r_m^2 - r_b^2)]} \exp[BM(r^2 - r_m^2)] \tag{1.37}$$

式(1.34)也可以用热力学方法推导得到。由于体系达到平衡,体系中任何位置组分的化学势 μ 都应该相等。如果粒子带电,则体系中电化学势也应该相等。在离心场下,还应考虑离心势能。对于不带电的溶质而言,总势能可以表示为：

$$\tilde{\mu} = \mu - \frac{1}{2}M\omega^2 r^2 \tag{1.38}$$

当体系达到平衡后，有 $\frac{d\tilde{\mu}}{dr}=0$，即：

$$\frac{d\tilde{\mu}}{dr} = \frac{d\mu}{dr} - M\omega^2 r \tag{1.39}$$

化学势 μ 是温度 T、压力 P 和浓度 c 的函数，因此将 $\frac{d\mu}{dr}$ 表示为：

$$\frac{d\mu}{dr} = \left(\frac{\partial\mu}{\partial T}\right)_{P,c}\frac{dT}{dr} + \left(\frac{\partial\mu}{\partial P}\right)_{T,c}\frac{dP}{dr} + \left(\frac{\partial\mu}{\partial c}\right)_{T,P}\frac{dc}{dr} \tag{1.40}$$

其中，$\frac{dT}{dr}=0$，$\left(\frac{\partial\mu}{\partial P}\right)_{T,c}=\bar{V}=Mv$ 表示偏摩尔体积，它等于分子量 M 与偏比容 $\bar{v}$ 的乘积，$\frac{dP}{dr}=\rho\omega^2 r$，对于理想溶液，$\left(\frac{\partial\mu}{\partial c}\right)_{T,P}=\frac{RT}{c}$，因此可以得到：

$$M(1-\bar{v}\rho)\omega^2 r - \frac{RT}{c}\frac{dc}{dr} = 0 \tag{1.41}$$

移项并积分，就可以得到式(1.34)。

对于非理想溶液，$\left(\frac{\partial\mu}{\partial c}\right)_{T,P}=\frac{RT}{c}\left[1+c\left(\frac{\partial\ln\gamma}{\partial c}\right)_{T,P}\right]$，其中 γ 为活度系数，可以得到：

$$M(1-\bar{v}\rho)\omega^2 r - \frac{RT}{c}\left[1+c\left(\frac{\partial\ln\gamma}{\partial c}\right)_{T,P}\right]\frac{dc}{dr} = 0 \tag{1.42}$$

1.2.4.2　多分散体系分子量及相互作用测定

当含有两种溶质且无相互作用的体系中，每种组分的浓度分布可以由两个 Boltzmann 分布叠加而成(Balbo et al.，2007)，即：

$$c(r) = c_A(r_0)\exp\left[\frac{M_A(1-\bar{v}_A\rho)}{2RT}\omega^2(r^2-r_0^2)\right] +$$
$$c_B(r_0)\exp\left[\frac{M_B(1-\bar{v}_B\rho)}{2RT}\omega^2(r^2-r_0^2)\right] \tag{1.43}$$

通过测量沉降平衡时浓度随轴心距的分布，可以获得组分 A 和组分 B 的分子量信息。

如果体系为可逆的单体-二聚体平衡体系，并且在任何位置都可以达到结合-解离平衡，即 $c_{A_2}=K_{12}c_A^2$，其中 K_{12} 为结合常数。在这种情况下，可以使用式(1.44)表示：

$$c(r) = c_A(r_0)\exp\left[\frac{M_A(1-\bar{v}_A\rho)}{2RT}\omega^2(r^2-r_0^2)\right] +$$

$$K_{12}c_A^2(r_0)\exp\left[\frac{2M_A(1-\bar{v}_A\rho)}{2RT}\omega^2(r^2-r_0^2)\right] \tag{1.44}$$

对于更一般的自组装 A_n 体系，可以使用以下公式表示：

$$c(r) = \sum_{i=1}^{i=n} K_{1i}c_A^i(r_0)\exp\left[\frac{iM_A(1-\bar{v}_A\rho)}{2RT}\omega^2(r^2-r_0^2)\right] \tag{1.45}$$

其中，当 $i=1$ 时，$K_{11}=1$。

以上原理也可以用于解释具有异质相互作用的体系，例如在理想的 A、B 组分体系中，存在可逆的 1∶1 结合，结合产物为 AB。则可以使用式(1.46)表示：

$$c(r) = c_A(r_0)\exp\left[\frac{M_A(1-\bar{v}_A\rho)}{2RT}\omega^2(r^2-r_0^2)\right] +$$

$$c_B(r_0)\exp\left[\frac{M_B(1-\bar{v}_B\rho)}{2RT}\omega^2(r^2-r_0^2)\right] +$$

$$Kc_A(r_0)c_B(r_0)\exp\left[\frac{M_A(1-\bar{v}_A\rho)+M_B(1-\bar{v}_B\rho)}{2RT}\omega^2(r^2-r_0^2)\right]$$

$$\tag{1.46}$$

对于更一般的 A、B 分子分别以 n 和 m 比例可逆结合成 A_nB_m，达到沉降平衡时，可使用式(1.47)表述：

$$c(r) = \sum_{ij} K_{ij}c_A^i(r_0)c_B^j(r_0) \cdot$$

$$\exp\left[\frac{iM_A(1-\bar{v}_A\rho)+jM_B(1-\bar{v}_B\rho)}{2RT}\omega^2(r^2-r_0^2)\right] \tag{1.47}$$

对于多分散体系，我们通常关注体系的平均分子量，根据不同分子量组分的权重不同，可得到数均分子量(M_n)、重均分子量(M_w)和 Z 均分子量(M_z)。这些平均分子量的定义如下(Lansing et al.，1935)：

$$M_n = \frac{\sum_i N_i M_i}{\sum_i N_i} = \frac{\sum_i c_i}{\sum_i c_i/M_i} \tag{1.48}$$

$$M_w = \frac{\sum_i N_i M_i^2}{\sum_i N_i M_i} = \frac{\sum_i c_i M_i}{\sum_i c_i} \tag{1.49}$$

$$M_z = \frac{\sum_i N_i M_i^3}{\sum_i N_i M_i^2} = \frac{\sum_i c_i M_i^2}{\sum_i c_i M_i} \tag{1.50}$$

其中，M_i 是体系中第 i 个组分的分子量，N_i 是单位体积分子量为 M_i 的组分的分子数或者物质的量，c_i 是单位体积的重量浓度。不同的实验方法可以得到不同类型的平均分子量信息。例如，渗透压和冰点实验通常用于测量数均分子量，而光散射可以获得重均分子量，沉降平衡实验可以得到重均分子量和 Z 均分子量。接下来，我们将详细介绍如何通过沉降平衡实验来测量 M_w 和 M_z。

在多分散体系中，当达到沉降平衡时，每一组分 i 在离心场下均满足式(1.33)，即：

$$\frac{\mathrm{d}(\ln c)}{\mathrm{d}r^2} = \frac{M(1-\bar{\upsilon}\rho)\omega^2}{2RT} \rightarrow M_i c_i(r)\mathrm{d}r^2 = \frac{2RT}{(1-\bar{\upsilon}\rho)\omega^2}\mathrm{d}c_i(r) \quad (1.51)$$

对整个样品池从液面区 (r_m) 到底部 (r_b) 进行积分，可以得到：

$$\int_{r_m}^{r_b} M_i c_i(r)\mathrm{d}r^2 = \frac{2RT}{(1-\bar{\upsilon}\rho)\omega^2}\int_{c_i(r_m)}^{c_i(r_b)} \mathrm{d}c_i(r) \quad (1.52)$$

利用沉降平衡前后每个组分的质量守恒，我们可以得知：

$$\int_{r_m}^{r_b} c_i(r)\mathrm{d}r^2 = c_{i,0}\int_{r_m}^{r_b} \mathrm{d}r^2 = c_{i,0}(r_b^2 - r_m^2) \quad (1.53)$$

因此，式(1.52)可以转化为：

$$M_i c_{i,0}(r_b^2 - r_m^2) = \frac{2RT}{(1-\bar{\upsilon}\rho)\omega^2}[c_i(r_b) - c_i(r_m)] \quad (1.54)$$

对所有组分进行求和，可得：

$$(r_b^2 - r_m^2)\sum_i M_i c_{i,0} = \frac{2RT}{(1-\bar{\upsilon}\rho)\omega^2}[c(r_b) - c(r_m)] \quad (1.55)$$

两边都除以总样品的浓度 $c = \sum_i c_{i,0}$，式(1.55)可以转化为：

$$\frac{\sum_i M_i c_{i,0}}{\sum_i c_{i,0}} = \frac{2RT}{(1-\bar{\upsilon}\rho)\omega^2}\frac{c(r_b) - c(r_m)}{c(r_b^2 - r_m^2)} = M_w \quad (1.56)$$

式(1.56)表示，通过沉降平衡实验，测量样品液面和底部的浓度，即可以求得 M_w。

对于 M_z，可通过沉降平衡时底部和液面处的浓度及其浓度梯度进行计算，计算公式如下(Mächtle et al.，2006；吴奇，2021)：

$$M_z = \frac{\sum_i M_i^2 c_i}{\sum_i M_i c_i} = \frac{2RT}{(1-\bar{\upsilon}\rho)\omega^2}\frac{(\mathrm{d}c/\mathrm{d}r^2)_{r_b} - (\mathrm{d}c/\mathrm{d}r^2)_{r_m}}{c(r_b) - c(r_m)} \quad (1.57)$$

1.2.4.3 粒子密度测定

基于粒子密度与溶剂密度相同时，粒子不发生沉降亦不发生上浮，从而可使用密度梯度沉降平衡法测定粒子的密度。在粒子密度测定过程中，可以通过向初始溶液中加入蔗糖、氯化铯等物质，在离心场下形成密度梯度。当粒子所处位置的密度小于其本身密度时，粒子会继续沉降；当粒子所处位置的密度大于其自身密度时，粒子会上浮，直至迁移到与溶剂密度匹配的位置达到平衡。通过测量样品池中不同位置的密度，我们可以得到样品的密度(ρ_p)及其倒数偏比容($\bar{v}$)(Meselson et al.，1957；Meselson et al.，1958)。

1.2.5　合成边界实验

除了前面提到的常用的沉降速度和沉降平衡实验，AUC 还有其他重要的实验方法在各个领域中都有广泛应用，其中一种特殊的实验方法是合成边界实验(synthetic boundary experiments)。早在 1952 年，Kegeles(1952)和 Pickels(1952)就开始使用这种方法。

合成边界实验需使用特殊的样品池(详见 1.3.1.3 节)。这些样品池包括两种典型的中心件。一种中心件在扇形区域盛装溶剂，样品则存放于储液仓中，储液仓底部通过毛细管与扇形区相连。只有在达到一定的转速(一般为 750～2000rpm)时，储液仓中的样品溶液才能与溶剂的液面接触，在两种溶液间形成一个尖锐的边界(Schneider et al.，2018)。另一种中心件两槽之间有毛细通道，在达到一定的转速时，样品溶液会通过毛细通道施加在溶剂的液面区，人工形成边界。由于浓度梯度的存在，样品会扩散，导致界面展宽。界面展宽和粒子的扩散系数有关。另外，样品形成的液面区受离心场作用逐渐向样品池底部沉降，通过测量移动速度和界面展宽，可以分别获得粒子的沉降系数和扩散系数。合成边界实验的应用主要包括(Mächtle and Börger，2006)：1)动态密度梯度实验，用于快速测量样品的密度；2)测量较小沉降系数的样品，可测沉降系数低至 0.2S 的样品；3)测定扩散系数 D；4)测定样品溶液浓度和微分折射指数(Mächtle et al.，2006)。下面简要介绍利用合成边界实验测量扩散系数的方法原理：

在实验中，将界面刚形成的时间点记为零点，逐渐降低转速，记录在不同时间的浓度分布图，如图 1.9(a)所示。根据 Fick 第二定律，可得浓度随时间的变化关系：

$$\frac{\partial c(x,t)}{\partial t} = D\frac{\partial^2 c(x,t)}{\partial r^2} \tag{1.58}$$

该方程可通过初始条件和边界条件求解。如图 1.9(a)所示，$t=0$ 时，$x=0$ 处溶剂部分浓度为 0，溶液浓度为 c_0，因此溶液浓度随位置和时间可表达为：

$$c(x,t) = \frac{c_0}{2}\left(1 - \frac{2}{\sqrt{\pi}}\int_0^{x/2\sqrt{Dt}} e^{-y^2}\,dy\right) \tag{1.59}$$

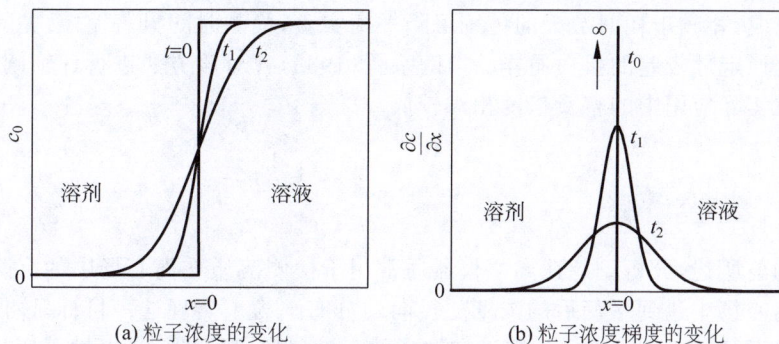

(a) 粒子浓度的变化　　　　(b) 粒子浓度梯度的变化

图 1.9　由于扩散引起粒子的浓度和浓度梯度的变化

相应的浓度梯度随位置和时间的表达式为：

$$\frac{\partial c(x,t)}{\partial t} = \frac{c_0}{2\sqrt{\pi Dt}}e^{-x^2/4Dt} \tag{1.60}$$

我们可以通过纹影检测器直接测得浓度梯度分布信息(实际上是折光指数梯度)，或者可以通过吸收检测器或瑞利干涉检测器测得浓度分布，进行微分计算，如图 1.9(b)所示。图中每个时间点的浓度梯度分布图的高度 H 可以表示为：

$$\left[\frac{\partial c(x,t)}{\partial t}\right]_{x=0} = \frac{c_0}{2\sqrt{\pi Dt}} = H \tag{1.61}$$

因此，

$$\left(\frac{c_0}{H}\right)^2 = 4\pi Dt \tag{1.62}$$

以 $\left(\dfrac{c_0}{H}\right)^2$ 为纵坐标，时间 t 为横坐标作图，可以通过斜率计算得到扩散系数 D。Mächtle 和 Börger(2006)对合成界面实验的其他应用进行了详细论述。

1.2.6　趋向平衡方法

由于溶质无法通过气液界面(r_m)或样品池底部(r_b)，因此在任何时候都满足沉降平衡的条件。这意味着溶质在 r_m 和 r_b 处的通量均为零。因此，可以通过测量在液面 r_m 处或者 r_b 处的浓度和浓度梯度，使用下式来测量分子量：

$$M = \frac{RT}{(1-\bar{v}\rho)\omega^2}\frac{(\mathrm{d}c/\mathrm{d}r)_m}{c_m r_m} = \frac{RT}{(1-\bar{v}\rho)\omega^2}\frac{(\mathrm{d}c/\mathrm{d}r)_b}{c_b r_b} \tag{1.63}$$

因为这种瞬时状态是介于沉降开始和沉降平衡状态之间，所以被称为趋向平衡方法，或 Archibald 方法(Archibald,1947)。这种方法只需 2h 或者更短的时间即可完成，相较于耗时数天的传统沉降平衡实验，检测时间显著缩短，尤其适用于测定稳定性较差的蛋白质样品。陶宗晋（1983）曾对该方法进行详细阐述，但目前在实际应用中的普及程度相对较低。

1.3　实验设备

如前所述，分析型超速离心仪器通常用于检测溶质在离心场中的沉降过程或在离心场中达到平衡后的浓度随径向的分布。为了实现这一目标，该仪器须符合以下条件：1）保持样品溶液和转子的温度稳定且可控；2）提供可调且稳定的离心场；3）配备灵敏且快速的光学检测系统，能够测量溶质在不同径向位置的浓度。值得注意的是，现在落地式超速离心机普遍采用变频电机直接驱动技术，具体驱动方式的比较分析可参阅金绿松与林元喜（2008）的著作。在实验过程中，样品溶液被装载在三明治型样品池中，该样品池由两个透明的窗片夹住一个中心件组成。这些窗片具有透光性，允许垂直于样品池的光学检测系统实时检测样品池中不同径向位置的光学信号，从而获取有关样品粒子浓度在离心场中径向分布变化的信息。以下以贝克曼公司 ProteomeLab XL-A/XL-I 型分析型超速离心仪器为例，简要介绍其基本部件，更详细的信息，可参考该公司提供的仪器指南说明。

1.3.1　主体设备

1.3.1.1　温度控制系统

温度控制系统对于 AUC 实验的准确性和可重复性至关重要。在实验过程中，即使微小的温度变化也可能对实验产生干扰，影响样品的沉降行为，导致实验失败。分析型超速离心机主要采用固态热电制冷和加热系统来控制离心机内部的温度，并通过腔体底侧的风扇对马达进行冷却。该温度控制系统能够将转子的温度控制在设定温度的 $\pm 0.3\,^{\circ}\mathrm{C}$ 范围内。通常使用温敏电阻和红外测温仪实时监测转子的温度。当腔体内的压力高于 $100\,\mu\mathrm{mHg}$ 时，由嵌入安全板中的温敏电阻检测温度；而当腔体内的压力低于 $100\,\mu\mathrm{mHg}$ 时，切换为红外测温仪检测转子温度。如果红外测温仪出现故障，系统会自动报错，并切换回温敏电阻检测到的温度来继续运行。实验温度范围为 $4\sim40\,^{\circ}\mathrm{C}$。为确保离心机中的温度达到恒定，一般在设定温度之后，需要等待 $1\sim2\mathrm{h}$ 才能进行实验操作。对于长时间运行的实验，例如沉降平衡实验，通常在 $4\,^{\circ}\mathrm{C}$ 进行实验，以确保蛋白样品的稳定性。

1.3.1.2　转子

转子是安装在离心轴上的关键部件，通过马达驱动旋转以产生离心场。在分析型超速离心仪器中,转子的最大转速可达到 60 000rpm。在如此高的转速下,产生的离心加速度约为 260 000g,即,1g 的物质在此离心场下的表观质量相当于 260kg。因此,对转子材料的强度要求非常高。同时,转子还须允许光线透过样品,以便光学检测器能够监测粒子的沉降过程。

目前,商业化的分析型超速离心机通常使用贝克曼公司生产的两种转子:An-60 Ti 和 An-50 Ti,如图 1.10 所示,这两种转子都由钛合金制成,满负载时转子质量约 5.4kg。An-60 Ti 型转子具有 4 个样品孔(其中第 4 号孔用于放置平衡件),最大转速可达 60 000rpm。An-50 Ti 型转子则具有 8 个样品孔(其中第 8 号孔用于放置平衡件),最大转速为 50 000rpm。这些转子的底部安装有过速环,如图 1.11 所示,用于防止转速超过转子的最大允许转速。过速环上还嵌有两个小磁片,用于确定转子的位置,并通过延迟来触发检测光源,以确保检测光能够准确穿过样品池和参比池。由于过速环相对较为脆弱,因此在处理转子时需要特别小心,轻拿轻放。在运行前,需要确保过速环正确安装,与转子紧密黏合且无脱落的迹象,表面无异物和明显的刮痕,两个小磁片完好无损。

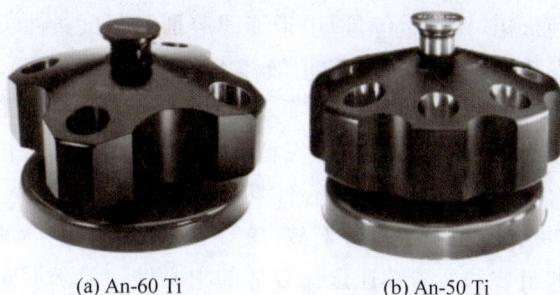

(a) An-60 Ti　　　　(b) An-50 Ti

图 1.10　常用转子照片

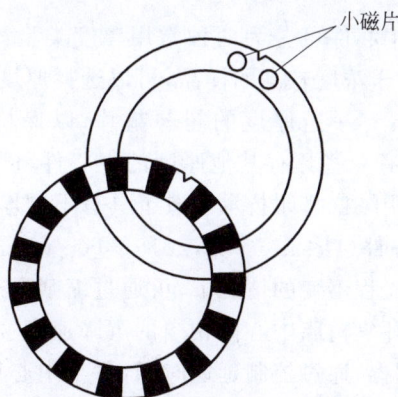

图 1.11　过速环示意

1.3.1.3　样品池

分析超速离心实验采用的样品池由多个组件组装而成,包括中心件、窗片组件(窗片、窗片衬垫、窗片垫片和窗片基座)、螺纹环垫圈、螺纹环以及样品池腔体组件(腔体、腔体螺丝和腔体螺丝垫片),如图 1.12 所示。在这些组件中,中心件和窗片组件是其中最关键的部分。

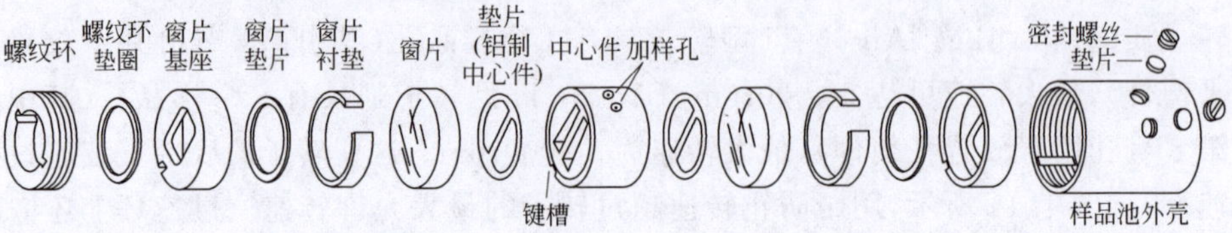

图 1.12　分析超速离心的样品池示意

1) 中心件

中心件有两个对称的空腔(通道),当与窗片组合后构成盛装待测液和参照液的样品池。如前所述,为减少溶液对流,空腔设计为扇形,角度为 2.4°。中心件材质有环氧树脂、铝、钛合金等,适用于不同溶剂和测试条件。使用铝制中心件时,必须正确安装中心件垫片以防止液体泄漏。通常情况下,环氧树脂中心件适用的最大转速为 42 000rpm,而铝和钛合金中心件的最大转速为60 000rpm。对于水溶液体系,首选环氧树脂材质,建议 pH 范围为 3~10。对于有机溶剂体系,则需要选用铝制中心件,因为有机溶剂可能会腐蚀环氧树脂。此外,钛合金材料的中心件可适用于酸、碱以及有机溶剂。因此,在实际实验中,应根据样品的组成和所需转速选择合适的中心件。关于不同材料中心件对化学物质的适用性,可参考《贝克曼库尔特离心产品化学耐受性指南》(Beckman Coulter,2022)。

根据光程的不同,中心件可分为两种常用厚度类型:3mm 和 12mm,以适应不同浓度的样品。对于浓度较高的样品,可以选择厚度较小的中心件或者仅在两个窗片中间放置具有一定厚度的超薄垫片,以保持吸光度在 0.1OD 到1.2OD 之间。此外,还有一些具有其他厚度的中心件,例如 1.5mm 和 20mm。近年来,Schuck 等人利用 3D 打印技术制造了具有不同厚度、不同夹角、更长的通道和 3 个通道的中心件(Desai et al.,2016;To et al.,2019)。研究结果表明,这些中心件在保持光程不变的情况下,可通过缩窄通道,减少了样品的使用量,并实现了与商品化环氧树脂中心件相当的沉降速度实验结果。利用三通道的中心件结合干涉检测器,通过控制延迟时间,每个中心件可以测量两个样品。根据样品通道的不同,12mm 类型的中心件分为两通道、六通道和八通道。其中六通道中心件主要用于沉降平衡实验,能同时处理三组样品-溶剂,其中三个通道用于容纳待测液,对应的另外三个通道用于容纳参照液。每个通道容纳从底部到液面的高度约为 3mm 或以下的液柱,较短的液柱高度能大幅减少达到平衡所需的时间,但同时数据量也会减小。八通道沉降平衡中心件与六通道的中心件原理类似,可以同时处理四组样品-溶剂,从而提升了样品的处理通量及减少样品的使用体积。为了明显区分样品溶液的界面,通常加入的参照液稍多于待测液量。对于两通道 12mm 中心件,参照液和待测液的加入量分别约为 $410\mu L$ 和 $400\mu L$,而 3mm 中心件的加入量分别约为 $103\mu L$ 和 $100\mu L$。

此外,还有一些特殊设计的中心件。如用于合成边界实验的中心件,它们在两个槽之间刻有两个毛细管,其中下方的毛细管用于溶液的流通,上方的毛细管用于空气流通。参照液和待测液的体积不一致时,在离心开始后,当达到一定的转速时,由于两侧压力不一致,体积较多的溶剂会流向溶液表面,从而人工形成一个界面。另外,还有一种带有储液仓的中心件,用于区带沉降实验。图 1.13 展示了不同类型的中心件。

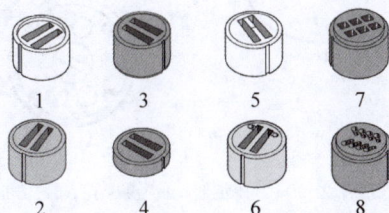

1—12mm 铝制;2—12mm 树脂铝填充;3—12mm 树脂炭填充;4—3mm 树脂炭填充;5—合成边界毛细管型树脂铝填充;6—合成边界区带型树脂炭填充;7—沉降平衡六通道;8—沉降平衡八通道。

图 1.13　常用的中心件示意

2) 窗片

窗片的主要作用是透光,因此对其材质有严格的要求。目前,常用的窗片材质有石英和蓝宝石两种。石英窗片具有较短的截止波长,可以透过 210nm 以上的光,因此常用于吸收检测器。蓝宝石窗片具有较硬的质地,即使在高速离心场下也不易发生形变导致光的折射。因此,它常用于干涉检测器。需要注意的是,蓝宝石窗片会吸收波长小于 240nm 的光。窗片组件由窗片、垫片、衬垫和窗片基座等组成,如图 1.12 所示。

1.3.1.4　平衡件

为保持转子在高速旋转时平稳,须在样品池相对的孔放置重物,即平衡件,以使转子重心在转轴上。在实验中,根据样品池的质量,可在平衡件中拧入不同质量的铝、黄铜或者钨金属砝码,确保样品池与平衡件质量差在 0.5g 以内。特别注意,操作中砝码要没入,不可露出顶部。平衡件在转子上的位置是固定的，须安装在 An-60 Ti 的 4 号孔或者 An-50 Ti 的 8 号孔。图 1.14 为平衡件的示意，其箭头方向为离心力的方向。顶部的螺丝用于固定平衡件在转子孔中的位置。此外，从平衡件的俯视图可以看出，其上下各有两个透光孔，起到校正径向位置的作用，参考孔离转轴距离为 5.85cm 和 7.15cm。

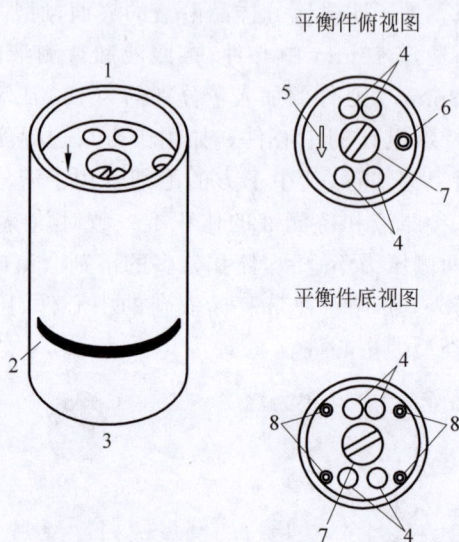

平衡件俯视图

平衡件底视图

1—顶部；2—护罩(两张之一)；3—底部；4—参考孔；5—方向箭头(与离心力方向相同)；6—固定平衡元件螺丝；7—重物附件；8—固定护罩螺丝。

图 1.14 平衡件示意

1.3.2 检测系统

通过测量通过样品池的光信号变化，检测器可以检测粒子在离心场中的沉降和扩散情况。其中，吸收检测器是检测不同位置的吸光度；干涉检测器则是检测不同位置的折光指数，折算出径向位置的溶质浓度 $c(r)$；纹影检测器是测量样品池中不同位置的折光指数梯度 dn/dr，换算为溶质的浓度梯度 dc/dr。目前的 ProteomeLab XL-A/XL-I 和 Optima AUC 离心机通常配备吸收检测器和干涉检测器；而类似于纹影检测器所测量浓度梯度分布，可以通过前两种检测器得到的浓度分布对径向位置的微分得到。荧光检测器(Macgregor et al.，2004；Edwards et al.，2020)、浊度检测器和多波长检测器等检测器的应用也有效拓展了 AUC 的适用范围。

1.3.2.1 吸收检测器

当光经过含有吸光性物质的溶液时，这些物质会对光产生选择性的吸收。

这种选择性吸收取决于分子的特定吸收基团、浓度和光在样品中传播的光程，可以用朗伯-比尔定律描述：

$$A = \lg \frac{I_0}{I} = \varepsilon c l \tag{1.64}$$

其中，A 表示吸光度，I_0 表示入射光强度，I 表示透射光强度，ε 表示物质的摩尔消光系数[单位为 L/(mol·cm)]，c 为物质的摩尔浓度（单位为 mol/L），l 表示光程。在分析超速离心实验中，I_0 指的是透过参照液的光强，I 指的是透过待测液的光强，l 为 12mm 或 3mm。吸收检测器因其简单的原理和对样品的高选择性而被广泛应用。下面以 ProteomeLab XL-A 离心机中的吸收检测器为例进行说明，如图 1.15 所示。

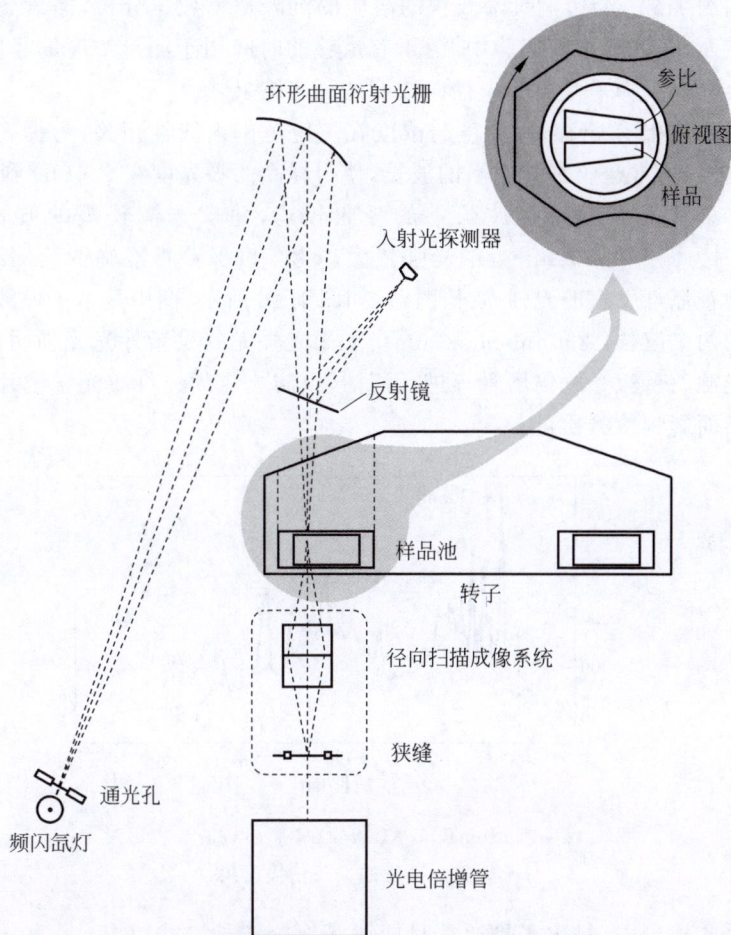

图 1.15　ProteomeLab XL-A 离心机吸收检测系统示意

ProteomeLab XL-A 离心机的吸收检测器采用氙闪光灯作为光源,能够发射连续波长范围为 190～800nm 的光束。在实验中,根据样品特性,通过单色仪的曲面衍射光栅选择特定发射波长(精度为 2nm)。检测器通过转子底部的过速环确定旋转中的样品池位置,当样品池经过时,发射出持续约 1μs 的脉冲光。该光束经反射镜后,约 8% 的入射光反射到内部光源检测器,以归一化入射光强,其余光进入样品池或参比池。透过样品池的出射光经过一个宽度为 25μm 的径向移动狭缝,后由光电倍增管收集。这个狭缝可以最小 5μm 为步长,从样品池内侧移动到外侧,从而完成一次径向光强度检测。将入射光强度归一化处理后,对某个位置上透过样品池与参比池的光强度 I_0 和 I 进行计算,即得到该位置的吸光度 $A = \lg I_0/I$。此外,由于狭缝移动速度限制,样品单次检测时间约 1min,会影响沉降较快的溶质的沉降速度数据分析,需设置合理的转速。然而,在沉降平衡实验中,由于有足够的时间用于测量浓度的径向分布,因此不会影响沉降平衡实验中径向浓度的测定结果。

根据朗伯-比尔定律,吸光度与浓度在一定范围内线性相关,为提高检测结果的准确性,通常建议选择适当的波长,使得样品的吸光度在 0.1OD 到 1.2OD 之间。如果样品在其特征波长下的吸收较弱,建议选择较短的波长,例如 230nm,因为氙灯在 230nm 处的光强最大。为了确保获得准确的检测结果,需要经常检查氙灯发射的光强-波长图谱,如图 1.16 所示,图中显示了做波长校准时选择的两个波长:230nm 和 527nm。如果光强尤其是紫外光光强明显减弱,需要对光源、狭缝、光电倍增管等进行清洁,以防止氙闪光灯或光学镜片等元件受到污染而影响检测质量。

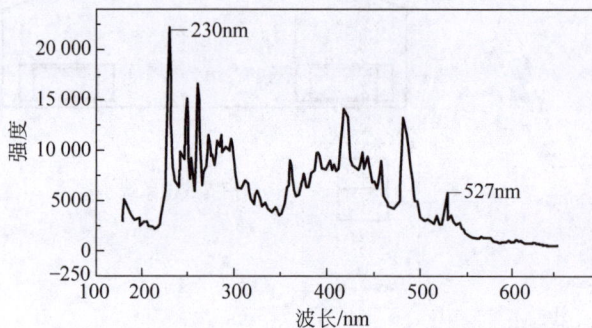

图 1.16 ProteomeLab XL-A/XL-I 离心机波长校正时
无样品池孔位的波长扫描结果

在吸收检测中,每次实验通常只能测量 3 个波长。2017 年,贝克曼公司新推出了 Optima AUC 分析型超速离心机,此款离心机较之前设备有较大改进,一是可同时检测的波长由 3 个提升为 20 个,二是检测波长精度由 $\pm2nm$ 提升为 $\pm0.5nm$,三是每个样品测量时间由 1min 缩短为约 20s。

此外,德国康斯坦茨大学 Cölfen 教授研究组开发出一种多波长检测器,能够同时在每个径向位置获得样品的吸收光谱,监测样品中各组分粒子在离心过程中的沉降行为和吸收光谱,为相互作用分析提供了更为丰富的信息(Strauss et al.,2008;Walter et al.,2014;Pearson et al.,2018b;Cölfen,2023)。该多波长检测器使用电感耦合器件(CCD)来检测透射光。多波长荧光发射检测器的原理与之相似,只是它使用具有特定波长的激光替代闪光灯,检测器收集发射的荧光信号,进行分光,并通过 CCD 进行检测。接下来,以这种第三代多波长检测器为例,介绍主要仪器组成部件(Bhattacharyya et al.,2006;Strauss et al.,2008;Gorbet et al.,2015;Cölfen,2023)。如图 1.17(a)所示,首先,来自氙闪光灯的光通过光纤从外部引入制备型超速离心仪器腔内,光通过棱镜后,透过样品,再聚焦到光谱仪的入口处。光谱仪的入口处设置一个 $25\mu m$ 的狭缝,光通过狭缝后进入光谱仪进行分光并在 CCD 上采集。通过步进电机移动光学组件实现径向上不同位置的测量,一次检测时间约为 45s。图 1.17(b)展示了一个使用透镜系统的检测器的实物图。

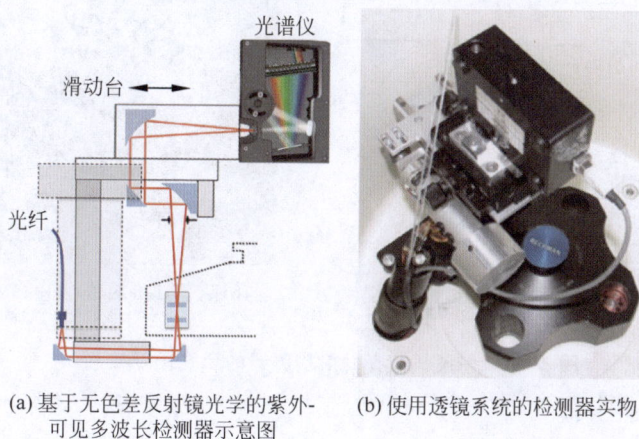

(a) 基于无色差反射镜光学的紫外-可见多波长检测器示意图　　(b) 使用透镜系统的检测器实物

图 1.17　多波长检测器的示意图及实物

授权引用自 Cölfen 等(2010)© The Authors 2009

虽然多波长检测器并没有像 ProteomeLab XL-A 离心机的吸收检测器那样对入射光强进行归一化处理,但经过平均处理后,两者的噪声水平和基线稳定性相近(Strauss et al.,2008)。为推动 AUC 检测技术的发展,Cölfen 等人(2010)将该紫外-可见多波长吸收检测器在 AUC 开放项目中进行开源,使软件和硬件成果向整个 AUC 社区开放,任何人都能根据自身需求选择和改装适合的模块。在第二代和第三代多波长检测器中，步进电机的工作模式是：到达固定的径向位置，闪光直到采集到足够的光强，然后停止数据采集，接着移动到下一个径向位置。由于单次闪光能够提供足够的光强以使检测器饱和，Nanolytics公司将步进电机设置为连续移动模式，并持续闪光，直到电机达到最后的位置。通过这种检测方式，每次扫描只需要约 5s 就能获得 1300 个数据点，可以通过多次扫描的平均值来提高信噪比。随后，Cölfen 教授的团队进一步使用 LED 光源将检测范围扩展到近红外，并在持续照明下使用超快相机进行检测（Pearson et al. ,2018b）。

Wawra 等人（2019）还开发了一种多波长荧光发射检测器，此检测器结合了多波长检测器和共聚焦荧光检测能力，如图 1.18 所示。如图 1.18（a）所示，激光通过单模光纤经过一组偏心抛物面镜，先变为平行光后再聚焦进入样品池。来自样品的荧光、散射光和反射光被收集、反射和滤光后，通过光纤传输至光谱仪中测量。由于偏心抛物面镜对低波长光的透过率较低等因素影响，该检测器只能在 400～1100nm 波长范围内应用。

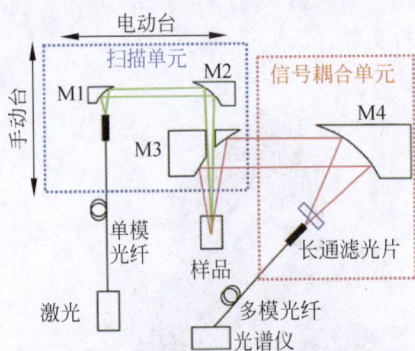

(a) 光学装置在单个平面上的投影的主要组件

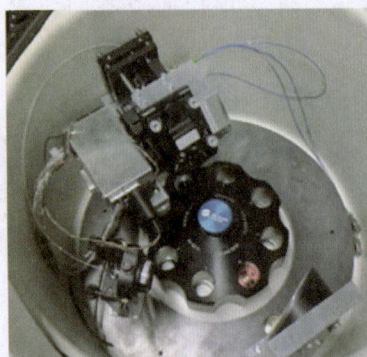

(b) 基于XL-80K离心机的多波长荧光
发射检测器的实物

图 1.18   多波长荧光发射检测器的示意图及实物

授权引用自 Wawra 等（2019）© The Royal Society of Chemistry 2019

1.3.2.2   干涉检测器

当测试的样品没有明显吸收，或体系中存在吸光度较强的小分子（如还原剂）时，我们可以使用瑞利干涉检测器进行测量，如图 1.19 所示。在该检测器中，波长为 660nm 的激光通过两条平行的狭缝，形成两束平行的激光束，分别通过待测液和参照液。经过一组反射镜、相机透镜和圆柱透镜后，干涉条纹照射到 CCD 上。这些干涉条纹反映了在不同径向距离处待测液和参照液折光指数的不同。记录的平移条纹数满足如下关系：$\Delta J(r) = \dfrac{l}{\lambda}\Delta n = \dfrac{l}{\lambda}\dfrac{\mathrm{d}n}{\mathrm{d}c}c(r)$，其中 Δn 是折光指数差值，l 是中心件的厚度，λ 是激光的波长，$\mathrm{d}n/\mathrm{d}c$ 是微分折射指数。因此，通过 $\Delta J(r)$ 可以获取样品在径向位置 r 处的浓度信息，从而可以跟踪样品沉降过程。

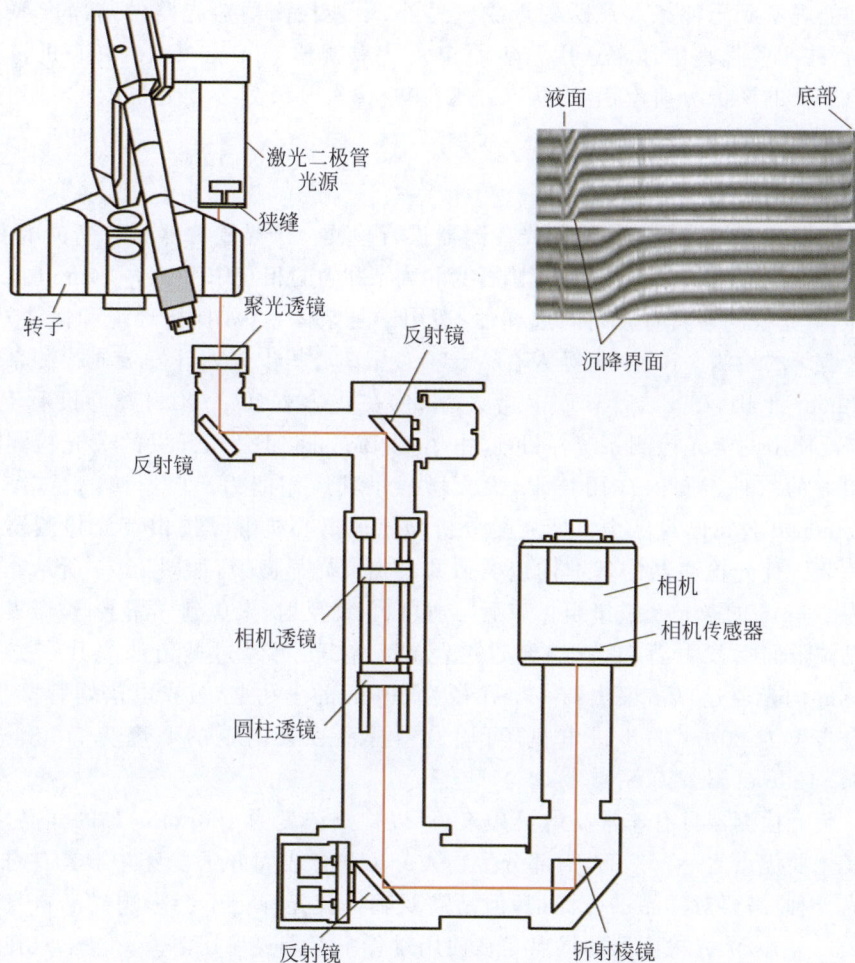

图 1.19 ProteomeLab XL-I 离心机瑞利干涉检测器示意图

相对于吸收检测器而言，干涉检测器的数据获取时间较短，每分钟可以进行约 5 次扫描，比吸收检测器快 5～10 倍。干涉检测器的信噪比约为 1000∶1，也比吸收检测器要高。由于干涉检测器没有吸收检测器的选择性，溶液中无论是待测样品还是其他小分子，只要能引起折光指数差异，都会产生干涉信号。因此，在使用干涉检测器时，样品溶液的溶剂组成须与参比池中的组成完全一致，以消除溶剂信号的影响。为解决这个问题，通常需要使用参照池的参比溶液进行透析，以使待测液的溶剂和参比液一致；并通过合成边界中心件使溶液和参比池的体积相等，以使溶剂中的其他小分子沉降同步。此外，干涉检测器产生的干涉条纹只能体现样品池中粒子浓度的相对分布，在实际实验中可能观察到干涉条纹跳跃的现象。另外，干涉检测器对光路的洁净度要求很高，在实验过程中通常选用蓝宝石窗片。最新款 Optima AUC 离心机将干涉检测器的图像分辨率由 20 万（2048×96）像素升级到 200 万（2048×1088）像素。

1.3.2.3　荧光检测器

能发荧光的粒子可使用荧光检测器进行检测。荧光检测器具有高灵敏度，能够检测到体系中痕量粒子的沉降行为和高亲和力的相互作用（$K_D < 1 \text{nmol/L}$）。此外，荧光检测器具有较高的选择性，适用于复杂体系（如拥挤环境和血清）中荧光粒子的检测。Riesner 等人在 Model E 型离心机上开始开发荧光检测系统（Schmidt et al.，1990），后来 Laue 等人（1999）在贝克曼 XL-A/XL-I 离心机上开发了广泛使用的荧光检测系统。目前，由 Aviv Biomedical 公司开发的荧光检测器及相关的软件、硬件、应用技术，大大增强了其应用能力。但遗憾的是，Aviv Biomedical 公司已经停止为贝克曼分析型超速离心机继续提供荧光检测器升级改装。荧光检测器的基本构造类似共聚焦荧光显微镜，如图 1.20 所示。波长为 488nm 的激光经透镜组扩束后，经过双色镜反射，聚焦到样品上，被激发的荧光粒子向后发射背向荧光，经过透镜和双色镜，再经过截留滤光片（505～565nm 的光通过）后，聚焦到一个孔径为 $50\mu m$ 的小孔上，被光电倍增管接收。结合步长为 $20\mu m$ 的步进电机，可以获得样品在径向上的浓度分布（Laue，2004；Cole et al.，2008）。

荧光检测器具有非常高的灵敏度，可以检测浓度为 100pmol/L 的样品，这是其主要优点之一。然而，大部分生物大分子和合成大分子本身并不具有自发荧光，因此需要对样品进行标记，但是需要确保荧光标记不会影响样品自身的性质。另外，荧光检测器的优点是在使用过程中不需要参比溶液。对于八孔转子，一次可以对 14 个样品进行测量。

1.3.2.4　浊度检测器

浊度检测器利用纳米颗粒的光散射原理进行检测。当入射光通过纳米颗粒分散体系时会发生散射，导致透射光强度下降。浊度检测器通常检测样品池中的特定位置（例如中间位置 $r_{slit} = 6.5 \text{cm}$）下透射光光强随时间的变化 $I(t)$。初始状态下粒子未发生沉降，样品的透射光强 $I(t)$ 为最小值。可通过选择合适

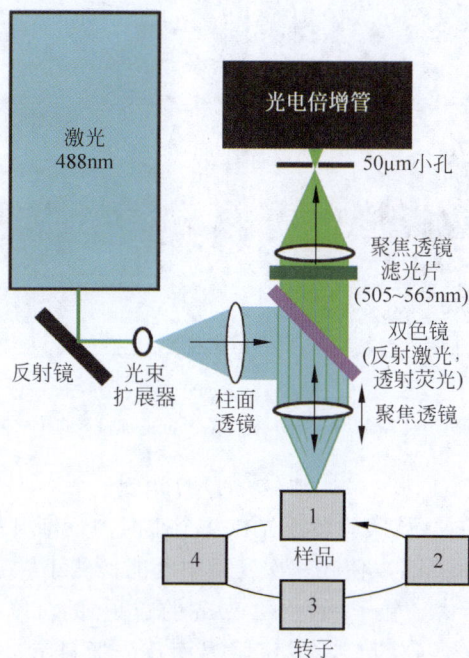

图 1.20　荧光检测器光路示意图

授权改编自 Nelson 等（2016）© Springer Japan 2016

的纳米颗粒浓度，使得初始透射光强为当粒子全部沉降到底部时的最终透射光强 I_s（即为透过溶剂的光强）的 10%。随着时间的推移，对于单分散的纳米颗粒，透射光强 $I(t)$ 会在某一时刻发生突变，根据式（1.9）可以计算出对应的粒子直径。对于粒径分布较宽的样品，由于较大的粒子沉降速度较快，透射光强 $I(t)$ 会逐渐增大，直至与参比池（溶剂）的光强一致，透射光强 $I(t)$ 的变化反映了体系中不同粒径纳米颗粒含量的多少，从而可以得到样品中纳米颗粒的粒径分布。浊度检测器最早由 Scholtan 和 Lange 于 1972 年开发（Scholtan et al.，1972）。后来，德国巴斯夫公司聚合物研究实验室的 Mächtle 等人（1999）进一步改进了该检测器，使其具有高灵敏度，并可用来测量亚微米高分子纳米颗粒的粒径分布。

图 1.21 展示了 Mächtle（1999）基于 Optima XL 制备型超速离心机搭建的浊度检测器实物图。位于八孔转子上方的激光二极管发射激光透过样品池，穿过样品池下方 $r_{slit}=6.5cm$ 处安装的 $2mm×0.2mm$ 狭缝，被光电二极管收集。或者可以直接使用出射光斑直径为 $0.2mm$ 的激光二极管，避免使用狭缝。在离心场下，光电二极管记录透射光强随时间的变化 $I(t)$。起初，透射光强由于沉降粒子的米散射而减弱，这时样品的 $I(t)$ 最低。随着转速的升高以及时间的

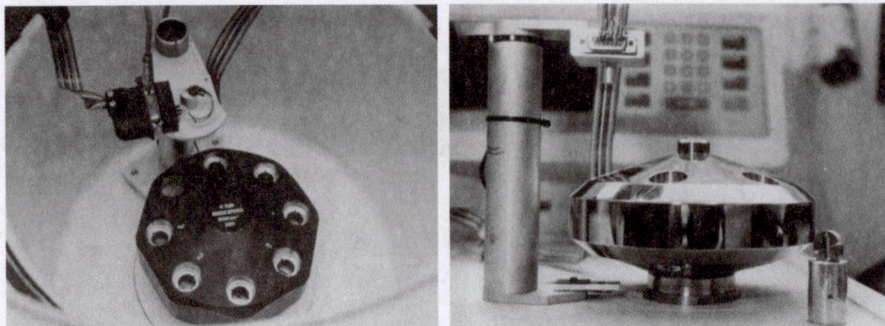

(a) 俯视图　　　　　　　　(b) 侧视图，包括光源、检测器、八孔转子和样品池

图 1.21　巴斯夫公司的浊度检测器

授权引用自 Mächtle(1999)© The Biophysical Society 1999

推移，$I(t)$逐渐增大，直到与参比池（溶剂）的光强一致，如图 1.22 所示。与一般的恒速离心不同的是，该实验转速先在一个小时内逐渐升高到 40 000rpm，然后保持转速在 40 000rpm，以使在一次实验中既能检测小粒子（如粒径 20nm 的粒子），又能检测非常大的粒子（如粒径 5μm 的粒子）的沉降行为。当转速缓慢上升时，粒径较大的粒子沉降快，其沉降界面首先通过 $r_{slit}=6.5cm$ 位置。这时，由大的粒子引起的散射消失，导致光强的增加。随后，随着粒子从大到小逐渐沉降，光强逐渐增强，直到溶液透过的光强与溶剂透过的光强相同。因此，从理论上来说，$I(t)$的变化结合米散射理论可以得到样品中纳米颗粒的粒径分布。

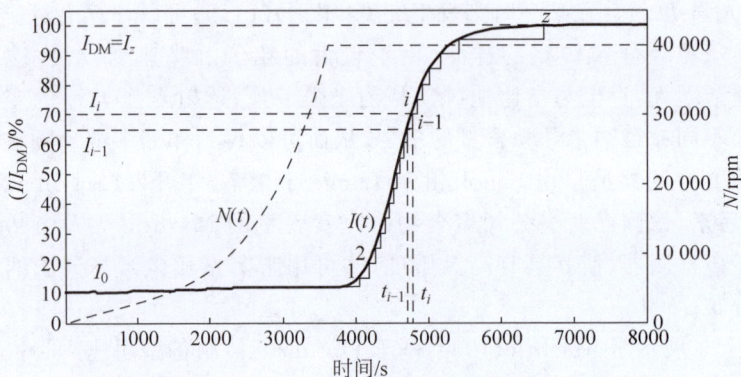

图 1.22　浊度检测器中 $I(t)$变化示意图以及转速 N 随时间的变化

授权改编自 Mächtle 和 Börger(2006)© Springer-Verlag Berlin Heidelberg 2006

将 $I(t)$均分成 z 等份，即假设体系中存在 z 种单分散的粒径不同（$d_{p,i}$）的纳米颗粒，每种粒子的浓度为 $c_{0,i}$，对浊度的贡献分别为 I_i（其中 $i=1,2,3,\cdots$，

z），假设每种粒子的沉降是独立的，不受其他粒子干扰。

根据朗伯-比尔定律，可得：

$$I(t) = I_s \exp[-\tau(t) \cdot l] = I_s \exp\left[-\sum_{i=1}^{i=z} \tau_i(t) \cdot l\right] \quad (1.65)$$

其中 l 是样品池在光路上的厚度，一般为 12mm 或者 3mm。I_s 为最终透射光强。并且，$\tau_i(t) = (\tau/c)_i \cdot c_i(t)$，其中比浊度 $(\tau/c)_i$ 可以根据米散射理论由粒子的直径 $d_{p,i}$，入射光波长 λ，粒子的折光指数 n_p，分散溶剂的折光指数 n_s 和粒子的密度 ρ_p 计算得到。每个级分的浓度 $c_i(t)$ 可以通过斯托克斯定律并且考虑径向稀释效应来计算，$c_i(t)$ 的表达为：

$$c_i(t) = c_{0,i} e^{-2k_i t} \quad t < t_i$$
$$c_i(t) = 0 \quad t \geqslant t_i \quad (1.66)$$

其中 $k_i = \dfrac{1}{t_{slit,i}} \ln \dfrac{r_{slit}}{r_m}$。$k_i$ 表示第 i 组分粒子的径向稀释常数，$t_{slit,i}$ 表示组分 i 从液面迁移到检测器对应的狭缝所需的时间。

根据式（1.6）对沉降系数的定义，可以得到组分 i 粒子的沉降系数：

$$s_i \equiv \frac{u_i}{\omega^2 r} = \frac{\ln(r_{slit}/r_m)}{\omega^2 t_{slit,i}} \quad (1.67)$$

将式（1.67）代入式（1.9）中可以得到：

$$d_{p,i} = \sqrt{\frac{18\eta_s \cdot s}{(\rho_p - \rho_s)}} = \sqrt{\frac{18\eta_s \cdot \ln(r_{slit}/r_m)}{(\rho_p - \rho_s)\omega^2 t_{slit,i}}} \quad (1.68)$$

其中 η_s 是分散介质的黏度。每个组分对应不同的时间 $t_{slit,i}$，可以计算出对应这个时间的组分的直径 $d_{p,i}$ 和径向稀释常数 k_i。然后根据米散射理论，可以计算出不同 $d_{p,i}$ 对应的比浊度 $(\tau/c)_i$（Mächtle，1988；Lecner，2005）。通过递推公式，可以利用 t_i，I_i，k_i 和 $(\tau/c)_i$ 来计算 $c_{0,i}$，即每个组分的初始浓度，计算公式如下：

$$c_{0,i} = \frac{\ln(I_i/I_{i-1}) - 2l(t_i - t_{i-1}) \sum\limits_{n=i+1}^{n=z} (\tau/c)_n c_{0,n} k_n}{l(\tau/c)_i \exp(-2k_i t_{i-1})} \quad (1.69)$$

因此，各组分所占的质量分数可以表示为：

$$m_i = \frac{c_{0,i}}{c_0} \quad (1.70)$$

通过计算各组分粒子所占的质量分数，可以得到体系中粒子的粒径分布。

1.3.2.5　纹影检测器

在 Model E 等型号的早期 AUC 设备中配备了纹影检测器，这是一种广泛应用的检测器。包括核糖体的发现在内的许多重要研究都是利用纹影检测器进行的。然而，现在的 AUC 设备已经不再配置纹影检测器。这里只简单介绍，有兴趣的读者可从 Schachman(1959)的专著中获得相关的详细信息。纹影检测器的输出信号为径向折光指数梯度(dn/dr)。如果已知样品的微分折射指数(dn/dc)，就可以得到相应的径向浓度梯度(dc/dr)。对通过吸收检测器和干涉检测器获得的浓度随径向距离变化的图谱进行微分，可以获取纹影检测器检测到的实验图谱。在实验中，对于分子量单一的样品，可以观察到一个随着运行时间从液面向样品池底部移动的纹影峰。这个峰的典型图谱如图 1.23 所示。通过观察该峰随着时间 t 的径向位移可获得粒子的沉降系数。

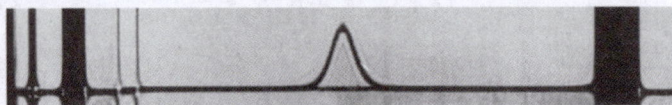

图 1.23　纹影检测器检测到的典型峰图

授权引用自 Schachman(1959)© Academic Press inc 1959

1.3.3　辅助测量

在处理 AUC 实验数据时，首先需要获取一些实验参数，例如溶液密度(ρ)、溶液黏度(η)、样品的偏比容($\bar{v}$)和微分折射指数(dn/dc)等物理参数。为了确保实验结果的准确性，建议使用合理的方法或仪器对以上参数进行计算和测量。

1.3.3.1　密度

溶液的密度(ρ)是分析 AUC 数据的关键参数。通常情况下，当粒子浓度较低时，可以忽略粒子对溶液密度的影响，使用除沉降粒子之外的溶剂的密度作为拟合参数。以下是获得溶剂密度的常用方法：

1）通过商业化的密度计直接测量溶剂的密度，这种方法最为准确可靠；

2）利用 SEDNTERP 软件获取各种溶剂组成的密度数值(Laue et al.，1992；Philo，2023)；

3）使用比重瓶在一定温度下测量样品溶液和纯水的质量，从而计算出样品溶液的相对密度；

4）对于单一溶剂或简单的二元混合溶剂，可通过查阅文献获得密度数据。

1.3.3.2　黏度

与密度一样，黏度(η)也是关键参数之一，其单位通常为帕斯卡·秒(Pa·s)或厘泊(cP)。要测试溶剂黏度，可以使用乌氏黏度计或者其他商业化的黏度仪。此外，类似于密度，SEDNTERP 软件也包含了常用溶剂和溶剂辅料的信息，通过输入相应的溶剂组成信息，可以获得相应的黏度数值(Laue et al.，1992；Philo，2023)。

1.3.3.3　偏比容

偏比容($\bar{v}$)是指在恒定温度和压力下，当除了组分 i 以外的其他组分 j 保持不变时，向溶液中添加单位质量的组分 i 导致的溶液体积的变化量，即 $\bar{v}_i = (\partial V/\partial g_i)_{T,P,g_j} (j \neq i)$。若将等号右边的分子分母位置调换则结果为粒子的密度，因此粒子的偏比容 $\bar{v}_i$ 即为粒子密度 ρ_i 的倒数。对于蛋白质而言，偏比容 1% 的误差会导致分子量约 3% 的误差(Schachman，1957)，因此准确的 $\bar{v}$ 数值是正确解析 AUC 数据的前提(Philo，2023)。表 1.1 列举了一些常用大分子在水溶液中的 $\bar{v}$ 值。

表 1.1　常用大分子在水溶液中的 $\bar{v}$ 值

样品类型	$\bar{v}/(\text{mL} \cdot \text{g}^{-1})$[①]
蛋白质	0.73(0.70～0.75)
DNA	0.58(0.55～0.59)
RNA	0.53(0.47～0.55)
聚糖	0.61(0.59～0.65)

① 所示为常用值及常见数值范围。

偏比容可以使用以下方法进行测定：

1) 沉降平衡法：通过在具有不同密度的溶剂中进行沉降平衡实验，可以同时获得样品偏比容及摩尔质量。当使用 D_2O 时，如果所测样品是蛋白质，要考虑由于 H/D 交换对蛋白质摩尔质量以及偏比容的影响，采用 H_2O^{18} 可以避免由于 H/D 交换带来的复杂性(Edelstein et al.，1967，1973；Schuck et al.，2016)。另外，可以通过密度梯度沉降平衡实验测得样品密度和偏比容，详细内容请参考 1.2.4.3 节。

2) 沉降速度法：利用不同密度溶剂中粒子的沉降速度差异可以获取粒子偏比容的信息(Gohon et al.，2004；Brown et al.，2011)。假设所测的蛋白质在两种溶液中的流体力学半径相同，并且没有 H/D 交换，测得的浮力摩尔质量比值 R 为：

$$R = \frac{M_{b,2}}{M_{b,1}} = \frac{M_a(1 - \bar{v}\rho_2)}{M_a(1 - \bar{v}\rho_1)} = \frac{s_2 \cdot 6\pi\eta_2 R_h}{s_1 \cdot 6\pi\eta_1 R_h} = \frac{s_2 \cdot \eta_2}{s_1 \cdot \eta_1} \qquad (1.71)$$

因此，偏比容可表示为：

$$\bar{v} = \frac{1 - R}{\rho_2 - \rho_1 R} \qquad (1.72)$$

3）密度法：根据密度的定义，具有质量浓度为 w 的粒子的溶液密度为 $\rho(w)$，$\rho(w) = \rho_0 + w(1 - \bar{v}\rho_0)$，因此可以计算 $\rho(w)$ 对 w 的导数 $\frac{d\rho}{dw} = (1 - \bar{v}\rho_0)$，结合溶剂的密度 ρ_0，可以使用式（1.73）计算偏比容：

$$\bar{v} = \rho_0^{-1}\left(1 - \frac{d\rho}{dw}\right) \qquad (1.73)$$

实验过程中，测得一系列不同质量浓度下的溶液的密度，求斜率 $d\rho/dw$，再结合溶剂的密度 ρ_0，即可计算出粒子的偏比容。

4）根据组成计算：以蛋白质为例，其 $\bar{v}$ 与组成相关。假设大分子的体积由组成单元简单加和而成，则大分子的 $\bar{v}$ 可通过单元 $\bar{v}_i$ 的加和得到（Cohn et al.，1943），即：

$$\bar{v} = \frac{\sum n_i M_i \bar{v}_i}{\sum n_i M_i} \qquad (1.74)$$

其中 n_i、M_i 和 $\bar{v}_i$ 分别代表 i 单元物质的物质的量、分子量和偏比容。蛋白质由氨基酸组成，可通过各氨基酸的偏比容及其含量计算得到特定蛋白的偏比容（Cohn et al.，1943；Durchschlag，1986）。使用 SEDNTERP 软件，通过输入蛋白质的氨基酸序列，即可计算给出蛋白质的 $\bar{v}$ 值（Philo，2023）。

1.3.3.4　微分折射指数

通过式 $J(r) = \frac{l(dn/dc)}{\lambda}c(r)$，利用微分折射指数（$dn/dc$）可以获得样品池内粒子的浓度分布，因此微分折射指数是分析干涉检测系统数据的重要参数。微分折射指数定义为增加 1mg/mL 粒子体系折光指数的变化，它与入射光的波长、溶剂折光指数（n_0）、溶剂组成等因素有关。通常使用折光指数仪测定一系列浓度梯度溶液的折光指数，就可以得到粒子在该溶剂体系下的微分折射指数。该种测量也可以使用新型的微分折射仪进行，该仪器利用透镜 $2f$-$2f$ 成像系统，可以避免激光光斑抖动所引起的偏差（Wu et al.，1994；吴奇，2021）。在实验过程中，首先使用标准样品（例如一系列氯化钠溶液）来校准仪器常数，然后测量未知样品的微分折射指数。蛋白质的微分折射指数，可以通过氨基酸组成进行估算（不考虑翻译后修饰）。对于摩尔质量较大的蛋白质，其 dn/dc 值接近 0.19mL/g,文献中列举了各种氨基酸在 150mmol/L NaCl 溶液中的 dn/dc 值(Zhao et al.,2011)。

1.4 实验设计

分析超速离心实验十分依赖仪器的正确校准。首先,需对仪器进行径向距离校准。对于紫外吸收检测器,需要定期检查氙灯的光强。通常,在径向距离为 6.5cm 的位置,可以测量没有装样品池的空孔处不同波长的光强。如果在 230nm 处的光强较低,可能需要清理氙灯、狭缝组件、聚焦透镜和光电倍增管等。此外,应使用特定波长(通常为 230nm)对样品池的各径向位置进行扫描,确保各位置上的光强差异在 10% 以内。其次,需使用平衡件对径向马达进行校准,具体参见 1.3.1.4 节。除了使用贝克曼公司提供的平衡件对径向马达校准外,也可以使用自制的径向校准窗片(Lebrun et al.,2018;Stoutjesdyk et al.,2020;Zhao et al.,2021)。例如,Schuck 等人在多个实验室对同一样品进行测试,比较沉降速度数据,发现径向位置的校准精度是影响 AUC 结果准确性的主要因素之一。他们开发的径向校准窗片可以将径向距离测量误差减小至 1/10~1/5(Lebrun et al.,2018)。再次,需根据粒子及其溶剂的性质选择合适的样品池、转速和检测器等参数。最后,在 AUC 实验时,样品池底部的刻线与转轴孔上的刻线要完全对齐,以确保中心件的圆心与转轴轴心完全一致,以避免样品对流扰动。在聚集体含量检测实验中,样品池位置的微小差异都可能导致聚集体含量的显著变化,因此需要使用更精密的校准元件(Arthur et al.,2009;Doyle et al.,2017)。

1.4.1 实验方法选择

如 1.2 节所述,AUC 实验方法主要包括沉降速度、沉降平衡、密度梯度平衡和合成边界实验。其中,沉降速度实验应用最为广泛,通过该方法可以获得粒子的纯度、分子量、沉降系数、扩散系数、摩擦比、流体力学半径等信息。沉降平衡实验则可用于测量分子量、平衡常数以及结合数等参数。合成边界实验通常在较低的转速下进行,可测量样品的扩散系数等物理量。而密度梯度平衡法则主要用于测量样品的密度。根据需要获取的物理量不同,可以选择不同的实验方法。

1.4.2 转速选择

采用较高的转速可以使粒子在短时间内完全沉降到样品池底部,但如果选择的转速过高,则会导致采集到的沉降数据过少且无法观察到粒子的扩散行为;而如果选择的转速太低,沉降界面区的粒子扩散效应显著,从而影响最终的数据分析。为了获得充分的沉降过程信息,通常需要完成 40～80 次扫描。因此,在实验过程中应该尽量迅速地实现沉降,同时确保足够的边界扩散以获取扩散信息,因为扩散信息对于形状和分子量计算非常重要。当已知粒子的沉降系数时,结合式(1.18),通过式(1.75)可以预估使用转速的合适范围:

$$转速(rpm) = \omega \cdot \frac{60}{2\pi} = \sqrt{\frac{\ln(r/r_m)}{st}} \cdot \frac{60}{2\pi} \tag{1.75}$$

以图 1.4 中 11S 球蛋白沉降为例,在双通道样品池中,样品溶液的液面位置为 6.05cm,底部位置为 7.2cm,11S 球蛋白的沉降系数为 11.14S。如果每次实验测试 3 个样品,每个样品扫描一次耗时 3min,使用吸收检测器进行 40～80 次扫描,测试需用时 120～240min,代入式(1.75)可得所选择的转速范围为 31 000～45 000rpm。由此可知,转速的选择受到测试样品沉降系数和检测器检测时间的影响。当使用干涉检测器时,由于检测时间较短,则对于相同样品,可以使用更高转速进行测试。SEDFIT 和 UltraScan 等软件提供了用来模拟具有不同分子量和形状的粒子沉降数据的工具,可以在实验之前进行预估(Schuck et al.,2016)。如果体系性质未知,建议在正式实验之前尝试多个不同的转速,然后根据沉降情况选择合适的实验转速。

沉降平衡实验是测定大分子分子量的重要方法。分析型超速离心机可以在低至 1000rpm 的转速下稳定运行,因此可测定分子量高达数百万克每摩尔的物质,如病毒。在沉降平衡实验中,如果选择的转速过高,样品浓度在样品池中的分布会非常陡峭,靠近液面区域的浓度会趋近于零,而靠近样品池底部区域的样品浓度过高甚至超出检测范围(或线性区间)。如果选择的转速过低,样品浓度分布将会非常平缓,不利于数据拟合,同时达到沉降平衡所需的时间也会大大增加。因此可以使用 SEDFIT 软件或 UltraScan 软件中的平衡时间模拟模块估算合适的转速。最佳的沉降平衡实验转速取决于样品的分子量,可通过约化的有效分子量 $\sigma = M\omega^2(1-\bar{v}\rho)/RT$ 进行初步推算,通常建议 σ 在 1～6cm^{-2} 之间(Yphantis,1964)。图 1.24 给出了已知样品的分子量或者沉降系数时,可以估计合理的转速。

1.4.3　中心件选择

在常规的 AUC 实验中,使用的中心件通常为两通道,光程有 1mm、3mm 和 12mm 供选择。在选择合适的中心件时,需要考虑样品的浓度以及检测器的

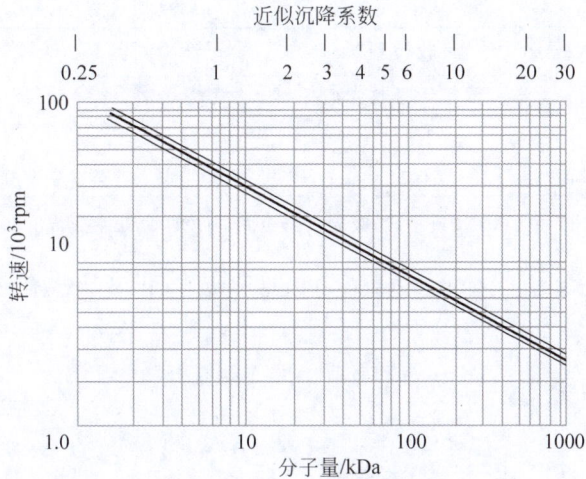

图 1.24　根据分子量或者沉降系数估计合理的转速

授权引用自 Chervenka(1969)© The Author 1969

需求。例如,对于吸收检测器,需确保检测的吸收值在 0.1OD 到 1.2OD 之间。此外,如 1.3.1.4 节所述,中心件的选择还需考虑到样品体系的兼容性。

　　中心件的选择也会影响沉降平衡实验所需时间,使用较短光程和长度的中心件可以显著缩短沉降平衡时间。因此,对于沉降平衡实验,除了常规的两通道中心件,还可以选择六通道和八通道中心件。增加样品通道数量不仅可以缩短沉降平衡时间,还可以减少实验所需的样品量。通常,使用 $3\sim3.5$mm 的液柱拟合的数据点数量已足够进行拟合,这样只需要约 $100\sim120\mu$L 的样品装载量。

1.4.4　检测器选择

　　检测器的选择通常受到样品本身性质的影响。通常情况下,对于生物大分子,如蛋白质、DNA 和多肽,常常选择吸收检测器。对于合成高分子等无明显发色团的物质,通常会选择干涉检测器。而对于含有荧光基团的样品,则可以选择荧光检测器。表 1.2 列举了三种常用检测器的适用情况。

表 1.2　三种常用检测器的比较

检测器	吸收检测器	干涉检测器	荧光检测器
灵敏度	0.1OD[①]	0.05mg/mL	100pmol/L
浓度范围	2～3 数量级	3～4 数量级	6～8 数量级
最小 K_D	nmol/L	nmol/L	pmol/L

续表

检测器	吸收检测器	干涉检测器	荧光检测器
选择性	依赖于吸收光谱	否	是
样品通量	1～7[②]	1～7	1～14
样品是否需要修饰	否	否	可能需要标记

① 通过 SEDFIT 中的 $c(s)$ 模型，当吸光度低至 0.005OD 时也能分析出沉降系数分布（Zhao et al.，2012）。

② 利用直接测量透射光强随径向位置和时间变化的准吸收方法，能一次测量 14 个样品。

1.5　数据分析

1.5.1　沉降速度实验数据分析

沉降速度实验数据分析可以得到丰富的粒子信息，包括纯度、分子量及其分布、沉降系数及其分布、扩散系数、流体力学半径及粒子的形状等。粒子的沉降曲线 $c(r,t)$ 反映了沉降和扩散的综合效应，特别是对于较小的粒子，如蛋白质、多肽和寡核酸等。在分析沉降速度数据时，需要考虑扩散的影响，即需要将沉降和扩散从数据中分离出来。接下来，我们将介绍三种用于分析沉降速度实验数据的方法。

1.5.1.1　van Holde-Weischet 法

粒子的扩散和分子量分布都会导致沉降边界的扩宽。为了确定沉降边界的展宽是由粒子分布引起还是由扩散引起的，需进行沉降边界的扩散校正，以消除扩散引起的边界展宽。van Holde 和 Weischet（1978）提出了一种将扩散和沉降分离的方法，可获得扩散校正后的沉降系数分布 $G(s)$。其原理是，粒子在沉降过程中，由沉降引起的粒子位移与时间成正比，而扩散导致的位移与时间的平方根成正比。因此，当时间趋向无穷大时，沉降引起的位移将占主导地位。具体操作如下：将沉降过程中某一时间点上的沉降边界从基线到平台均匀地分成 N 个级分，即按浓度分割，比如 $N=20$。通过式（1.18）计算每个时间点每个级分的表观沉降系数 s^*，然后将 s^* 对 $1/t^{-0.5}$ 作图，如图 1.25 所示。对每个组分的 s^* 进行线性拟合，然后递推到 $1/t^{-0.5} \to 0$，即可得到消除扩散影响后的每个组分的沉降系数。对于单分散体系，递推后的沉降系数将交汇于一点，即粒子的沉降系数。对多分散体系，由于每个级分的浓度比例已知，也可以得到最终的沉降系数分布 $G(s)$。对非理想状态体系（体系中粒子之间存在相互作用），表观沉降系数递推相交点可能会早于或晚于无穷长时间点，这取决于相互作用是排斥还是吸引。因此，van Holde-Weischet 法也用于检测样品的均一性或非理想性,而不需要对样品做出任何假设。UltrasScan 和 SEDFIT 等软件整合了该分析方法。后来,Demeler 和 van Holde(2004)进一步改进了该方法,以用于分析高度异质的体系。

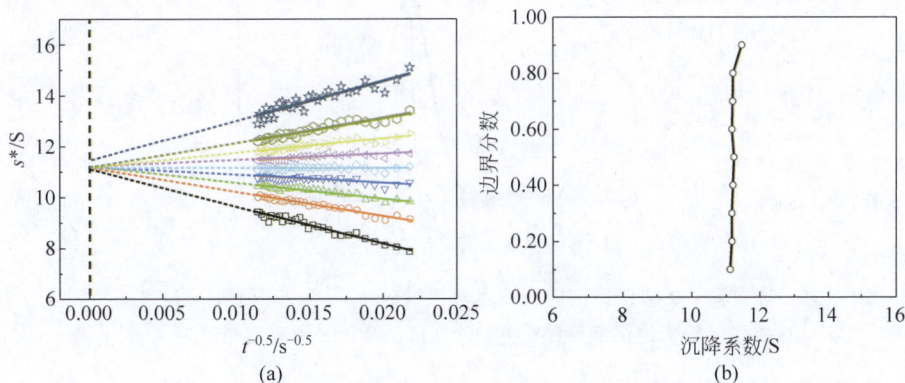

图 1.25　典型的 van Holde-Weischet 法(样品为 11S 大豆蛋白)

1.5.1.2　时间导数法

时间导数法是由 Stafford(1992)提出的,通过对不同时间的粒子浓度分布对时间求导,以获得沉降系数分布,通常称为 dc/dt 方法。后来 Philo(2000)进一步发展了这种方法。在这种方法中,未经扩散校正的表观沉降系数分布 $g^*(s)$ 可以通过相邻扫描图的差异并按下式计算得到:

$$g^*(s)_t = \frac{\partial [c(r,t)/c_0]}{\partial t} \frac{\omega^2 t^2}{\ln(r_m/r)} \left(\frac{r}{r_m}\right)^2 \tag{1.76}$$

其中,c_0 是样品的初始浓度,r_m 是样品液面位置,ω 是转速。这种方法的优点在于可显著减小与时间无关的噪声,例如由窗片划痕和污垢引起的噪声,尤其适用干涉检测器得到的数据,改善数据信噪比,因此实验过程中可以使用较低的样品浓度。需要注意的是,与 van Holde-Weischet 法不同,dc/dt 方法没有校正扩散影响,因此,为了获得比较准确的拟合结果,必须选择扩散变化不显著的一组扫描数据。对于扩散不明显的粒子,比如较大的胶体颗粒,且转速较高条件下,所得的 $g^*(s)$ 近似于真实的 $g(s)$。对于存在明显扩散的体系,可以获得不同时间的 $g^*(s,t)$,然后外推到 $t \to \infty$ 时刻,以获得真实的 $g(s)$。图 1.26 给出了利用 dc/dt 方法分析得到的纯化后的 11S 大豆蛋白的沉降系数分布。对于均一的粒子或者是无相互作用的粒子混合物,每个峰的宽度与扩散系数有关,可以拟合分布以获得扩散系数,从而获得每个组分的分子量。Stafford 等人(2004)还发展了宽分布分析法(wide distribution analysis),通过在一次实验中逐渐提高转速,使体系中较大的粒子首先沉降,小粒子后沉降。宽分布分析

法结合 dc/dt 方法，能够在单次实验中分析沉降系数从 1S 到 250 000S 的样品。

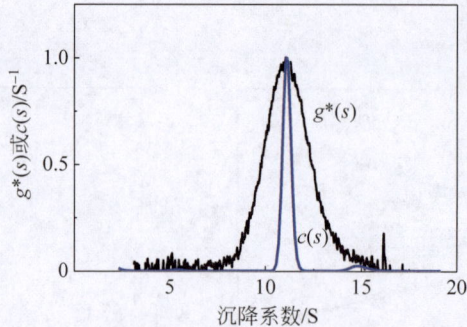

图 1.26　通过 dc/dt 方法得到的表观沉降系数分布 $g^*(s)$ 和通过 $c(s)$ 方法经扩散校正后得到的沉降系数分布 $c(s)$（样品为 11S 大豆蛋白）

1.5.1.3　有限元法

Schuck 等人开发的 SEDFIT 软件中的 $c(s)$ 方法是利用有限元法求解 Lamm 方程，通过直接拟合沉降速度数据来获取沉降系数分布函数的方法，它是 AUC 数据处理中最为常用的方法之一（Dam et al.，2004；Brown et al.，2007；Schuck et al.，2016）。在 $c(s)$ 方法中，首先确定了沉降系数的范围，并假设体系中所有粒子都具有相同的形状，即具有相等的摩擦比（f/f_0）。然后，程序假设 D 与 s 和 f/f 之间存在相应的标度关系，通过有限元解法数值求解 Lamm 方程。在拟合中，考虑时间不变以及径向位置不变的系统误差，以及随机噪声，程序使用不同的 f/f_0 值，通过最小二乘法将拟合结果与实验数据进行比较，以获得体系中最优的 f/f_0 值及其对应的 $c(s)$ 分布。图 1.26 给出了利用 $c(s)$ 方法拟合纯化后的 11S 大豆蛋白的沉降数据得到的沉降系数分布。当体系只包含一种主要物种或所有物种具有相同的摩擦比（f/f_0）时，可以准确地获得摩尔质量分布 $c(M)$。SEDFIT 软件还提供了更复杂的分析模型 $c(s, ff_0)$，该模型不要求 f/f_0 具有单一值。

另一种常用的分析软件是由 Demeler 等人开发的 UltraScan，它也提供了类似的分析方法。UltraScan 利用并行计算和高性能计算来提高效率。在二维谱分析方法（2-dimentional spectrum analysis，2DSA）中，需首先假定沉降系数和 f/f_0 的范围，通常将 f/f_0 设置为 1～4。然后通过拟合沉降速度数据获得 Lamm 方程的有限元解的总和，并同时确定沉降系数和摩擦比的值。对于低分散体系，UltraScan 还提供了遗传算法优化方法，可以消除拟合结果中的非必要组分，同时不降低拟合质量。此外，还可以使用蒙特卡罗分析方法对遗传算法分析结果进一步分析，为体系中每个组分拟合的所有参数提供统计评估，测试拟合的可靠性(Memon et al. ,2013；Demeler et al. ,2016)。近年来，AUC 在制药行业得到了广泛应用，该行业要求数据产生、记录、传递和使用的整个生命周期都需要符合药品生产质量管理规范(GMP)。为了满足 GMP 验证的要求，SEDFIT 和 UltraScan 软件都提供了相应的解决方案(Savelyev et al. ,2020；Schuck et al. ,2023)。

上面介绍的方法各具特点：

1) van Holde-Weischet 法可评价样品的均一性和非理想性，校正了由扩散引起的沉降边界展宽，可以通过进一步的扩展来研究更宽的分布。然而，这种方法只能分析在单一转速下的一次沉降实验数据，因此能够检测的沉降系数范围受到限制。

2) 时间导数法未校正扩散的影响，得到的沉降系数分布较宽。因此，该方法只能分析有限时间间隔的沉降速度数据，无法充分利用现代 AUC 获得大量实验数据。但通过在一次实验中逐渐增加转速，采用本方法可以分析沉降系数范围跨越几个数量级的体系。

3) 有限元法可以充分利用实验中获得的所有数据，并可以通过 $c(s,ff_0)$ 或 2DSA 等方法同时确定沉降系数和 f/f_0 的值。需要注意的是，2DSA 方法需要更多的计算资源。SEDFIT 软件提供多种模型供用户选择，包括具有单一 f/f_0 的 $c(s)$ 或 $c(M)$ 模型，以及具有两个或者多个 f/f_0 的不同模型。

因此，建议根据实验目的和样品特性，考虑不同模型的优缺点，选择合适的拟合方法。

1.5.2　沉降平衡实验数据分析

沉降平衡实验需在不同转速、物质浓度、检测波长下采集数据，并可以结合吸收检测器和干涉检测器等多种检测方法。在数据分析过程中，应采用全局分析(global analysis)的方法，选择正确的模型(如 1.2.4 节中提到的)，并运用非线性最小二乘法拟合多组实验数据。如果结果合理，每个条件下的浓度随径向分布图都应该满足模型中的全局参数，例如分子量、结合常数和化学计量比等。需要注意的是，这种方法可以排除明显不适合分析实验数据的模型，但在不同模型适应程度相近的情况下，辨别它们可能会比较困难(Johnson et al. ,1981；Vistica et al. ,2004；Demeler,2005)。

1.5.3　现代化分析软件

表 1.3 列出了 AUC 中常用的分析软件及其获取途径。

表 1.3 分析超速离心常用分析软件及相关网站

分 析 软 件	相 关 网 站
SEDFIT/SEDPHAT	https://sedfitsedphat.github.io
UltraScan	https://ultrascan.aucsolutions.com
SEDANAL	http://www.sedanal.org
Sednterp	http://www.jphilo.mailway.com

参考文献

金绿松,林元喜,2008.离心分离[M].北京:化学工业出版社.

陶宗晋,1983.离心沉降分析技术[M].北京:科学出版社.

吴奇,2021.大分子溶液[M].北京:高等教育出版社.

ARCHIBALD W J,1947. A demonstration of some new methods of determining molecular weights from the data of the ultracentrifuge[J]. The Journal of Physical and Colloid Chemistry,51(5): 1204-1214.

ARTHUR K K,GABRIELSON J P,KENDRICK B S, et al. ,2009. Detection of protein aggregates by sedimentation velocity analytical ultracentrifugation(SV-AUC): sources of variability and their relative importance[J]. Journal of Pharmaceutical Sciences,98(10): 3522-3539.

BALBO A,BROWN P H,BRASWELL E H, et al. , 2007. Measuring protein-protein interactions by equilibrium sedimentation[J]. Current Protocols in Immunology, 79: 18.8.1-18.8.28.

BEAMS J W,PICKELS E G,1935. The production of high rotational speeds[J]. Review of Scientific Instruments,6(10): 299-308.

Beckman Coulter, Inc. , 2022. Chemical resistances for Beckman Coulter centrifugation products[EB/OL]. [2024-04-01]. https://www.mybeckman.cn/techdocs/IN-175ME/wsr-144091.

BHATTACHARYYA S K,MACIEJEWSKA P,BÖRGER L,et al. ,2006. Development of a fast fiber based UV-Vis multiwavelength detector for an ultracentrifuge [M]// WANDREY C, CÖLFEN H. Analytical ultracentrifugation VIII. Berlin, Heidelberg: Springer: 9-22.

BROWN P H,BALBO A,SCHUCK P,2007. Using prior knowledge in the determination of macromolecular size-distributions by analytical ultracentrifugation[J]. Biomacromolecules, 8(6): 2011-2024.

BROWN P H,BALBO A,ZHAO H Y,et al. ,2011. Density contrast sedimentation velocity for the determination of protein partial-specific volumes[J]. PLoS One,6(10): e26221.

BROWN P H, SCHUCK P, 2006. Macromolecular size-and-shape distributions by sedimentation velocity analytical ultracentrifugation[J]. Biophysical Journal, 90(12):

4651-4661.

CARRUTHERS L M, SCHIRF V R, DEMELER B, et al. , 2000 Sedimentation velocity analysis of macromolecular assemblies[J]. Methods in Enzymology,321: 66-80.

CHAO F C, SCHACHMAN H K, 1956. The isolation and characterization of a macromolecular ribonucleoprotein from yeast [J]. Archives of Biochemistry and Biophysics,61(1): 220-230.

CHERVENKA C H,1969. A manual of methods for the analytical ultracentrifuge[M]. Palo Alto: Spinco Division of Beckman Instruments.

COHN E J,EDSALL J T,1943. Proteins,amino acids and peptides as ions and dipolar ions [M]. New York: Reinhold.

COLE J L, LARY J W, MOODY T P, et al. , 2008 Analytical ultracentrifugation: sedimentation velocity and sedimentation equilibrium[J]. Methods in Cell Biology,84: 143-179.

CÖLFEN H,LAUE T M,WOHLLEBEN W, et al. , 2010. The open AUC project[J]. European Biophysics Journal,39(3): 347-359.

CÖLFEN H, 2023. Analytical ultracentrifugation in colloid and polymer science: new possibilities and perspectives after 100 years[J]. Colloid and Polymer Science,301(7): 821-849.

CREETH J M,KNIGHT C G,1965. On the estimation of the shape of macromolecules from sedimentation and viscosity measurements[J]. Biochimica et Biophysica Acta(BBA)- Biophysics including Photosynthesis,102(2): 549-558.

DAM J, SCHUCK P, 2004. Calculating sedimentation coefficient distributions by direct modeling of sedimentation velocity concentration profiles[J]. Methods in Enzymology, 384: 185-212.

DEMELER B, GORBET G E, 2016. Analytical ultracentrifugation data analysis with UltraScan-III[M]//UCHIYAMA S, ARISAKA F, STAFFORD W F, et al. Analytical ultracentrifugation: instrumentation, software, and applications. Tokyo: Springer: 119-143.

DEMELER B, VAN HOLDE K E, 2004. Sedimentation velocity analysis of highly heterogeneous systems[J]. Analytical Biochemistry,335(2): 279-288.

DEMELER B, 2005. UltraScan—a comprehensive data analysis software package for analytical ultracentrifugation experiments[M]//SCOTT D J,HARDING S E,ROWE A J. Modern analytical ultracentrifugation: techniques and methods. Cambridge,UK: The Royal Society of Chemistry: 210-230.

DESAI A, KRYNITSKY J, POHIDA T J, et al. , 2016. 3D-printing for analytical ultracentrifugation[J]. PLoS One,11(8): e0155201.

DOYLE B L,BUDYAK I L,RAUK A P,et al. ,2017. An optical alignment system improves precision of soluble aggregate quantitation by sedimentation velocity analytical ultracentrifugation[J]. Analytical Biochemistry,531: 16-19.

DUMANSKI A,ZABOTINSKI E, EWSEJEW M,1913. Eine methode zur bestimmung der

Größe kolloider teilchen[J]. Zeitschrift für Chemie und Industrie der Kolloide,12(1)：6-11.

DURCHSCHLAG H,1986. Specific volumes of biological macromolecules and some other molecules of biological interest[M]//HINZ H J. Thermodynamic data for biochemistry and biotechnology. Berlin：Springer-Verlag：45-128.

EDELSTEIN S J,SCHACHMAN H K,1973. Measurement of partial specific volume by sedimentation equilibrium in H_2O D_2O solutions[J]. Methods in Enzymology,27：82-98.

EDELSTEIN S J,SCHACHMAN H K,1967. The simultaneous determination of partial specific volumes and molecular weights with microgram quantities[J]. The Journal of Biological Chemistry,242(2)：306-311.

EDWARDS G B,MUTHURAJAN U M,BOWERMAN S,et al.,2020. Analytical Ultracentrifugation (AUC)：an overview of the application of fluorescence and absorbance AUC to the study of biological macromolecules[J]. Current Protocols in Molecular Biology,133(1)：e131.

FURST A,1997. The XL-I analytical ultracentrifuge with Rayleigh interference optics[J]. European Biophysics Journal,25(5/6)：307-310.

GOFMAN J W,LINDGREN F T,ELLIOTT H,1949. Ultracentrifugal studies of lipoproteins of human serum[J]. Journal of Biological Chemistry,179(2)：973-979.

GOHON Y,PAVLOV G,TIMMINS P,et al.,2004. Partial specific volume and solvent interactions of amphipol A8-35[J]. Analytical Biochemistry,334(2)：318-334.

GOLDBERG R J,1953. Sedimentation in the ultracentrifuge[J]. The Journal of Physical Chemistry,57(2)：194-202.

GORBET G E,PEARSON J Z,DEMELER A K,et al.,2015. Next-generation AUC：analysis of multiwavelength analytical ultracentrifugation data[J]. Methods in Enzymology,562：27-47.

HANLON S,LAMERS K,LAUTERBACH G,et al.,1962. Ultracentrifuge studies with absorption optics：I. An automatic photoelectric scanning absorption system[J]. Archives of Biochemistry and Biophysics,99(1)：157-174.

HARDING S E,JOHNSON P,1985. The concentration-dependence of macromolecular parameters[J]. Biochemical Journal,231(3)：543-547.

HARDING S E,1995a. On the hydrodynamic analysis of macromolecular conformation[J]. Biophysical Chemistry,55(1/2)：69-93.

HARDING S E,1995b. Some recent developments in the size and shape analysis of industrial polysaccharides in solution using sedimentation analysis in the analytical ultracentrifuge[J]. Carbohydrate Polymers,28(3)：227-237.

HEXNER P E,RADFORD L E,BEAMS J W,1961. Achievement of sedimentation equilibrium[J]. Proceedings of the National Academy of Sciences of the United States of America,47(11)：1848-1852.

HOLMES F L,2001. Meselson,Stahl,and the replication of DNA：a history of "the most beautiful experiment in biology"[M]. New Haven：Yale University Press.

JOHNSON M L，CORREIA J J，YPHANTIS D A，et al. ，1981. Analysis of data from the analytical ultracentrifuge by nonlinear least-squares techniques[J]. Biophysical Journal，36(3)：575-588.

JOHNSTON J P，OGSTON A G，1946. A boundary anomaly found in the ultracentrifugal sedimentation of mixtures[J]. Transactions of the Faraday Society，42：789-799.

KEGELES G，1952. A boundary forming technique for the ultracentrifuge[J]. Journal of the American Chemical Society，74(21)：5532-5534.

KIRSCHNER M W，SCHACHMAN H K，1971. Conformational changes in proteins as measured by difference sedimentation studies. II. Effect of stereospecific ligands on the catalytic subunit of aspartate transcarbamylase[J]. Biochemistry，10(10)：1919-1926.

LAMM O，1929. Die differentialgleichung der ultrazentrifugierung[J]. Arkiv för Matematick，Astronomi och Fysik，21B(2)：1-4.

LANSING W D，KRAEMER E O，1935. Molecular weight analysis of mixtures by sedimentation equilibrium in the Svedberg ultracentrifuge[J]. Journal of the American Chemical Society，57(7)：1369-1377.

LAUE T M，SHAH B，RIDGEWAY T M，et al. ，1992. Computer-aided interpretation of sedimentation data for proteins[M]//HARDING S E，HORTON J C，ROWE A J. Analytical ultracentrifugation in biochemistry and polymer science. Cambridge：Royal Society of Chemistry：90-125.

LAUE T M，STAFFORD III W F，1999. Modern applications of analytical ultracentrifugation [J]. Annual Review of Biophysics and Biomolecular Structure，28：75-100.

LAUE T，2004. Analytical ultracentrifugation：a powerful "new" technology in drug discovery[J]. Drug Discovery Today：Technologies，1(3)：309-315.

LEBRUN T，SCHUCK P，WEI R，et al. ，2018. A radial calibration window for analytical ultracentrifugation[J]. PLoS One，13(7)：e0201529.

LECHNER M D，2005. Influence of Mie scattering on nanoparticles with different particle sizes and shapes：photometry and analytical ultracentrifugation with absorption optics [J]. Journal of the Serbian Chemical Society，70(3)：361-369.

LONGSWORTH L G，1939. A modification of the schlieren method for use in electrophoretic analysis[J]. Journal of the American Chemical Society，61(2)：529-530.

MA J，METRICK M，GHIRLANDO R，et al. ，2015. Variable-field analytical ultracentrifugation：I. Time-optimized sedimentation equilibrium[J]. Biophysical Journal，109(4)：827-837.

MACGREGOR I K，ANDERSON A L，LAUE T M，2004. Fluorescence detection for the XLI analytical ultracentrifuge[J]. Biophysical Chemistry，108(1/3)：165-185.

MÄCHTLE W，BÖRGER L，2006. Analytical ultracentrifugation of polymers and nanoparticles[M]. Berlin，Heidelberg：Springer.

MÄCHTLE W，1988. Coupling particle size distribution technique. A new ultracentrifuge technique for determination of the particle size distribution of extremely broad distributed dispersions[J]. Die Angewandte Makromolekulare Chemie，162(1)：35-52.

MÄCHTLE W, 1999. High-resolution, submicron particle size distribution analysis using gravitational-sweep sedimentation[J]. Biophysical Journal, 76(2): 1080-1091.

MEMON S, ATTIG N, GORBET G, et al., 2013. Improvements of the UltraScan scientific gateway to enable computational jobs on large-scale and open-standards based cyberinfrastructures [C]//Proceedings of the conference on extreme science and engineering discovery environment: gateway to discovery. San Diego: ACM: 39.

MESELSON M, STAHL F W, VINOGRAD J, 1957. Equilibrium sedimentation of macromolecules in density gradients [J]. Proceedings of the National Academy of Sciences of the United States of America, 43(7): 581-588.

MESELSON M, STAHL F W, 1958. The replication of DNA in Escherichia coli [J]. Proceedings of the National Academy of Sciences of the United States of America, 44(7): 671-682.

NELSON T G, RAMSAY G D, PERUGINI M A, 2016. Analytical ultracentrifugation data analysis with UltraScan-III [M]//UCHIYAMA S, ARISAKA F, STAFFORD W F, et al. Analytical ultracentrifugation: instrumentation, software, and applications. Tokyo: Springer: 41.

PEARSON J, CÖLFEN H, 2018a. ICCD camera technology with constant illumination source and possibilities for application in multiwavelength analytical ultracentrifugation[J]. RSC Advances, 8(71): 40655-40662.

PEARSON J, CÖLFEN H, 2018b. LED based near infrared spectral acquisition for multiwavelength analytical ultracentrifugation: a case study with gold nanoparticles[J]. Analytica Chimica Acta, 1043: 72-80.

PEDERSEN K O, 1976. The development of svedberg's ultracentrifuge [J]. Biophysical Chemistry, 5(1/2): 3-18.

PERRIN J B, 1926. Discontinuous structure of matter[EB/OL]. (1926-12-11). http://www.nobelprize. org/nobel_prizes/physics/laureates/1926/perrin-lecture. html.

PHILO J S, AOKI K H, ARAKAWA T, et al., 1996. Dimerization of the extracellular domain of the erythropoietin(EPO)receptor by EPO: one high-affinity and one low-affinity interaction[J]. Biochemistry, 35(5): 1681-1691.

PHILO J S, 2000. A method for directly fitting the time derivative of sedimentation velocity data and an alternative algorithm for calculating sedimentation coefficient distribution functions[J]. Analytical Biochemistry, 279(2): 151-163.

PHILO J S. SEDNTERP, 2023: a calculation and database utility to aid interpretation of analytical ultracentrifugation and light scattering data[J]. European Biophysics Journal, 52(4/5): 233-266.

PHILPOT J S L, 1938. Direct photography of ultracentrifuge sedimentation curves [J]. Nature, 141(3563): 283-284.

PICKELS E G, 1952. Ultracentrifugation[J]. Methods in Medical Research, 5: 107-133.

RICHARDS E G, SCHACHMAN H K, 1959. Ultracentrifuge studies with rayleigh interference optics. I. General applications [J]. The Journal of Physical Chemistry,

63(10)：1578-1591.

ROWE A J，2011. Ultra-weak reversible protein-protein interactions[J]. Methods，54（1）：157-166.

SAVELYEV A，GORBET G E，HENRICKSON A，et al.，2020. Moving analytical ultracentrifugation software to a good manufacturing practices（GMP）environment[J]. PLoS Computational Biology，16(6)：e1007942.

SCHACHMAN H K，1989. Analytical ultracentrifugation reborn[J]. Nature，341（6239）：259-260.

SCHACHMAN H K，1959. Ultracentrifugation in biochemistry[M]. New York：Academic Press.

SCHACHMAN H K，1957. Ultracentrifugation，diffusion，and viscometry[J]. Methods in Enzymology，4：32-103.

SCHACHMAN H K，1992. Is there a future for the ultracentrifuge? [M]. Cambridge：Royal Society of Chemistry.

SCHMIDT B，RAPPOLD W，ROSENBAUM V，et al.，1990. A fluorescence detection system for the analytical ultracentrifuge and its application to proteins，nucleic acids，and viruses [J]. Colloid and Polymer Science，268(1)：45-54.

SCHNEIDER C M，HAFFKE D，COELFEN H，2018. Band sedimentation experiment in analytical ultracentrifugation revisited[J]. Analytical Chemistry，90(18)：10659-10663.

SCHOLTAN W，LANGE H，1972. Bestimmung der Teilchengrößenverteilung von latices mit der ultrazentrifuge [J]. Kolloid-Zeitschrift und Zeitschrift für Polymere，250（8）：782-796.

SCHUCK P，TO S C，ZHAO H Y，2023. An automated interface for sedimentation velocity analysis in SEDFIT[J]. PLoS Computational Biology，19(9)：e1011454.

SCHUCK P，ZHAO H Y，BRAUTIGAM C A，et al.，2016. Basic principles of analytical ultracentrifugation[M]. Boca Raton：CRC Press.

SCHUCK P，2000. Size-distribution analysis of macromolecules by sedimentation velocity ultracentrifugation and Lamm equation modeling [J]. Biophysical Journal，78（3）：1606-1619.

STAFFORD W F，BRASWELL E H，2004. Sedimentation velocity，multi-speed method for analyzing polydisperse solutions[J]. Biophysical Chemistry，108(1/3)：273-279.

STAFFORD W F，1992. Boundary analysis in sedimentation transport experiments：a procedure for obtaining sedimentation coefficient distributions using the time derivative of the concentration profile[J]. Analytical Biochemistry，203(2)：295-301.

STOUTJESDYK M，HENRICKSON A，MINORS G，et al.，2020. A calibration disk for the correction of radial errors from chromatic aberration and rotor stretch in the Optima AUC^{TM} analytical ultracentrifuge[J]. European Biophysics Journal，49(8)：701-709.

STRAUSS H M，KARABUDAK E，BHATTACHARYYA S，et al.，2008. Performance of a fast fiber based UV/Vis multiwavelength detector for the analytical ultracentrifuge[J]. Colloid and Polymer Science，286(2)：121-128.

SVEDBERG T,FÅHRAEUS R,1926a. A new method for the determination of the molecular weight of the proteins[J]. Journal of the American Chemical Society,48(2)：430-438.

SVEDBERG T,NICHOLS J B,1923a. Determination of size and distribution of size of particle by centrifugal methods [J]. Journal of the American Chemical Society, 45 (12)：2910-2917.

SVEDBERG T,NICHOLS J B,1926b. The molecular weight of egg albumin I. In electrolyte-free condition[J]. Journal of the American Chemical Society,48(12)：3081-3092.

SVEDBERG T, PEDERSEN K O,1940. The ultracentrifuge[M]. Oxford：The Clarendon Press.

SVEDBERG T,RINDE H,1923b. The determination of the distribution of size of particles in disperse systems[J]. Journal of the American Chemical Society,45(4)：943-954.

SVEDBERG T,RINDE H,1924. The ultra-centrifuge,a new instrument for the determination of size and distribution of size of particle in amicroscopic colloids[J]. Journal of the American Chemical Society,46(12)：2677-2693.

SVEDBERG T,SJÖGREN B,1928. The molecular weights of serum albumin and of serum globulin[J]. Journal of the American Chemical Society,50(12)：3318-3332.

SVENSSON H,1939. Direct photographic recording of electrophoresis diagrams[J]. Kolloid-Zeitschrift,87(2)：181-186.

SVENSSON H, 1940. The theory of the observation method of crossed dissociation[J]. Kolloid-Zeitschrift,90(2)：145-160.

TISSIÈRES A,WATSON J D,1958. Ribonucleoprotein particles from Escherichia coli[J]. Nature,182(4638)：778-780.

TO S C,BRAUTIGAM C A,CHATURVEDI S K,et al. ,2019. Enhanced sample handling for analytical ultracentrifugation with 3D-printed centerpieces [J]. Analytical Chemistry, 91(9)：5866-5873.

TRAUTMAN R,SCHUMAKER V,1954. Generalization of the radial dilution square law in ultracentrifugation[J]. The Journal of Chemical Physics,22(3)：551-554.

VAN HOLDE K E,BALDWIN R L,1958. Rapid attainment of sedimentation equilibrium [J]. The Journal of Physical Chemistry,62(6)：734-743.

VAN HOLDE K E,JOHNSON W C,HO P S,1998. Principles of physical biochemistry[M]. Upper Saddle River,New Jersey：Prentice Hall,Inc.

VAN HOLDE K E, WEISCHET W O,1978. Boundary analysis of sedimentation-velocity experiments with monodisperse and paucidisperse solutes[J]. Biopolymers,17(6)：1387-1403.

VISTICA J,DAM J,BALBO A,et al. ,2004. Sedimentation equilibrium analysis of protein interactions with global implicit mass conservation constraints and systematic noise decomposition[J]. Analytical Biochemistry,326(2)：234-256.

WALTER J, LÖHR K, KARABUDAK E, et al. , 2014. Multidimensional analysis of nanoparticles with highly disperse properties using multiwavelength analytical ultracentrifugation[J]. ACS Nano,8(9)：8871-8886.

WATSON J D,CRICK F H C,1953. Molecular structure of nucleic acids: a structure for deoxyribose nucleic acid[J]. Nature,171(4356): 737-738.

WAWRA S E, ONISHCHUKOV G, MARANSKA M, et al. , 2019. A multiwavelength emission detector for analytical ultracentrifugation[J]. Nanoscale Advances,1(11): 4422-4432.

WU C, XIA K Q, 1994. Incorporation of a differential refractometer into a laser light-scattering spectrometer[J]. Review of Scientific Instruments,65(3): 587-590.

YPHANTIS D A,1964. Equilibrium ultracentrifugation of dilute solutions[J]. Biochemistry, 3(3): 297-317.

ZHAO H Y,BERGER A J,BROWN P H,et al. ,2012. Analysis of high-affinity assembly for AMPA receptor amino-terminal domains[J]. Journal of General Physiology,139(5): 371-388.

ZHAO H Y,BROWN P H,SCHUCK P,2011. On the distribution of protein refractive index increments[J]. Biophysical Journal,100(9): 2309-2317.

ZHAO H Y,NGUYEN A,TO S C,et al. ,2021. Calibrating analytical ultracentrifuges[J]. European Biophysics Journal,50(3/4): 353-362.

第2章

分析超速离心技术在聚合物及纳米材料领域的应用

100 多年前,Hermann Staudinger(1920)首次提出大分子是通过聚合过程中共价键连接形成的长链分子的观点。在论证这一观点的过程中,分析超速离心和黏度法等表征技术发挥了至关重要的作用。一方面,当时学界普遍认为分子量超过 5000g/mol 的物质不可能存在,并假设橡胶这样的物质是由小分子通过聚集形成的胶体体系。Staudinger 的加氢实验证明,氢化橡胶与未改性的不饱和橡胶的物理性质极为相似,从而否定了不饱和橡胶是由环状聚异戊二烯单元通过双键聚集而成的假设。后来,他利用黏度法证实了聚合物在化学改性前后分子量基本保持不变。值得注意的是,当时 Staudinger 认为大分子是刚性棒状结构,而忽视了分子链的柔性。另一方面,为了研究尺寸小于 100nm 的纳米颗粒的超分散体系,Svedberg 发明了 AUC。在使用 AUC 对蛋白质进行表征之前,Svedberg 曾认为蛋白质是由小分子聚集而成的胶体。直到应用沉降平衡实验和沉降速度实验确定一些蛋白质是具有明确分子量的大分子时,他才摒弃了这种看法。自此,大分子科学无论在理论还是应用上都取得了显著进展。

大分子可以根据其来源划分为天然大分子和合成大分子。天然大分子包括蛋白质、核酸、多糖和天然橡胶等,而合成大分子则包括各种塑料、合成橡胶和合成纤维等。在生物大分子(如蛋白质)体系中,通常只涉及一个或几个成分。相比之下,在合成大分子体系中,分子量分布更宽,且可能因高电荷密度表现出更强的非理想性。因此,利用 AUC 对这些大分子进行表征具有其特殊性。

在本章中,首先介绍如何使用 AUC 研究这些大分子的分子量、分布、非理想性以及相互作用等特性。鉴于 Svedberg 最初开发 AUC 是为了研究纳米颗粒的大小和分布等性质,因此在本章的后半部分将讨论利用 AUC 来表征纳米颗粒尺寸、分布、密度以及表面配体结合情况。其中还包括用基于固定位置透射光强检测的浊度检测器来测定具有极宽尺寸分布的纳米颗粒,以及多波长检测器的应用。也就是说,不仅可以分析纳米颗粒的粒径分布,还能够同时检测粒子的吸收光谱,从而实现对纳米颗粒性质的更全面表征。对于本章中提到的各种大分子物理量,请参考相关领域的专业书籍。

2.1 在大分子表征中的应用

人工合成大分子的结构和性能可以通过单体的选择和合成方法的调控实现精准设计。这些合成大分子在许多领域都有广泛的应用,成为人们日常生活不可或缺的基础材料。例如,我们日常使用的塑料制品,纺织工业中的主要原料合成纤维,制造汽车轮胎的合成橡胶,以及作为药物递送载体的医用大分子材料等。为了更有效地应用这些合成大分子,了解它们在溶液中的性质至关重要。这需要系统表征材料的分子量及其分布、粒子形状,并建立沉降系数、扩散系数和特性黏度等物理参数与分子量之间的关系。除 AUC 外,目前用于测量大分子分子量及其分布的方法有渗透压法、黏度法、尺寸排阻色谱、光散射技术(包括激光光散射、小角散射)、基质辅助激光解吸/飞行时间质谱(MALDI-TOF MS)。其中,AUC 具有独特优势:1)无需标准样品来校准仪器,是一种绝对测量方法;2)可以根据样品的分子量选择最合适的转速,因此能够测量的分子量范围非常广泛;3)实验是在溶液状态下进行的,可以避免样品与分离柱间可能的相互作用。

2.1.1 KMHS 方程

对于分子量分布较窄的大分子,特性黏度($[\eta]$)、沉降系数(s)、扩散系数(D)与分子量(M)之间存在标度关系,可以通过 Kuhn-Mark-Houwink-Sakurada(KMHS)方程来描述:

$$[\eta] = K_{[\eta]} M^{\alpha} \tag{2.1}$$

$$s = K_s M^{\beta} \tag{2.2}$$

$$D = K_D M^{-\gamma} \tag{2.3}$$

其中,$K_{[\eta]}$,K_s 和 K_D 是前置因子,而 α,β,γ 是相应的幂指数。KMHS 方程中的幂指数满足以下关系:$\beta + \gamma = 1$,且 $\gamma = \dfrac{1+\alpha}{3}$。$\beta$ 与 γ 之和等于 1,可以结合 Svedberg 方程式(1.7)理解,即 $M \infty \dfrac{s}{D}$。对于不同形状的粒子,这些指数取不

同的值：对于球形粒子，$\alpha=0$，$\beta=2/3$，$\gamma=1/3$；对于高斯链，$\alpha=1/2$，$\beta=1/2$，$\gamma=1/2$；对于棒状粒子，$\alpha=1.7$，$\beta=0.15$，$\gamma=0.85$（Harding，1995）。例如，大多数蛋白质的沉降系数与分子量的关系为 $s\propto M^{2/3}$，这表明蛋白质分子大多数呈球形。其他大分子的标度指数能够反映它们在溶液中的不同形状。表 2.1 列出了一些具有不同形状的大分子的沉降系数与分子量的标度指数 β。接下来，我们将介绍使用 AUC 表征几种大分子标度关系的研究。

表 2.1   一些大分子的沉降系数与分子量的标度指数 β

形状	大 分 子	β	参 考 文 献
球形	部分球形蛋白质	2/3	Serdyuk et al.，2007
	超支化聚缩水甘油醚（HPG）	0.673	Lezov et al.，2020
无规线团	聚乙二醇（PEG）	0.469	Luo et al.，2009
		0.41,0.43[①]	Nischang et al.，2017
	聚（2-乙基-2-噁唑啉）（PEtOx）	0.462	Ye et al.，2013
		0.46	Grube et al.，2018；Gubarev et al.，2018
	聚苯乙烯（PS）	0.483	Pavlov et al.，2010
棒状	柑橘果胶	0.17	Harding et al.，1991
	双链 DNA[②]	0.273	Serdyuk et al.，2007

① 对应不同端基的 PEG；
② DNA 长度为 200～5400bp。

聚乙二醇（polyethylene glycol，PEG），亦称为聚环氧乙烷（polyethylene oxide，PEO），是一种水溶性高分子，以其低毒性、良好的生物相容性和适中的成本而在医药领域得到广泛应用。用 PEG 共价修饰蛋白质可提高蛋白质稳定性，减少肾脏超滤消除，进而延长蛋白质在血液中的循环半衰期。不过，当涉及低分子量 PEG 的表征时，使用激光光散射技术可能面临一些挑战，如散射光强度低，所需样品量较大，溶液中的微量杂质可能影响分析结果等。尽管核磁共振技术（nuclear magnetic resonance，NMR）能够评估 PEG 在 D_2O 中的行为，但由于 PEG 通常溶解在 H_2O 中，而 H_2O 和 D_2O 的性质差异可能会对 PEG 溶液性质造成影响。鉴于此，Luo 等人（2009）采用 AUC 结合干涉检测器对分子量在 $5\times10^2\sim2\times10^5$ g/mol 范围内的 PEG 进行了详尽的研究。实验条件设定为 60 000rpm 的转速和 20℃ 的温度，并使用了蓝宝石窗片。研究首先利用密度计测量了不同浓度 PEG 溶液的密度，并通过式（1.73）计算得到了这些不同分子量 PEG 的偏比容，其值在 0.822～0.841mL/g。这一结果表明 PEG 的偏比容对分子量的依赖性较弱，这是其他聚合物共有的特性，因此在这类研究中常假设不同分子量的聚合物具有相同的偏比容。对于较宽分布的 PEG 样品，研究者运用了 SEDFIT 软件中的 $c(s,ff_0)$ 模型进行数据拟合，以确定其重均分子量和多分散系数（polydispersity index，PDI）。他们通过测量不同浓度下的沉降系数（s）和扩散系数（D），并将这些数值外推到零浓度，进一步建立了无限稀释下沉降系数（s_0）、扩散系数（D_0）以及流体力学半径（$R_{h,0}$）与分子量之间的标度关系。所得的标度指数 $\beta=0.469 \pm 0.008$，这表明 PEG 在水中呈无规线团构象。

在 2017 年，Nischang 等人（2017）利用活性阴离子开环聚合方法成功合成了一系列分子量在几千至 50 000g/mol 范围内的分布较窄的线性 PEG，这些 PEG 具备不同的末端基团。在研究过程中，他们采用多种技术对 PEG 进行了详尽的分析，包括黏度法、AUC-SV 和 SEC。鉴于样品具有较窄的分子量分布，研究主要使用 SEDFIT 的 $c(s)$ 模型来拟合不同分子量的 PEG 的沉降数据，并得到相应的摩擦比 f/f_0，其值介于 1～3。通过对不同浓度的 f/f_0 值进行外推至零浓度，获得了无限稀释条件下的 $(f/f_0)_0$。结合测得的 $(f/f_0)_0$ 和无限稀释下的沉降系数 s_0，通过 Svedberg 方程计算得到分子量。同时，研究人员还绘制了 $[\eta]$、s_0、D_0 以及 $(f/f_0)_0$ 与分子量的双对数图，以此确定了 KMHS 经典标度关系，并得出了前置因子和幂指数。对于甲基醚封端的 PEG，得到的幂指数 $\beta=0.43\pm0.02$，与 Luo 等人（2009）的研究结果接近但略低，这可能归因于两项研究中所用样品分子量范围的差异。进一步地，Nischang 等人使用 $[s]=s_0\eta_0/(1-\nu\rho_0)$ 和 $[D]=D_0\eta_0/T$ 计算了特性沉降系数 $[s]$ 和特性扩散系数 $[D]$，其中 η_0 和 ρ_0 分别代表溶剂的黏度和密度。他们还计算了 Tsvetkov 等人（1984）提出的流体力学不变量 A_0，即 $A_0=(R[\eta][s][D]^2)^{1/3}$。结果显示，对于不同端基和分子量的 PEG，$A_0$ 大约保持在 3.50×10^{-10} g・cm^2/(s・K・mol)，这个数值位于已知的柔性线性链大分子的上限范围内。此外，该研究还利用 PEG 标准样品，通过 SEC 方法测定了 PEG 样品的分子量。发现当分子量小于 15 000g/mol 时，SEC 和 AUC 的结果较为一致；对于更大的分子量，SEC 测得的分子量略大于 AUC 所得结果，这可能与 SEC 所使用的标准样品的分子量测定方法有关。

随着 PEG 在食品、美容和医学领域的广泛应用，关于抗 PEG 抗体的报道越来越多。这些特异性抗 PEG 抗体可能会引起中和效应，进而减弱了 PEG 修饰药物的疗效。因此，研究人员正在积极寻找可以替代 PEG 的聚合物。聚噁唑啉（polyoxazoline，POx）因其低毒性、高稳定性及较低的免疫原性，被视为一种有潜力的替代材料。图 2.1 展示了三种不同侧基的聚噁唑啉结构，聚甲基噁唑啉（PMeOx）能在 100℃ 以下的水中溶解，而聚乙基噁唑啉和聚丙基噁唑啉的最低临界溶液温度分别约为 65℃ 和 24℃。

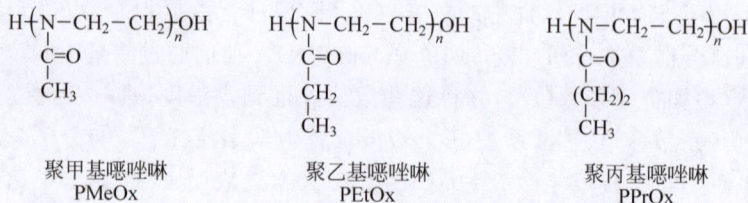

$$H\!\!-\!\!(N\!\!-\!\!CH_2\!\!-\!\!CH_2)_n\!\!-\!\!OH \qquad H\!\!-\!\!(N\!\!-\!\!CH_2\!\!-\!\!CH_2)_n\!\!-\!\!OH \qquad H\!\!-\!\!(N\!\!-\!\!CH_2\!\!-\!\!CH_2)_n\!\!-\!\!OH$$

聚甲基噁唑啉　　　　　　聚乙基噁唑啉　　　　　　聚丙基噁唑啉
PMeOx　　　　　　　　　　PEtOx　　　　　　　　　PPrOx

图 2.1　具有不同侧基的聚噁唑啉的结构示意图

　　为了研究聚 PEtOx 在水溶液中的溶液性质，Ye 等人（2013）利用尺寸排阻色谱对分子量分布较宽的线型 PEtOx 进行分离，并通过阳离子开环聚合制备了两个窄分布的 PEtOx 样品。这些样品的分子量介于 1.3×10^3 g/mol 到 3.1×10^5 g/mol 之间。接着，研究者使用 AUC-SV 结合干涉检测器在不同浓度下测量了 PEtOx 的沉降系数和流体力学半径，并将结果外推至无限稀释条件下以获得该条件下的沉降系数（s_0）以及流体力学半径（$R_{h,0}$）。他们进一步确定了这些物理量与分子量的标度关系，得到的标度指数分别为 0.462 ± 0.019 和 0.539 ± 0.012，这表明 PEtOx 在水中呈现无规线团构象。研究还指出，对于低分子量的 PEtOx，例如分子量为 1000g/mol，使用分析超速离心进行表征需要的样品量比光散射实验少 2～3 个数量级。此外，为了确保光散射实验结果的准确性，当检测小分子量的 PEtOx 时，需要通过多次循环过膜去除微量杂质。

　　后来，Grube 等人（2018）和 Gubarev 等人（2018）结合黏度测量方法，对通过微波聚合合成的窄分布 PEtOx 进行了详细的表征。他们研究了该聚合物在水中及缓冲溶液中的各种物理量与分子量之间的标度关系。Grube 等人（2018）利用微波聚合技术合成了一系列分子量从几千到 30 000g/mol 的 PEtOx 和 PMeOx。通过 AUC-SV 测定了这些聚合物的沉降系数、摩擦比、扩散系数以及流体力学直径等，并将实验浓度数据外推至零，得到无限稀释条件下的物理参数与分子量之间的标度关系。其中，PEtOx 和 PMeOx 的沉降系数 s_0 与分子量之间的幂指数分别为 0.46 ± 0.01 和 0.48 ± 0.02，与 Ye 等人（2013）的研究结果相吻合。他们还利用黏度法、非对称场流分离系统（AF4）和 SEC 结合多角度光散射检测（MALS）对所有样品进行了表征。结果显示，当分子量大于 10 000g/mol 时，AF4-MALS 和 SEC-MALS 测定的分子量与通过沉降-扩散实验得到的分子量基本一致。然而，当使用聚苯乙烯为标准样品来校准 SEC 仪器时，得到的分子量数值明显偏高。这主要是由于 SEC 校准的标准样品的理学性质（包括流体动力学体积）与所测样品不同所致。并且，当分子量小于 10 000g/mol 时，可以观察到 AUC 和 MALS 的数据之间存在显著差异，即

MALS 测得的分子量大于 AUC 测得的分子量。这主要是由于多角度光散射对小分子量样品不敏感,导致分子量被高估。

2018 年,Gubarev 等人(2018)为了模拟 PEtOx 在生理条件下的溶液性质,对磷酸盐缓冲液(PBS)中的 PEtOx 样品进行了详细研究,特别是在 37℃下 PEtOx 的性质。他们采用了 AUC 和黏度法等技术,研究了分子量范围为 $11.2 \times 10^3 \sim 260 \times 10^3$ g/mol 的 PEtOx 样品。研究结果表明,在 37℃ 下,无限稀释条件下的特性黏度、沉降系数和扩散系数与分子量之间遵循 KMHS 标度关系,即在双对数坐标上呈现良好的线性关系。具体而言,沉降系数对应的标度指数为 0.46,与前述研究小组的结果相吻合,这进一步证实了在 37℃ 条件下,PEtOx 呈现出无规线团的构象。研究者还发现,随着温度接近 PEtOx 的最低临界溶液温度,其 Kuhn 段长显著减小。此外,在生理条件下,PEtOx 的构象参数与 PEG 相似,这表明 PEtOx 有潜力成为 PEG 的替代物。

在前述研究中,线性聚合物在溶液中呈现出无规线团的构象。对于超支化聚合物,如超支化聚缩水甘油醚(HPG),其在溶液中的行为与线性聚合物有所不同。HPG 因其优异的水溶性、生物相容性、低毒性以及表面丰富的羟基而被广泛研究。这些羟基可以通过化学修饰来调节 HPG 的功能特性和溶液行为,使其在生物医学领域具有广泛的应用潜力。Lezov 等人(2020)采用了多种技术手段,包括黏度法、AUC-SV、动态和静态光散射法、SEC-MALS 和等温扩散实验等,对 HPG 的溶液性质进行了深入探讨。他们首先合成了一系列分子量为 3000 ~ 700 000g/mol 的 HPG。通过利用流体力学不变量 A_0 来排除一些测量或拟合方法得到的不准确分子量数值,然后将其他方法测得的分子量进行平均,从而确定了每个样品的准确分子量。随后,他们得到了 HPG 在无限稀释条件下的特性黏度、沉降系数和扩散系数与分子量之间的标度关系。其中,沉降系数的标度指数为 0.67,这表明 HPG 在溶液中呈现出球形结构。此外,研究发现 HPG 在水溶液中具有非常高的水合程度,平均每克 HPG 大分子约含有 1.7g 水。

2.1.2　大分子构象变化分析

对于聚合物而言,溶液条件的变化可以引起聚合物构象的变化,从而会影响其沉降系数与分子量之间的标度关系。以聚苯乙烯磺酸钠(PSSNa)为例,这是一种应用广泛的合成聚电解质,常用于制备离子交换膜、作为分子量测定的标准样品以及治疗高血钾症等方面。Luo 等人(2010)系统地研究了不同分子量的 PSSNa 在含 NaCl 和不含 NaCl 的水溶液中的沉降行为和扩散行为。他们发现,随着溶液中氯化钠浓度从 1mmol/L 增加到 500mmol/L,KMHS 标度关系中沉降系数与分子量之间的标度指数从 0.26 增加至 0.42，这表明 PSSNa 的构象从半刚性链变为无规线团结构。此外，他们还使用 AUC-SV 来探究在加盐和未加盐条件下，PSSNa 的沉降行为如何随浓度变化而变化（Luo et al.，2011）。研究结果显示，在无盐或低盐溶液中，随着 PSSNa 的浓度（C_p）增加，沉降系数（s）减小，并且显示出与重叠浓度（C^*）和缠结浓度（C_e）相关的两个转变区域。随着盐浓度（C_s）的增加，C^* 或 C_e 均有所增加。当盐浓度足够高时，链间的静电斥力被屏蔽，s 在 $C_p < C^*$ 时仅发生微小变化。然而，当 $C_p > C^*$ 时，s 与 C_p^{-a} 成比例，其中标度指数 a 取决于盐浓度，而非 PSSNa 的分子量。

以前的研究主要集中在线性聚苯乙烯磺酸（PSS）及其衍生物上，对非线性拓扑 PSS 的关注较小。合成具有精确结构的非线性 PSS 是一项充满挑战的工作，其中的主要难点是聚苯乙烯（PS）前体（含碳-氧键的连接）磺化过程中维持化学键的稳定性。Si 等人（2019）通过巧妙设计功能连接的化学结构，提出了一种多功能且高效的合成拓扑 PSS 的方法。他们在环状和超支化 PS 前体的主链结构中引入了稳定的三唑连接（不含碳-氧键），并利用 AUC 监控合成过程。结果显示，当使用硫酸乙酰作为磺化试剂，在 40℃ 下反应 12h 的条件下，主链和功能连接均表现优异的化学稳定性，从而成功合成了环状和超支化 PSS。此外，通过比较两组不同摩尔质量的 PSS 样品，研究者建立了线性和环状 PSS 的沉降系数与重复单元数量之间的标度关系。

聚甲基丙烯酸（PMAA）是一种弱聚电解质，在水溶液中会经历 pH 诱导的构象转变。Wang 等人（2015）运用 AUC-SV 结合吸收检测器，对 PMAA 在 pH 不同，但离子强度固定为 100mmol/L 条件下，无限稀释下的沉降系数与聚合度之间的标度关系进行了研究。他们发现，当 pH=8.5 时，标度指数为 0.46，表明在较高的 pH 下，PMAA 呈现无规线团的构象。而在 pH=4 时，标度指数增加至 0.55，这表明 PMAA 链发生了一定程度的塌缩，但并没有形成紧密的球状结构。当 pH 低于 5 时，沉降系数几乎不发生变化，表明这时 PMAA 的构象保持稳定。当 pH 为 5～6 时，沉降系数下降并在 pH=6 时达到最小值；当 pH 超过 6 时，沉降系数又开始上升。这些结果和 Howard 与 Jordan（1954）通过 AUC 得到的结果吻合，主要是因为沉降系数正比于分子量（M）和扩散系数（D）的乘积。也就是说，当 pH 小于 5 时，M 和 D 都保持不变，因此沉降系数也几乎不变；pH 在 4～6 范围内，由于 D 的影响大于 M 的影响，导致沉降系数减小；而当 pH 超过 6 时，M 对沉降系数的影响开始超过了扩散系数的影响。

除了著名的双螺旋结构，DNA 还有一些其他的特殊结构，比如 i-motif

DNA 四链体和 G-四链体。这些特殊的二级结构在基因表达调控、端粒维持、DNA 复制等生物过程中扮演着关键角色。i-motif 结构由富含胞嘧啶的 DNA 序列在特定条件下，通过胞嘧啶碱基之间的氢键连接而形成。Wu 等人（2013）利用 AUC-SV 的方法观察了单个 i-motif 结构的 DNA 链在不同 pH 下的构象变化。研究结果表明，当 pH 低于 6 时，DNA 保持了 i-motif 结构，流体力学半径$\langle R_h \rangle$约为 1.33nm；当 pH 升高到 6～7，DNA 构象发生突变，从 i-motif 结构转变为无规线团，这一转变伴随着$\langle R_h \rangle$的显著增加；pH 进一步升高至大于 7 时，$\langle R_h \rangle$稳定在约 1.78nm。值得注意的是，由于 DNA 具有较高的摩尔消光系数，该实验能够在 $3.0\mu mol/L$ 的浓度下进行，而无需使用荧光标记。这一点特别重要，因为荧光标记可能干扰 DNA 的构象变化，从而影响实验结果的准确性。

G-四链体是由四个鸟嘌呤碱基（G）通过 Hoogsteen 氢键先形成平面的环状 G-四分体结构，随后，两个或多个这样的四分体通过 π-π 相互作用堆叠在一起而形成。人类端粒 DNA 片段（HT-DNA）在某些单价阳离子的存在下能够折叠成 G-四链体结构。这些阳离子可以与 DNA 的磷酸基团发生非特异性相互作用，或者与鸟嘌呤的 O6 氧原子发生特异性相互作用。Gao 等人（2016）使用 AUC 结合圆二色谱（CD）等方法研究了这些相互作用如何影响 HT-DNA 的结构。他们的研究结果显示，当钾离子浓度超过 $10.0\mu mol/L$ 时，由于特异性相互作用导致 G-四链体的形成，HT-DNA 的标准沉降系数（$s_{20,w}$）随之增加。而作为对照的 DNA，在没有特异性相互作用的情况下，需要浓度高至 1.0mmol/L 的钾离子才能观察到 $s_{20,w}$ 的增加。此外，钾离子相较于锂、钠和铯离子能更有效地促进 G-四链体的形成，这可能是由于钾离子在脱水状态下具有适宜的大小和较高的脱水倾向。在不同阳离子浓度下，DNA 的摩尔质量几乎保持不变，接近于单体 HT-DNA 的理论摩尔质量，这表明所观察到的变化是单个 DNA 链结构的变化。

某些分子，如蛋白质、药物和配体，能够与 G-四链体结合，通过调整其结构来影响其功能。例如，5，10，15，20-四（N-甲基-4-吡啶基）卟啉（TMPyP4）是一种被广泛研究的配体，它能稳定人类端粒 G-四链体结构并因此具有抑制端粒酶活性的潜力。目前，研究 G-四链体与配体间相互作用的技术包括紫外-可见吸收光谱、圆二色谱、等温滴定量热法、荧光/磷光光谱、凝胶电泳、质谱、核磁共振和 X 射线晶体学等。这些研究表明，TMPyP4 与 G-四链体的结合模式和亲和力不仅取决于 G-四链体的结构，而且对溶液条件高度敏感。Gao 等人（2017）利用 AUC-SV、聚丙烯酰胺凝胶电泳（PAGE）、圆二色谱和紫外-可见吸收光谱等方法，研究了 TMPyP4 与 DNA 序列 AGGG(TTAGGG)$_3$（Tel22）之间的相互作用。在实验过程中，他们以 58 000rpm 的转速离心复合物溶液，当复合物沉降至样品池底部后，继续在同一转速下测量上层清液中 TMPyP4 的浓度。这样，他们可以确定结合在 DNA 上的配体量，从而推算出每个 Tel 22 分子结合了多少个 TMPyP4 分子。在含 NaCl 的条件下，随着 TMPyP4 浓度的增加，每个 Tel 22 结合 TMPyP4 分子数也相应增加。然而，随着 NaCl 浓度的增加，结合的配体数量则减少。另外，通过 AUC-SV 和 PAGE 实验发现，TMPyP4 可以通过中等亲和力的结合方式诱导形成 G-四链体-TMPyP4 二聚体复合物。而高亲和力结合模式，可能涉及内部插入和末端堆积，对二聚体的形成并无贡献，TMPyP4 与 Tel 22 之间微弱的静电结合似乎不利于形成二聚体。

2.1.3 分子量及其分布测定

2.1.3.1 平均分子量的测定

对于单一蛋白质，AUC-SE 实验可以通过将溶质浓度的对数与径向位移的平方作图来获得分子量。对于包含几个组分的大分子体系，沉降平衡实验可以用来获取具体组分的分子量信息。例如，π 共轭聚合物在有机光伏领域中有广泛的应用潜力，其性能在很大程度上取决于链长，即分子量。常规的分子量表征方法，如 SEC 和 MALDI-TOF MS，都有其局限性。SEC 在表征某些新型聚合物样品时可能缺乏相应的校准样品，且当样品带电或与色谱柱有强相互作用时，检测结果可能受到影响。而 MALDI-TOF MS 在测量过程中可能会破坏通过弱相互作用连接的组装体，因此需要预先确定合适的基质。由于吸收检测器和干涉检测器的灵敏度不足，以前 AUC 在表征 π 共轭聚合物等聚合物的研究中并未得到广泛应用。Hao 等人（2009）利用 π 共轭聚合物的发光特性，结合荧光检测器的高度敏感性和光谱选择性，检测了水溶性发光共轭聚合物聚（2,5-二丙氧基磺酸基-对苯撑乙烯）（DPS-PPV）的分子量。在实验过程中，为了减少带电 π 共轭聚合物之间的静电相互作用，溶液中加入了 150mmol/L NaCl。通过结合 AUC-SE 和 AUC-SV 两种方法，确定了 DPS-PPV 的分子量分布。实验结果表明，在水溶液中，该样品至少含有 3 种组分，平均分子量分别约为 24 800g/mol、82 500g/mol 和 185 000g/mol，其比例依赖于溶液浓度，表明聚合物在溶液中能够可逆地形成较高分子量的组分。

对于大分子体系，一方面，由于其多分散性、缔合以及非理想溶液行为，当利用沉降平衡实验将溶质浓度的对数对径向位移的平方作图来得到摩尔质量时，存在图形偏离直线以及难以确定基线等问题，需要更复杂的数据处理来解决。另一方面，由于实际的数据仅能在有限的径向位置内获得，为了得到整个样品池中的平均分子量，就必须利用线性或者多项式拟合将信号外推到液面和样品池底部。Creeth 和 Harding(1982)提出了一种方法,通过定义一个在位置 r 处的平均分子量 $M^*(r)$ 来计算表观重均摩尔质量($M_{w,app}$)和表观 Z 均摩尔质量($M_{z,app}$),再将其外推到零浓度以消除热力学非理想效应的影响,从而计算出重均摩尔质量(M_w)。具体而言,定义的平均分子量 $M^*(r)$ 表达式为:

$$M^*(r) = \frac{c(r) - c_m}{kc_m(r^2 - r_m^2) + 2k\int_{r_m}^{r}\left[c(r) - c_m\right]r\,\mathrm{d}r} \tag{2.4}$$

其中,c_m 是液面 $r = r_m$ 处样品浓度,$k = (1 - \bar{v}\rho)\omega^2/2RT$。当 $r = r_b$ 时,$M^*(r = r_b) = M_{w,app}$。Schuck 等人(2014)开发了一种平滑基线的方法,并将这种方法集成到 SEDFIT 软件中,形成了 SEDFIT-MSTAR 程序,可以在短时间内拟合数据。假设样品由 50~100 种具有不同分子量的级分组成,即 $c(M)$ 中对应的 M 含有 50~100 种分子量,通过测量在不同转速下进行的沉降平衡实验的浓度分布,假设在不同转速下样品的总质量保持不变,可以使用最小二乘法全局拟合得到分子量分布 $c(M)$、基线和样品液柱的底部位置 r_b。需注意的是,这种方法在确定分子量分布的精度方面存在一定的局限性。

现代商品化的 AUC 仪器能够测量不同位置的溶质浓度,而早期的 Model E 型号的 AUC 中的纹影检测器能够测量在不同位置的浓度梯度(准确讲是折光指数梯度)。利用式(1.57)可以计算整个样品的表观 Z 均摩尔质量 $M_{z,app}$。

对于分子量较大、构象较为伸展的大分子,例如一些聚多糖,其非理想性比球形蛋白更为显著。因此,为了准确测定这些大分子的摩尔质量,需要在不同浓度下测量沉降平衡时的浓度分布,得到的 $M_{w,app}$ 和 $M_{z,app}$ 与无限稀释时的 M_w 和 M_z 关系,如下式(Harding et al.,2010):

$$\frac{1}{M_{w,app}} = \frac{1}{M_w}(1 + 2BM_wc) \tag{2.5}$$

$$\frac{1}{M_{z,app}} = \frac{1}{M_z}(1 + 4BM_zc) \tag{2.6}$$

其中,B 是第二维里系数。在实际操作时,可以通过绘制表观重均摩尔质量的倒数 $1/M_{w,app}$ 与溶质浓度 c 的关系图,通过线性拟合,并将直线外推至浓度为零的点,可以得到无限稀释条件下的真实重均摩尔质量 M_w 的倒数。对于表观 Z 均摩尔质量 $M_{z,app}$ 的处理也是类似的。为了减少非理想性的影响,可以通过增加样品池的厚度来降低样品的测量浓度。当非理想性特别严重时,还需要考虑第三维里系数。

2.1.3.2 分子量分布的测定

通过沉降速度实验,可以得到沉降系数分布 $g(s)$。Fujita(1962)和 Cantow (1959)提出,当沉降系数与分子量 M 之间的标度关系已知时,可以将线性聚合物的沉降系数分布转化成分子量分布 $f(M)$(Mächtle et al.,2006；Harding et al.,2010)。$g(s)$ 与 $f(M)$ 之间的关系为

$$g(s)\mathrm{d}s = f(M)\mathrm{d}M \tag{2.7}$$

因此有,

$$f(M) = g(s)\frac{\mathrm{d}s}{\mathrm{d}M} \tag{2.8}$$

当沉降系数与分子量之间的关系为 $s_0 = kM^\beta$,有：

$$\frac{\mathrm{d}s}{\mathrm{d}M} = \beta \cdot k^{1/\beta} \cdot s^{(\beta-1)/\beta} \tag{2.9}$$

在 Fujita(1962)的工作中,标度指数 $\beta = 0.5$,即对应的聚合物采取无规线团构象。Harding 等人(2010)将这种方法推广到具有其他构象的大分子,例如,他们利用这种方法得到了一个蛋白质和细菌聚多肽的构建体的分子量分布,该样品的分子量太大以至于不能用 SEC-MALS 或者 AUC-SE 准确测量。如图 2.2 所示,通过在质量浓度 3×10^{-4} g/mL 测量得到的沉降系数分布可得到分子量分布,其中选取的标度指数为 0.4 或者 0.5。

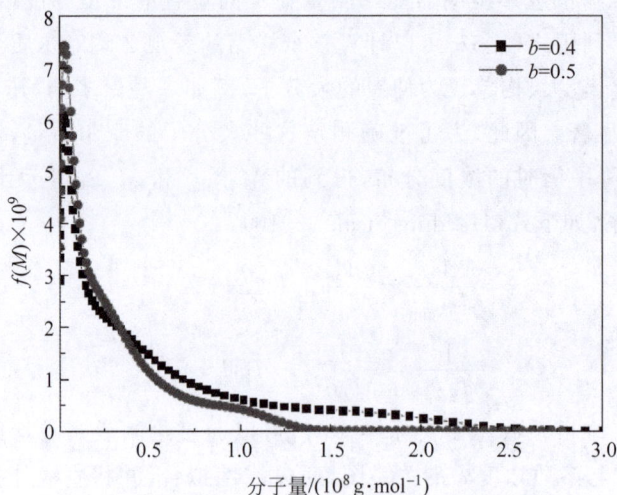

图 2.2 通过测定沉降系数得到分子量分布

Harding 等人通过 SEDFIT 软件拟合得沉降系数分布,并根据沉降系数与分子量之间的标度关系,得到蛋白质和细菌聚多肽的构建体的分子量分布 $f(M)$。两组数据对应两个不同的标度指数 b。授权引用自 Harding 等(2010)© WILEY-VCH Verlag GmbH & Co. KgaA,Weinheim 2010

2.1.4　分子间相互作用分析

2.1.4.1　聚电解质复合物

当带有相反电荷的阳离子聚电解质和阴离子聚电解质或者表面活性剂混合时,会发生抗衡离子的释放,进而形成聚电解质复合物。这种复合物在药物递送、酶和 DNA 传输等领域具有应用潜力。在形成聚合物的复合物过程中,体系中会同时存在未参与复合的游离聚合物和形成的聚电解质复合物。利用 AUC 可以有效分离并检测这两种状态的聚电解质。Karibyants 等人(1997)运用 AUC 分析了 PSS 与二烯丙基二甲基氯化铵(DADMAC)和丙烯酰胺(AA)共聚物(PDADMAC-co-AA)形成的聚电解质复合物的组成。在他们的研究中,使用的 PSS 分子量范围为 $8 \times 10^3 \sim 3.56 \times 10^5$ g/mol,并且 PDADMAC-co-AA 共聚物含有不同比例的 AA。通过使用配备吸收检测器的 AUC 在不同的转速下进行检测,发现在转速 40 000rpm 下,聚电解质复合物能够完全沉降,而未结合的游离 PSS 则沉降得较慢。正是这种沉降行为的差异,使得研究人员能够区分游离的聚电解质 PSS 和聚电解质复合物中结合的 PSS,从而计算出两种聚电解质在复合物中的化学计量因子(stoichiometric factor,f)。在沉降速度实验中,选定的检测波长是 225nm。f 受溶液的离子强度、两种聚电解质混合比例以及聚电解质 PSS 的分子量等因素影响。研究还发现,当体系处于去离子水中时,形成的复合物分布较宽,难以确定其沉降系数。相比之下,在 0.01mol/L NaCl 水溶液中,形成的复合物具有更窄的分布,因此可以通过沉降速度分析得到 PSS/PDADMAC-co-AA 复合物的沉降系数。

Karibyants 等人(1998)进一步采用了黏度测量、紫外-可见吸收光谱和 AUC 等技术来研究聚(二烯丙基二甲基氯化铵)(PDADMAC)与不同分子量的 PSS 形成的复合物,以及这些聚阳离子与 PSS 和聚甲基丙烯酸酯钠(PMA)混合物的相互作用。在 AUC 实验中,由于所选不同分子量的 PSS 具有不同的沉降系数,例如分子量为 8×10^3 g/mol 和 3.56×10^5 g/mol 的 PSS 的沉降系数分别为 0.65S 和 5.75S,因此能够在 40 000rpm 下通过沉降速度实验检测上层清液中未结合的不同分子量 PSS 浓度,进而判断聚电解质复合的形成是否受分子量的影响。研究结果显示,在不含盐的水溶液中,结合 AUC 和黏度测量的数据表明聚阳离子 PDADMAC 倾向于优先结合分子量较小的聚阴离子。当水溶液中的 NaCl 浓度较低(约 5×10^{-3} mol/L)时,PDADMAC 与不同分子量的 PSS 的结合能力相似。然而,随着盐浓度的增加,较大分子量的 PSS 更易与 PDADMAC 结合。对于不同的阴离子聚电解质(PSS 或者 PMA),在无盐的水溶液中,利用 AUC 和紫外吸收光谱观察到 PSS 更倾向于与 PDADMAC 结合;

而在添加 NaCl 的情况下，PSS 的优先结合能力得到加强。

基因治疗是一种通过使用病毒载体或非病毒载体（如脂质体或阳离子聚电解质）将外源基因递送到细胞中，以纠正异常的基因表达并治疗相关疾病的方法。与病毒载体相比，阳离子聚合物递送系统尽管在转染效率上可能较低，但它们具备易于生产、粒径分布可控和较低的免疫原性等优势。在众多阳离子聚电解质中，聚乙烯亚胺（PEI）是公认的高效递送载体之一。鉴于 DNA 与 PEI 形成复合物的理化特性对基因递送至关重要，Perevyazko 等人（2012）运用 AUC 对线性 PEI（分子量 13.4kDa）与 DNA 质粒形成的复合物进行了详细研究，主要对复合物的尺寸和摩尔质量进行了测定。研究发现，当氮磷比（N/P）低于 1 时，DNA 没有被完全压缩，形成了初级 DNA/PEI 复合物；当 N/P 约为 2 时，这些初级复合物融合形成了更大尺寸的复合物；当 N/P 超过 10 时，生成了稳定且均匀的复合物，平均尺寸约为 170 ± 65nm。他们结合制备型离心和铜配合物测定，评估了不同 N/P 下未结合的 PEI 链的数量；在高 PEI 浓度下，采用 AUC-SV 来测量未结合的 PEI 量。具体操作：首先在转速为 1000rpm 下使复合物沉降至底部，然后将转速提升到 40 000rpm，此时游离 PEI 开始沉降，并确定其含量。结果显示，在 N/P 小于 2.5 时，几乎全部加入的 PEI 都与 DNA 结合；而随着更多 PEI 的加入，溶液中存在大量未结合 DNA 的游离 PEI。结合 SV 实验数据和原子力显微镜（AFM），推断单个 PEI/DNA 复合物由 8～32 个压缩的 DNA 质粒以及（70 ± 25）个 PEI 分子组成。研究者在 AUC 实验中使用了吸收检测器和干涉检测器，并利用 SEDFIT 软件中 ls-$g^*(s)$，$c(s)$ 和 $c(s,ff_0)$ 模型对数据进行拟合。他们还通过比较在 H_2O 中和 D_2O 中测得的沉降系数来计算复合物的偏比容，假设在两种溶剂中粒子的尺寸和摩尔质量一致，得到当 N/P=25 时的偏比容数值为（0.50 ± 0.01）mL/g。

Niebel 等人（2014）使用 AUC、动态光散射（DLS）、静态光散射和扫描电子显微镜等技术，对由分子量为 10kDa 的壳聚糖和 10kDa 的 PEI 与寡聚脱氧核苷酸（ODN）形成的复合物进行了表征。在 AUC 实验中，分别对仅含壳聚糖、PEI 及 ODN 的样品以 50 000rpm 的转速进行实验，并采用了干涉检测器，数据使用 $c(s)$ 模型进行拟合。对于形成的复合物，则设定转速为 10 000rpm，并使用吸收检测器在 260nm 下监测吸光度随位置和时间的变化，数据用 ls-$g^*(s)$ 模型拟合。研究假定复合物是非排水性的，结果证实这两种复合物都具有高度多孔性结构，即它们吸纳了大量的溶剂。壳聚糖/ODN 和 PEI/ODN 复合物的重均流体力学直径分别为 46nm 和 55nm，且得到壳聚糖和 PEI 复合物的平均分子量分别为 19MDa 和 29MDa。AUC 还被用于测量复合物的 dn/dc 值。扫描电子显微镜和静态光散射的结果进一步证实了 AUC 和 DLS 所得出的结论。

2.1.4.2　聚合物和药物的相互作用

当口服固体药物疏水且处于结晶状态时,其在胃肠道中的吸收速率往往较低,从而影响其进入血液循环的效率。为了改善这一问题,可以利用药物与聚合物之间的相互作用,特别是离子作用和氢键相互作用,通过制备无定形固体分散体来增强药物的吸收效率。因此,对药物与聚合物间相互作用的性质和强度进行精确表征显得尤为关键。Amponsah-Efah 等人(2021)提出了一种使用 AUC-SV 表征药物与聚合物在水溶液中相互作用的方法。他们在研究中,选取了水溶性较差的药物酮康唑(KTZ)以及卡马西平(CBZ),分别与聚丙烯酸(PAA)、聚(乙烯基己内酰胺)-聚(乙酸乙烯酯)-聚(乙二醇)接枝共聚物(Soluplus),以及醋酸羟丙甲纤维素琥珀酸酯(HPMCAS)进行相互作用研究。

在 AUC 实验中,研究者使用了树脂中心件和钛合金中心件,并结合 UltraScan 软件中的 2DSA 和蒙特卡罗分析来进行数据解析。由于 CBZ 在小于 250nm 和 285nm 波长处有较强的吸收,而 HPMCAS 只在小于 250nm 处有明显吸收,因此在 250～330nm 波长范围内,可以有效区分游离的 CBZ 和与 HPMCAS 结合的 CBZ。KTZ 与 PAA 和 Soluplus 的混合体系也展现类似的吸收特性。无添加聚合物的情况下,KTZ 和 CBZ 的沉降系数分布呈现为一个非常窄的峰,峰值约 0.2S,这与它们摩尔质量小于 1000Da 相符。相比之下,聚合物 PAA 的沉降系数为 0～50S,这主要是由于该样品的分子量分布较宽,分散指数为 7.9。Soluplus 的沉降系数则集中在 0～4S,且未见大聚集体,而 HPMCAS 的沉降系数主要为 0～2S,并显示出五个不同的峰。

如图 2.3(a)所示,在 KTZ 与 Soluplus 混合的情况下,沉降系数分布还是一单峰,并且该峰值增加到 0.3S,说明混合物中的药物具有一致的沉降速度。而在图 2.3(b)中,KTZ 与 PAA 混合后的沉降系数分布出现了两个明显的峰,分别对应于游离 KTZ 和与 PAA 结合的 KTZ,可以推算出游离药物和结合态药物的含量约为 30% 和 70%。图 2.3(c)展示了在 HPMCAS 的存在下,沉降系数分布的第一个峰值位于 0.3S,相较于纯 CBZ 的沉降系数有所增加(约 0.1S),此外还观察到其他 3 个较小的峰,这揭示了 CBZ 与 HPMCAS 中的不同组分之间存在不同程度的相互作用。

2.1.4.3　超分子体系

分子间可以通过氢键、配位键和亲水/疏水相互作用等非共价键相互作用形成超分子聚集体。Schubert 等人(1997)利用 AUC 来表征一种由 4 个 4,6-双[6-(2,2'-联吡啶)]嘧啶和 4 个 Co(Ⅱ)离子(以及相应的阴离子)构成的超分子

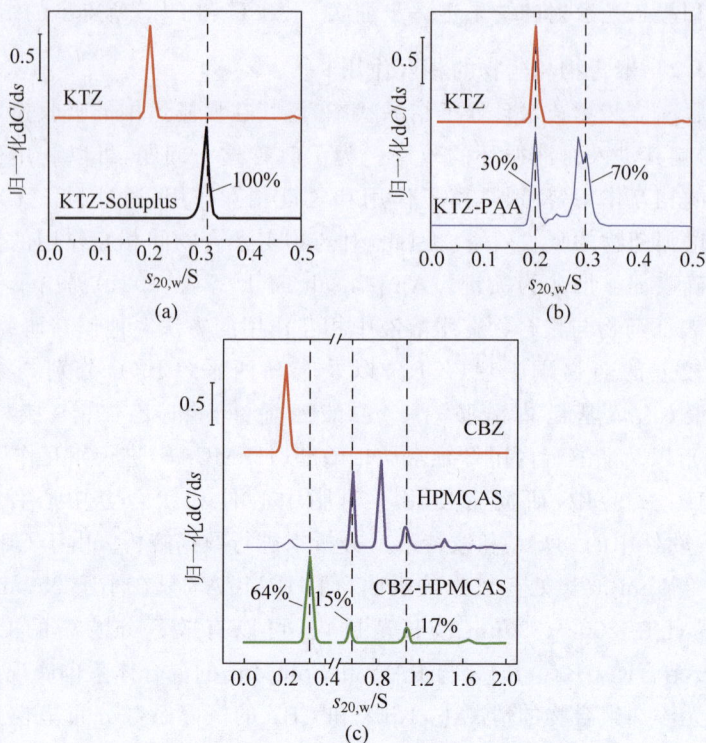

图 2.3 药物-聚合物混合物的沉降系数分布图

（a）KTZ 与 KTZ-Soluplus 混合物在 262nm 波长处的沉降系数分布；（b）KTZ 与 KTZ-PAA 混合物在 262nm 波长处的沉降系数分布；（c）CBZ、HPMCAS 与 CBZ-HPMCAS 混合物在 315nm 波长处的沉降系数分布。其中，垂直虚线指示药物-聚合物混合物的峰位。授权引用自 Amponsah-Efah 等（2021）© American Chemical Society 2020

在溶液中的分子量以及缔合行为。在 AUC 实验中，主要使用了钛合金中心件，以 40 000rpm 的转速在 20℃下运行，采用了沉降平衡法，通过添加盐来减少非理想沉降行为。检测波长设置为 430nm 或者 490nm，以避免溶剂在紫外光区强烈的吸收干扰。样品偏比容的测定通过两种方法实现：1）通过密度计测量样品溶液和纯溶剂之间的密度差；2）在不同密度的溶剂中进行沉降平衡实验来确定。为了避免溶剂可能将垫片中影响吸光度的物质溶出而干扰实验结果，研究人员先将垫片在待测溶剂中浸泡数天，并在无溶出物吸收的波长处测量吸光度随位置的变化。该方法被证明非常适合于超分子体系的表征。Schubert 等人（1999）使用沉降速度实验和 Archibald 方法，在不到 3h 的时间内获得了关于超分子分子量的信息。AUC 实验的条件与先前的研究相似，但检测波长改为 380nm 或 450nm。采用 Archibald 方法，可以在大约 30min 内确定超分子的平均摩尔质量。

Vogel 等人(2003)发现,通过 Ru^{3+} 与三联吡啶端基功能化的 PEO_{70} 形成络合物后,在还原条件下与三联吡啶端基功能化的 PS_{20} 配位,分两步合成了两亲性嵌段共聚物(PS_{20}-[Ru]-PEO_{70}),该嵌段共聚物在水溶液中自组装成胶束。他们利用 AUC-SV 和 AUC-SE 以及透射电子显微镜来研究由 PS_{20}-[Ru^{2+}]-PEO_{70} 形成的胶束,对比了低盐浓度(50mmol/L 磷酸钠,pH 7.0)和高盐浓度(50mmol/L 磷酸钠,1mol/L NaCl)条件下胶束的特性。在较低盐浓度条件下,样品的沉降系数分布图显示两个主要峰,分别位于 9.6S 和 14S 左右,其中沉降系数大的峰更宽。通过蔗糖梯度离心对 PS_{20}-[Ru^{2+}]-PEO_{70} 形成的胶束进行分级,并采用沉降平衡实验测定了不同级分的分子量。透射电子显微镜结果表明,直径在 10~25nm 范围内的球状颗粒数量最多,同时也观察到由小粒子聚集形成的较大尺寸粒子。在高盐浓度条件下,标准沉降系数 $s_{20,w}$ 的主峰从 9.6S 降到 7.9S,作者推测这可能是由于在此条件下,样品的偏比容增加了约 0.056mL/g。值得注意的是,在该研究中,通过在不同比例的 $H_2O/D_2O/D_2^{18}O$ 混合溶剂中的沉降平衡实验,测定得到 PS_{20}-[Ru]-PEO_{70} 的偏比容为(0.837±0.005)mL/g。

Raşa 等人(2006)利用 AUC-SV 和 AUC-SE 来研究通过 Ru^{2+} 连接端基含三联吡啶基团的聚苯乙烯和聚环氧乙烷构成的超分子嵌段共聚物在四氢呋喃溶液中的性质。值得指出的是,尽管动态光散射通常用于测量样品的扩散系数,但在本研究中,由于样品对光的吸收以及散射光强度弱,该技术难以施用。在使用了钛合金中心件进行 AUC 实验的基础上,沉降速度实验中选取 42 000rpm 和 60 000rpm 两种转速,而沉降平衡实验则采用了 30 000rpm 和 45 000rpm 的转速,并在溶液中加入 20mmol/L 的盐以屏蔽聚合物之间的静电相互作用。共聚物的偏比容是基于各嵌段的偏比容计算得出的。研究结果显示,通过沉降平衡和沉降速度两种方法得到的摩尔质量值相符。在添加了四苯基硼酸的条件下合成的 PS_{20}-[Ru^{2+}]-PEO_{70} 嵌段共聚物显示出显著的缔合,其中单体、二聚体和四聚体的比例分别为:39%、23% 和 39%。而在用 NH_4PF_6 盐制备的样品中,随着聚合物浓度的增加,观察到轻微的缔合作用和一定程度的非理想行为。

2.1.4.4 嵌段共聚物胶束

当两个或多个大分子链段连接在一起时,可以形成嵌段共聚物。在选择性溶剂中或通过金属离子络合作用,这些嵌段共聚物能够自组装成胶束或纳米颗粒,可用于药物递送载体或者合成金属纳米颗粒,因此它们在溶液中的形成的特性表征十分关键。例如,Bronstein 等人(1999)结合 AUC-SV 和透射电子显微镜等技术，研究了由金属离子与聚（2-乙烯基吡啶）-聚环氧乙烷（P2VP-*b*-PEO）二嵌段共聚物相互作用形成的纳米颗粒在水中的性质。研究结果表明，在 $0.5\sim2g/L$ 的浓度范围内，P2VP$_{41}$-*b*-PEO$_{205}$ 形成了具有约 40S 沉降系数的胶束。并且随着浓度的降低，由于胶束之间相互作用减弱，沉降系数有所增加。当溶液的 pH 降至 0 时，沉降系数变为 0.97S，这表明胶束已经解离成单个的嵌段共聚物链。在加入金属离子如 Na_2PdCl_4 的情况下，借助吸收检测器以及干涉检测器同时监测，观察到两者的信号同步变化，从而可以推断出钯盐已经完全被包裹进胶束的核内。

平衡状态下的胶束之间可能发生链交换，这一过程是衡量胶束稳定性的关键因素。在接近平衡的状态下，嵌段共聚物形成的胶束主要通过所谓的单链交换方式进行链交换，即一条嵌段链从某个胶束的核心中释放出来，通过介质扩散进入另一个胶束中。这种交换方式通常比胶束融合或裂变更为有利。链交换的表征方法包括时间分辨中子散射和荧光共振能量转移等技术。Tian 等人（1993）使用早期的 Model E 分析型超速离心仪器配合纹影检测器，研究了在水和二氧六环混合溶剂中，由苯乙烯和甲基丙烯酸的嵌段共聚物形成具有聚苯乙烯核和聚（甲基丙烯酸）壳的球形胶束之间的杂化过程。当两种不同的共聚物制成的胶束溶液混合时，这些胶束可能会发生杂化，从而改变其沉降系数，可通过沉降速度法监测。研究发现，杂化速率对共聚物的结构和溶剂混合物的热力学性质非常敏感。在大部分情况下，该过程极为缓慢，特别是在胶束核形成的不良溶剂条件下，随着水含量的增加，杂化可能会完全受阻。此外，具有较短链段的共聚物进入主要由较长链段构成的胶束时会受到热力学上的阻碍，而具有较长链段的共聚物则更容易进入主要由较短链段构成的胶束。

Pacovská 等人（1993）也采用了沉降速度法研究了聚苯乙烯-*b*-聚异戊二烯（PS-PI）和聚苯乙烯-*b*-聚（乙烯-丙烯）（PS-PEP）形成的胶束溶液之间的杂化情况，同样使用了纹影检测器。实验结果显示，在 $20\sim35℃$ 的温度范围内，交换速率强烈依赖于温度：在 20℃ 时，链交换几乎完全停滞；而在 35℃ 时，混合胶束在不到 20min 内即可形成。在 29℃ 时，由 PS-PI 形成的胶束随时间减少，但沉降系数保持不变；与此同时，PS-PEP 形成的胶束的沉降系数经过一个诱导期后逐渐增加。在 31℃ 时，PS-PEP 形成的胶束的沉降系数直接增加，没有经历诱导期。对于存在诱导期的原因，作者并未提出明确解释。

星形嵌段共聚物形成的单分子胶束具有较高的稳定性，能够在复杂的生物环境中维持其结构的完整性，从而增强药物输送的稳定性和效率。Rasa 等人（2007）运用了 AUC-SV 和 AUC-SE 两种方法，探究了以聚乙二醇为核和聚己内酯为壳的 5-臂星形嵌段共聚物所形成的单分子胶束封装和运输客体分子的能力。在 AUC 实验中,研究者使用了吸收检测器,波长设置在 415nm,以便探测装载有甲基橙客体分子的单分子胶束。实验选用了对溶剂氯仿具有良好相容性的钛合金中心件。值得注意的是,在该研究中,由于胶束的密度小于氯仿的密度,导致样品在实验过程中上浮,因此测得的沉降系数是负值。研究结果显示,甲基橙客体分子可以被这些单分子胶束成功封装和运输。此外,随着聚己内酯分子量的增加,浮力摩尔质量随之增大,并且单分子胶束对客体分子的运输能力与星形嵌段共聚物的分子量和其尺寸有关。

2.1.4.5　可降解纳米颗粒

当存在稳定剂的情况下,生物可降解的疏水性聚合物能够形成纳米载体,这些载体可以作为药物递送系统。对这类载体进行表征时,理想的方式是在溶液条件下进行原位分析,同时考虑到制剂成分、游离药物与封装药物的存在。Cinar 等人(2020)使用 AUC 研究了由可生物降解的聚乳酸-羟基乙酸共聚物(PLGA)组成的纳米载体。他们的研究结果表明,AUC 能提供独特信息,即使在人类血清等复杂溶液中也能适用,这是目前其他任何技术无法做到的。这些纳米载体经靶向染料功能化修饰,负载抗炎药物,并利用表面活性剂维持稳定。在实验中,AUC 通过干涉检测器和吸收检测器监测样品的沉降行为并进行原位分析。具体而言,模型药物的最大吸收波长为 462nm,而靶向染料的最大吸收波长为 660nm,可以使用吸收检测器分别在这两个波长下观察。同时,干涉检测器提供了有关聚合物纳米颗粒的信息。AUC 方法允许研究者探究纳米载体的稳定性和降解性质,监测伴随药物释放过程的变化,并评估纳米载体在不同储存条件下的稳定性和完整性。

图 2.4(a)展示了该研究中对储存两周后的样品进行实验的结果,转速刚达到 3000rpm 和在此转速下恒温 52min 后相比,纳米颗粒的吸光度并没有显著变化,表明体系中没有形成大的聚集体。当转速提高至 10 000rpm,在 16h 内可以观察到包含封装药物的纳米颗粒向样品池底部沉降,且体系中有少量未沉降的样品,即溶液中的自由药物。图 2.4(b)展示了样品储存 10 周后,即使在低转速 3000rpm 下也可以观察到样品的沉降,这表明部分纳米颗粒发生聚集,并且溶液中的自由药物含量明显增加。使用 SEDFIT 软件中的 ls-$g^*(s)$ 模型对实验数据进行拟合,图 2.4 中给出了拟合的残差。此外,实验还通过在水和重水的混合物中测量沉降系数分布,计算得到纳米颗粒的平均偏比容为 $0.77\mathrm{cm}^3/\mathrm{g}$。

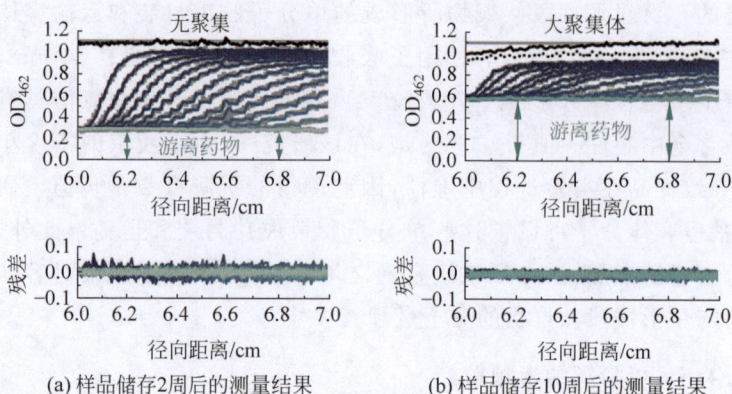

图 2.4　利用吸收检测器追踪包裹有药物的纳米载体在不同时间的径向吸收分布图
吸收波长 $\lambda = 462\text{nm}$。图中的灰色线表示理论上未发生沉降的体系的吸收值。黑色线代表了转子加速至 3000rpm 后的吸光度随位置的变化，而黑色虚线则显示了在 3000rpm 下恒温 52min 后的吸光度数据。当转速提升至 10 000rpm，并在该转速下运行 16h，沉降速度扫描的结果以灰色方块表示。用 ls-$g^*(s)$ 模型拟合数据对应的残差图分别展示在下方。实验中纳米颗粒的浓度为 $c = 1.87\text{mg/mL}$。授权引用自 Cinar 等(2020) © American Chemical Society 2020

2.2　在纳米颗粒表征中的应用

纳米颗粒指的是尺寸介于 1nm 到 100nm 范围内的极微小颗粒。它们因其特殊的尺寸效应和表面特性，展现出与块状材料截然不同的物理、化学和生物学性质。鉴于此，纳米颗粒在诸如生物医学、制药、环境科学、农业以及食品科学等众多领域扮演着至关重要的角色。为了深入掌握纳米颗粒的各项属性，包括它们的尺寸、形貌、密度和表面修饰情况、吸收和发射光谱等，需要进行细致的表征工作。这些特性对于纳米颗粒的功能表现具有显著的影响。例如，纳米颗粒的尺寸会直接影响其在药物传递和催化反应等方面的应用效能，而表面修饰则可能改变它们与生物分子间的相互作用。因此，对纳米颗粒进行精确的表征工作，不仅有助于深化对其基本性质的理解，也是优化其在各领域应用性能的关键。在本节中将重点讨论如何利用 AUC 来对纳米颗粒进行详尽的表征，尤其是浊度检测器以及近年来开发的多波长检测器的应用。

2.2.1　尺寸分布测定

纳米颗粒的尺寸效应对其物理、化学和生物性质有着显著的影响。Cölfen 等人(1997)利用 AUC 结合吸收检测器研究了铂胶体以及氧化锌两种纳米颗粒的尺寸分布。透射电子显微镜的结果表明，这些纳米颗粒分别呈现球形和三角

形的形态。在对铂胶体的研究中,实验设置离心转速为60 000rpm,检测波长为
380nm,每隔2min进行一次扫描;而对氧化锌胶体,离心转速设定为
25 000rpm,检测波长为280nm,每隔3min扫描一次。图2.5清楚地表明,当样
品中存在多个单分散组分时,AUC能够有效分辨纳米颗粒的粒径分布,精度达
到埃级(0.1nm),从而证实了AUC在研究纳米颗粒生长机制方面的适用性。
透射电子显微镜实验结果揭示了铂胶体的连续双峰粒径分布,平均粒子尺寸分
别为1.0nm和2.2nm。这两个峰值在图2.5中均有体现,但是对于较大的粒
子,由AUC得到的粒径分布展现出更好的分辨率。

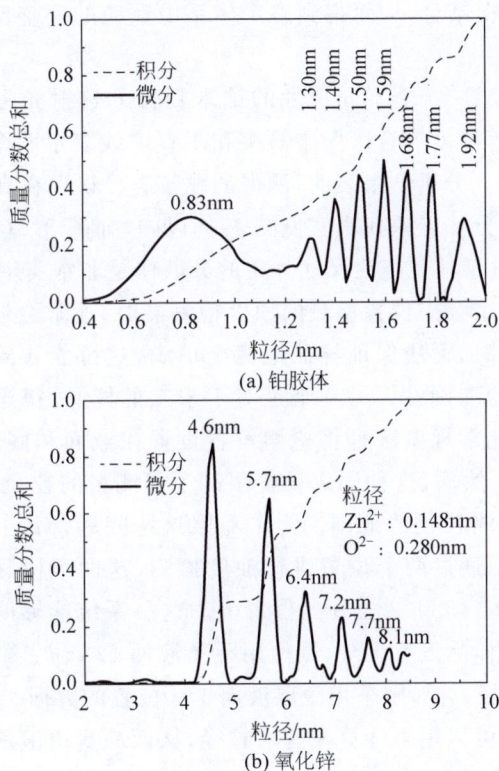

图 2.5　铂胶体和氧化锌粒径分布的微分和积分图

授权引用自 Cölfen 和 Pauck(1997)© Steinkopff Verlag 1997

AUC除了能提供卓越的埃级分辨率,还可以结合浊度检测器来测量具有
广泛粒径分布的纳米颗粒。与其他用于表征颗粒粒径分布的技术相比,如电
子显微镜、场流分析和光散射等,AUC有其独特优势:它无需标准样品,能够
对整个体系进行分析,并适用于广泛的粒径分布(Müller,1989;Mächtle,
1999;Mächtle,2006)。在1.3.2.4节中,我们已经讨论了浊度检测器的工作

原理。在本节中将探讨如何利用浊度检测器来测定具有广泛尺寸分布的纳米颗粒。

当样品中包含广泛尺寸分布的颗粒时，单次实验很难获得完整的尺寸分布信息，因为不同尺寸的颗粒的比浊度（τ/c）差异显著（Heller et al.，1957）。由于浊度检测器的检测范围有限，它无法在同一浓度下同时检测到尺寸相差悬殊的颗粒。为了解决这一问题，Mächtle（1988）开发了一种耦合-尺寸分布技术。该技术可以利用浊度检测器分别检测浓度差异 5～30 倍的两组样品。首先，使用较高浓度的样品来分析粒径较小的组分，然后将这些结果与较低浓度样品中较大尺寸组分的数据结合，从而得到整个体系中颗粒的完整尺寸分布（Mächtle，1999）。

图 2.6(a)展示了 10 个不同尺寸的纳米颗粒的透射光强随时间的变化曲线，这些颗粒以相等浓度混合。图中箭头和垂直虚线表示两个不同浓度的光强曲线连接的时间点。分析结果表明，测得的颗粒直径误差在真实值的 5％以内，而各组分的重量百分比误差在真实值的 15％以内，如图 2.6(b)所示。因此，耦合-尺寸分布技术对于具有广泛尺寸分布的分散体是非常实用的。

在使用基于单个径向位置检测的浊度检测器时，通常会遇到若干问题。一个是每次加入样品时，无法保证样品池完全填满，这可能导致液面位置出现误差，影响粒径测量的准确性。另一个是对于未知的样品，很难预先知道样品会沉降还是上浮，因此常规做法是将检测位置设置在液面和底部的中间位置，即距液面 6.5cm 处。然而，这种固定设置限制了可测量的粒径范围，因为增加测量距离可以扩大可测粒径的范围。为了克服这些问题，Mächtle（1999）开发了一种双检测器系统，通过两个位置进行浊度检测，这两个检测点分别位于距离液面到底部距离的 1/3 和 2/3 处的位置上。这一系统能够明确判断样品是沉降还是上浮。如果样品发生沉降，则使用距离液面 2/3 位置的数据可以获得更高的分辨率；若样品上浮，则采用距离液面 1/3 位置的数据。此外，利用这两个检测器位置的差异可以用来计算相应的粒径，从而减少由液面位置误差引起的测量不确定性。

2016 年，Walter 和 Peukert 等人（2016）基于单波长浊度检测器开发了一种新方法，该方法使用多波长检测器来监测固定径向位置上不同波长下的透射光强随时间的变化。在这种新方法中，初始阶段以 10rpm/s 的加速度提升转速，待转速达到 30 000rpm 之后，将加速度提高至 30rpm/s，并保持 40 000rpm 的转速直到所有溶质完成沉降。该方法的原理与 Mächtle 的浊度检测器原理相似，但 Walter 和 Peukert 等人进一步考虑了在高转速下转子的拉伸效应。通过对粒径分别为 50nm、100nm 和 200nm 的聚苯乙烯在相同浓度混合下混合的体系

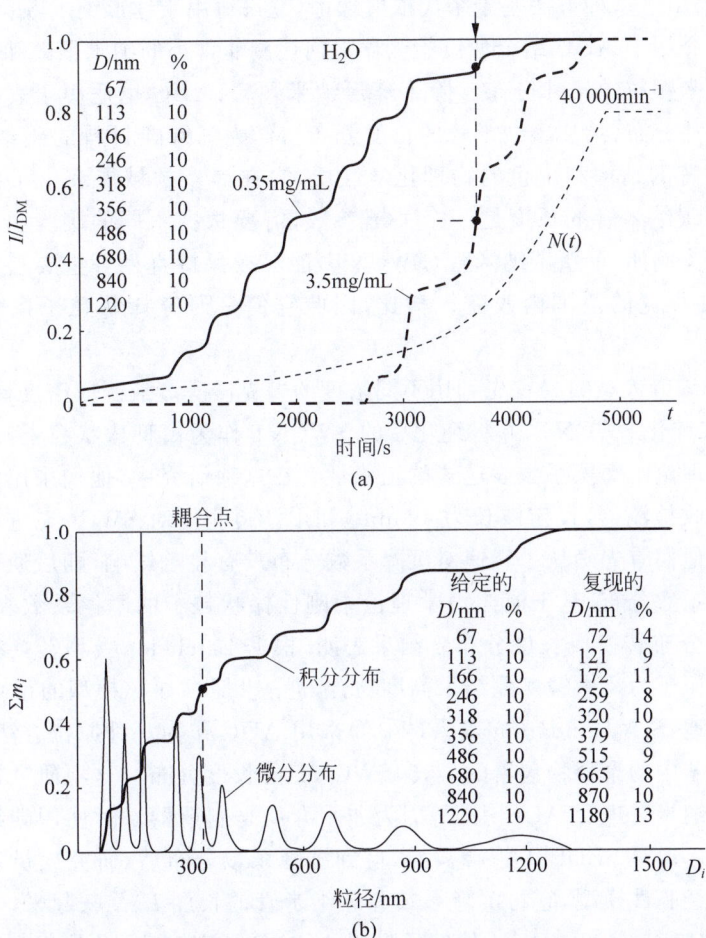

图 2.6 利用浊度检测器和耦合-尺寸分布技术测量分布非常宽的纳米颗粒尺寸分布

(a) 低浓度(0.35mg/mL)和高浓度(3.5mg/mL)混合物(等重量百分比)的 10 种纳米颗粒的透射光强随时间的变化图。其中标出了转速的时间依赖性。箭头和垂直虚线表示两个光强曲线连接在一起的时间点;(b) 图(a)中的拼接数据的尺寸分布曲线的结果。不同加载浓度的数据拼接在一起的耦合点用垂直虚线标记。授权引用自 Mächtle(1992)© Hüthig & Wepf Verlag,Basel 1992

进行测量,表明多波长检测器能够准确测定三种不同尺寸聚苯乙烯纳米颗粒的浓度。相比之下,单波长检测通常会对某些颗粒的浓度估计偏低,而对其他颗粒的浓度估计偏高,这也是在使用单波长浊度检测器时需要测量两种不同浓度的样品,并采用耦合-尺寸分布技术来获得样品的粒径分布的原因。此外,通过分析三种不同尺寸金纳米颗粒的混合体系,该多波长检测方法能够获得各个金纳米颗粒的吸收光谱,而这些光谱的峰值和颗粒的尺寸有直接对应关系。需要注意的是，由于这种方法基于米氏散射理论，它只适用于球形纳米颗粒的分析。

前面介绍了 AUC 结合浊度检测器如何检测非常小的纳米颗粒和分布广泛的球形纳米颗粒的尺寸分布。除了球形纳米颗粒，AUC 也适用于表征非球形粒子的尺寸分布，例如碳纳米管的长度分布。作为一维碳材料的碳纳米管，得益于其独特的结构和出色的物理化学性质，它在许多领域展现出了巨大的应用潜力。碳纳米管的长度是一个关键参数，需要根据不同的实验和应用需求进行调整。例如，单壁碳纳米管（SWCNT）能够在保持直径等重要参数不变的情况下，在很宽的范围内改变纵横比，因此它们是研究棒状粒子模型的理想选择。

Batista 等人（2014）首先利用不同浓度的碘克沙醇溶液制成密度梯度液，结合 SEC 来纯化 SWCNT，并将纯化后的 SWCNT 作为模型棒状粒子，用以验证流体力学理论中摩擦系数表达式的正确性。在这项研究中，他们采用沉降速度法使用吸收检测器（设定波长为 423nm）和干涉检测器对 SWCNT 进行了详尽的表征。他们首先确认了转速对沉降系数分布没有显著影响，随后通过实验获得了沉降系数分布，基于流体力学理论中刚性棒状粒子的摩擦系数表达式，将沉降系数分布转换成长度分布。结果表明，根据 Batchelor 模型转换得到的长度分布与原子力显微镜实测结果高度吻合，进一步证实了该模型的正确性。

同样地，Selvasundaram 等人（2019）采用 AUC 作为一种原位方法，以测定分散在甲苯中的聚合物包覆的(7,5)SWCNT 的长度分布。这项研究在非水介质中对碳纳米管进行 AUC 表征，因为非水介质是制造器件时使用碳纳米管的首选介质。通过 SEDFIT 拟合数据，得到沉降系数分布后，研究人员发现了一个简单的经验性模型，它将沉降系数和碳纳米管的长度 L 关联起来，关系式为 $s = 1.9 \times 10^4 \, \mathrm{S/m^{1/2}} \cdot L^{1/2}$。他们还强调 AUC 和 AFM 两种方法得到的是不同的分布类型：AUC 基于光吸收得到的是体积分布，而 AFM 测量得到的是数均分布。

除了上述案例，Zook 等人（2011）应用 AUC 来测量生物介质中纳米颗粒聚集的粒度分布和相应的局部表面等离子体共振吸收光谱。在研究过程中，他们使用了两种不同的扫描模式。第一种是标准扫描模式，即在固定的某个波长下检测径向位置吸光度随时间的变化；第二种则是在固定的位置，例如在 6.8cm 处，测量样品在 450～800nm 波长范围内的吸收光谱随时间的变化。Zook 等人由纳米颗粒的沉降系数分布推导出了聚集体的流体力学直径分布。通过这些测量得到的沉降系数，可以预测在正常重力影响下聚集体在溶液中的沉降速率。另外，研究者还对单体、二聚体、三聚体和更大的金纳米颗粒聚集体的吸收光谱进行了测量，以便更深入理解局部表面等离子体共振生物传感器。他们还利用不同尺寸聚集体的吸收光谱数据推算出未知样品的净吸收光谱，从而估算样品中小聚集体的单体、二聚体和三聚体的比例，避免每个样品都需要通过 AUC 进行测量来确定不同聚集体的含量。然而，由于随着聚集体尺寸的增加，吸收光谱对尺寸变化的敏感性降低，这种方法在确定大聚集体尺寸分布的精确测定方面存在局限性。

除了对球形和棒状纳米颗粒的测量，Walter 等人（2015）还采用了在水溶液中稳定分散的氧化石墨烯单层作为模型体系，发展了一种基于 AUC 和 AFM 结合分析的方法。该方法通过 AUC 测得的沉降系数分布与 AFM 获得的二维氧化石墨烯纳米片的横向尺寸分布相关联，从而实现对氧化石墨烯尺寸的精确表征。研究人员利用 AFM 对数千个氧化石墨烯纳米片进行统计测量，从而获得极高准确性的尺寸分布数据。随后，他们使用 AFM 统计数据校正由 AUC 得到的横向尺寸分布。研究结果表明，AUC 能够推导出纳米片的直径分布，其平均片层直径的相对误差可低至 0.25%。

2.2.2　密度测定

2.2.2.1　改变体系密度法

如 1.3.2.4 节所述，使用浊度检测器测定粒子粒径分布时，需要知道粒子的密度 ρ_p 和折光指数 n_p。对于未知样品，可以采用改变体系密度法（density variation method）来确定样品的密度分布。该方法通常以 H_2O/D_2O 混合体系（如 100% H_2O、$1:1$ H_2O/D_2O 及 $100\%D_2O$）作为分散介质，通过浊度检测器分别测定样品在两种或者三种溶液中的沉降/上浮行为（取决于颗粒与介质的密度差）（Mächtle，1984，1992，2006；Mächtle et al.，2006）。例如 Mächtle 用该方法测定了聚苯乙烯胶粒和聚苯乙烯-b-聚丁烯共聚物胶粒的粒径分布及其密度分布。

图 2.7(a) 展示了直径为 157nm 的聚苯乙烯粒子在三种不同分散介质（H_2O、$1:1$ H_2O/D_2O 以及 D_2O）中透射光强（I）与溶剂透射光强（I_{DM}）的比值随时间的变化情况。从图中可以看出，以 $I/I_{DM}=0.5$ 为例，粒子在这三种分散介质中从液面（沉降）或者底部（上浮）运动到狭缝位置的速度表现为：$H_2O>$ $D_2O>1:1$ H_2O/D_2O。可根据式（2.10）计算沉降系数：

$$s = \frac{d_p^2(\rho_p - \rho_s)}{18\eta_s} = \omega^2 t \ln \frac{r_{slit}}{r_{m,b}} \tag{2.10}$$

其中，$r_{m,b}$ 表示溶液凹液面位置 r_m 或者底部位置 r_b。根据式（2.10），当溶剂黏度已知，且粒子密度在不同介质中保持不变时，粒子的沉降系数正比于溶质与溶剂之间的密度差，也就是说，粒子和溶剂之间的密度差别越大，粒子的沉降

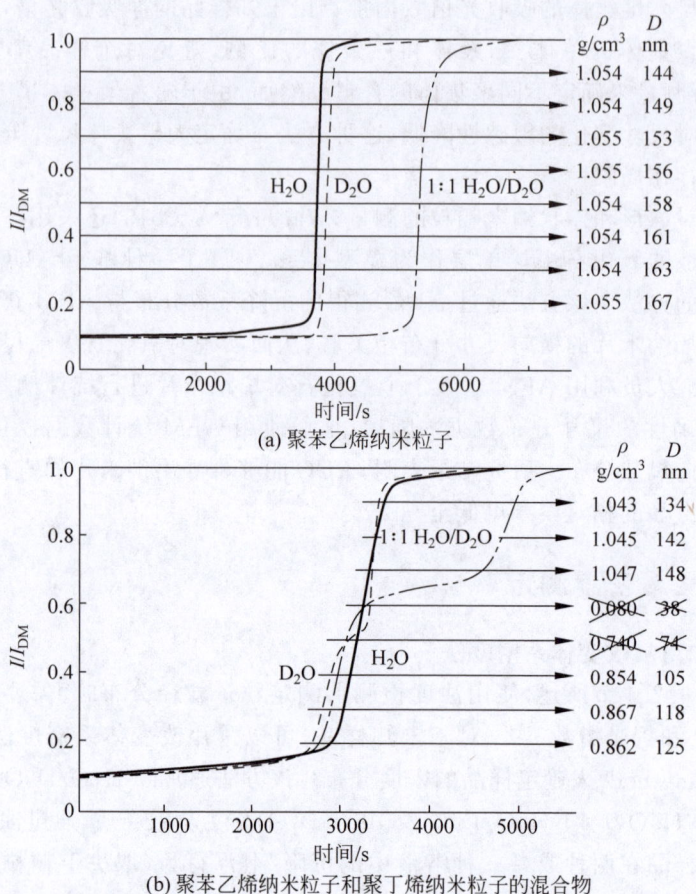

(a) 聚苯乙烯纳米粒子

(b) 聚苯乙烯纳米粒子和聚丁烯纳米粒子的混合物

图 2.7　两种纳米分散体系在 100% H_2O、1∶1 H_2O/D_2O 以及 100%D_2O 中透射

光强(I)与溶剂光强(I_{DM})的比值随时间的变化曲线

授权引用自 Mächtle(1992)© Hüthig & Wepf Verlag,Basel 1992

或上浮速度就越快。通过监测实验开始阶段透射光强是增强还是减少,可以判断出是径向稀释还是径向增稠,进而推断粒子是在沉降还是上浮。在此实验中,粒子在 D_2O 中上浮,而在 1∶1 H_2O/D_2O 和 H_2O 中沉降,这表明粒子的 ρ_p 位于 D_2O 和 1∶1 H_2O/D_2O 的密度之间,且更接近于 1∶1 H_2O/D_2O 的密度。

　　将图 2.7(a)中的曲线均匀分成十份,每份对应不同粒径的粒子。为了计算这些粒子的密度和粒径,采用两种不同介质,其密度和黏度分别为 $\rho_{s,1}$ 和 $\rho_{s,2}$,以及 $\eta_{s,1}$ 和 $\eta_{s,2}$,并测量粒子到达狭缝所需的时间为 $t_{1,i}$ 和 $t_{2,i}$。然后,由于粒子的密度、狭缝位置 r_{slit} 和转速 ω 都相同,并且狭缝处于中间位置,可以使用式(2.11)来计算不同粒径的粒子的密度：

$$\rho_{p,i} = \frac{\eta_{s,1}\rho_{s,2}t_{1,i} - \eta_{s,2}\rho_{s,1}t_{2,i}}{\eta_{s,1}t_{1,i} - \eta_{s,2}t_{2,i}} \tag{2.11}$$

根据式(2.10)和式(2.12)可以计算每组分粒子(i)在不同介质中的沉降系数 s_i 和粒径 $d_{p,i}$：

$$d_{p,i} = \sqrt{\frac{18(\eta_{s,1}s_{1,i} - \eta_{s,2}s_{2,i})}{\rho_{s,2} - \rho_{s,1}}} \tag{2.12}$$

之后的粒子粒径分布计算与前述相同。从图 2.7(a)中的结果可以观察到,不同粒径的粒子的密度均为 1.054g/mL,这表明它们的密度是均匀的。图 2.7(b)则显示了当体系中含有尺寸相似的聚苯乙烯纳米颗粒和聚丁烯纳米颗粒的混合物时,利用这种方法可以同时得到尺寸和密度的信息,即体系中明显存在两种具有不同密度的纳米颗粒。

改变溶剂密度法不仅适用于测量聚合物胶体的密度,也适用于碳纳米管等纳米材料密度的测定。接下来,我们将讨论如何运用这种方法研究碳纳米管的偏比容和密度等特性。为了分析溶液中包覆表面活性剂的 SWCNT 的特性,Arnold 等人(2008)使用 AUC 测量浓度随时间的变化和径向位置分布,并通过拟合获得了包覆表面活性剂的 SWNT 的沉降系数、扩散系数和摩擦系数。进一步地,通过比较复合物在表面活性剂水溶液中的沉降系数与在表面活性剂重水溶液中的沉降系数,确定了胆酸钠-SWNT 复合物的无水偏比容为(0.53 ± 0.03)cm^3/g,以及吸附线性表面活性剂分子的密度为(3.6 ± 0.8)/nm^2。同时,研究还发现 SWNT 表面上的表面活性剂分子的无水摩尔体积为(270 ± 20)cm^3/mol。该研究表明,AUC 是研究表面活性剂与 SWNT 之间相互作用的有利工具。

为了探究三种不同的胆汁盐表面活性剂溶液中界面表面活性剂层和其相关水合壳的结构与密度,Fagan 等人(2013)首先对(6,5)SWCNT 进行长度和手性纯化处理,随后采用 AUC 进行研究。已知表面活性剂的化学结构差异会显著影响其在 SWCNT 表面的吸附行为,从而影响形成的表面活性剂层的尺寸和密度。为了探究这一影响,研究者将纯化后的纳米管转移到含脱氧胆酸钠(DOC)、胆酸钠(SC)或牛磺脱氧胆酸钠(TDOC)的溶液中,研究者发现在使用TDOC 作为表面活性剂时,纳米管的无水密度最小;而在 SC 和 TDOC 作为表面活性剂的情况下,沉降系数最大。为了测量无水密度,他们将由表面活性剂稳定的 SWCNT 分散至由 H_2O、D_2O 以及 D_2O^{18} 组成的不同溶剂中,并测定了其沉降系数。假设 H_2O 和 D_2O 分子在纳米管和表面活性剂复合物的任何含水部分均匀分布,那么粒子与介质之间的密度差别仅来源于碳纳米管、吸附的表面活性剂和相关阴离子组成的颗粒复合物。接着,他们绘制了沉降系数和黏度的乘积与溶液密度的关系图，如图 2.8 所示。

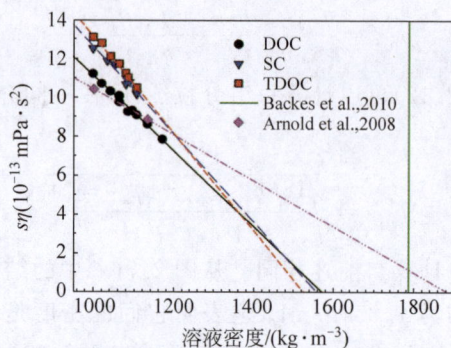

图 2.8　在三种不同表面活性剂溶液中 SWCNT 的沉降系数与溶液黏度
乘积（$s\eta$）随溶液密度的变化图

SWCNT 表面活性剂复合物的无水密度是指 $s\eta=0$ 时的密度。为了比较，图中还显示
了 Arnold 等人（2008）和 Backes 等人（2010）的数据。Arnold 等人的研究是针对未按
长度纯化的手性（6,5）SWCNT 在 SC 中无水密度，而 Backes 等人的研究是针对未纯
化的（6,5）SWCNT 样品在 SC 中的无水密度。授权引用自 Fagan 等（2013）©
American Chemical Society 2013

　　这些结果表明，DOC 形成的界面层最厚，而 TDOC 比 SC 或 DOC 堆积更
紧密。这些结构差异与观察到的荧光强度变化相关联，相较于具有等效吸收光
谱的分散 SWCNT，DOC 和 TDOC 使荧光强度增加了 25%。此外，研究人员还
使用碘克沙醇作为密度调节剂进行了独立的沉降速度实验，以确定每种胆汁盐
表面活性剂中的（6,5）SWCNT 的浮力密度。在这种情况下，非离子性碘克沙
醇分子不会穿透紧密相连的水合层，即包围碳纳米管和表面活性剂复合层的水
层。根据浮力密度和无水密度之间的差异，他们发现在 DOC 中形成的水合物
具有最大的直径。

　　进一步地，该研究团队使用 AUC 研究了盐浓度对（7,6）SWCNT 表面活性
剂的堆积以及带电粒子周围双电层大小的影响（Lam et al.，2016）。在实验过
程中，研究人员使用了吸收检测器和干涉检测器来测量 SWCNT 浓度随径向位
置和时间的变化。当使用吸收检测器时，选定的波长为 376nm。通过改变溶剂
密度的方法，研究者发现 SWCNT 与表面活性剂 DOC 复合物的无水密度在氯
化钠浓度增加到 50mmol/L 时并没有显著变化，这表明 DOC 的吸附并未随着
盐浓度的增加而发生显著变化。随着氯化钠浓度的增加，复合物的浮力密度明
显增加，这主要是由于抗衡离子向碳纳米管和表面活性剂界面的塌陷，导致共
同沉降的水分子数目减少。此外，表面活性剂稳定的 SWCNT 周围的反离子云
大小的变化是由静电效应引起的，而不是由于表面活性剂吸附量的变化。该研

究利用 AUC 清晰地展示了表面活性剂稳定的 SWCNT 周围的反离子云大小与溶液离子强度之间的直接关系。本研究不仅揭示了盐浓度如何影响 SWCNT 在溶液中的分散性,还拓展了 AUC 在表征纳米颗粒特性方面的应用。

2.2.2.2　密度梯度法

在第 1 章中,讨论了 Meselson 和 Stahl 等人如何通过氯化铯密度梯度实验证实了 DNA 的半保留复制机理(Meselson et al. ,1957; Meselson and Stahl, 1958)。密度梯度实验通常使用两种或两种以上不同密度的溶剂作为分散介质。在离心力作用下,这些混合的分散介质会不均匀地分布:密度较高的溶剂往往趋向于富集在靠近样品池的底部,而密度较小的溶剂则倾向于位于液面附近,因此在样品池的径向位置上形成了一个密度梯度。如 Mächtle 和 Börger (2006)所述,常用的密度梯度形成溶剂组合包括:1)水-甲泛葡胺混合物,可在 $0.85 \sim 1.3 \text{g/cm}^3$ 形成密度梯度;2)有机溶剂组合,如四氢呋喃-二碘甲烷,可在 $0.9 \sim 1.4 \text{g/cm}^3$ 形成密度梯度;3)糖和聚多糖-水组合,例如向水中加入蔗糖,可在 $1.0 \sim 1.15 \text{g/cm}^3$ 形成密度梯度;4)硅胶-水组合,例如向水中加入珀可 (Percoll),可在 $1.0 \sim 1.15 \text{g/cm}^3$ 形成密度梯度;5)碱金属盐,如氯化铯的水溶液,可在 $1.0 \sim 1.9 \text{g/cm}^3$ 形成密度梯度。

根据体系中样品密度所在范围,选择合适的梯度液是确保实验成功的关键。在密度梯度平衡实验中,体系达到平衡后,粒子将停留在与自身密度相匹配的特定位置,从而可以根据该位置对应的密度来测定聚合物密度(Mächtle and Börger,2006)。

与沉降平衡实验类似,密度梯度平衡实验达到平衡所需的时间较长,通常需要 $15 \sim 70 \text{h}$(Mächtle et al. ,2006)。由于受到扩散作用的影响,粒子在密度梯度中的浓度分布范围与其分子量或者尺寸相关。粒径和分子量较小的粒子具有较大的扩散作用,因此呈现出较宽的分布。确定具体密度的径向位置是实验的关键。通常可以使用密度标准品对各位置上的密度进行直接校准,或者通过结合沉降平衡原理以及组分溶剂的密度和浓度信息进行理论计算。Mächtle 等人(2006)在巴斯夫公司就利用乳液聚合的方法合成了 11 种具有不同化学成分的标记粒子。这些标记粒子在丙烯酸乙基己酯和丙烯酸甲酯单体比例上各有差异,直径约为 200nm,密度范围为 $0.980 \sim 1.225 \text{g/mL}$。

密度梯度平衡实验可用于测定纳米颗粒的密度和组成,其对纳米颗粒密度测量的准确度可达到 $\pm 0.002 \text{g/mL}$(Mächtle et al. ,2006)。在聚合物纳米颗粒的应用中,若某种聚合物的性能无法满足特定要求,可以通过化学反应在基础聚合物上接枝第二种聚合物来改善其性能,例如在聚丙烯酸丁酯(PBA)上可以接枝苯乙烯-丙烯腈共聚物(SAN)。在由 92%水和 8%甲曲嗪构成的密度梯度体系中，单独的 PBA 颗粒在达到平衡后呈现为单一的峰，这表明 PBA 颗粒密度是一致的，为 $1.039g/cm^3$。相比之下，SAN 颗粒的密度更高，为 $1.08g/cm^3$。如果 SAN 按照 1∶1 的质量比接枝到 PBA 颗粒上，则最终得到的聚合物颗粒密度约为 $1.06g/cm^3$。图 2.9 展示了接枝聚合物颗粒的密度梯度（Mächtle，1992）。由于单一组分聚合物颗粒密度与接枝聚合物颗粒在密度上存在差异，密度梯度实验可以有效分离体系中未接枝的单一组分与接枝聚合物颗粒；此外，从实验中还可观察到接枝聚合物颗粒（$1.059g/cm^3$）对应的单一分布峰，表明接枝聚合物颗粒的密度分布具有良好的单分散性。

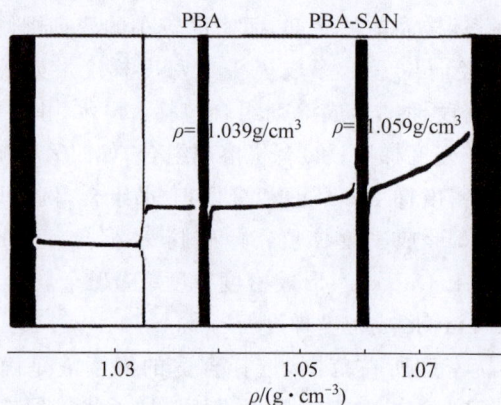

图 2.9　PBA 和 PBA-SAN 接枝聚合物的密度梯度平衡实验（92%水/8%甲曲嗪）

授权改编自 Mächtle 和 Börger（2006）© Springer-Verlag Berlin Heidelberg 2006

　　密度梯度平衡实验同样适用于研究凝胶的内部结构。在合成聚甲基丙烯酸丁酯（PBMA）胶体时，通过改变交联剂甲基丙烯酸甲酯（MAMA）的添加量，可以观察到颗粒内部结构发生显著变化。具体来说，随着 MAMA 含量的增加，颗粒会呈现未交联、部分交联和完全交联的状态。Mächtle 等人（1995）首先利用浊度检测器观察到，不同交联度的颗粒的尺寸约为 60nm。此外，当采用 90%水/10%甲泛葡胺作为密度梯度介质进行实验时，发现当 MAMA 含量比较低时，颗粒的密度几乎相同，约为与 PBMA 相近的 $1.050g/cm^3$。只有当颗粒中的交联剂量最高时，颗粒密度才显得较高，这主要是因为 MAMA 的密度高于 PBMA。而在以 80%四氢呋喃（THF）/20%二碘甲烷作为密度梯度介质进行的实验中，由于 PBMA 能够在溶剂中溶解，PBMA 微凝胶只能部分溶胀。结合纹影检测器，可以估算出游离的 PBMA 与交联的 PBMA 的含量。同时，将颗粒溶解在良溶剂四氢呋喃中，利用沉降速度的方法，也能测定游离的 PBMA 和交联的 PBMA 的沉降系数及各自的含量。

2.2.2.3　沉降系数分布和扩散系数分布相结合

无机核-壳纳米颗粒的密度往往呈现一定的分布,使用密度计通常只能测量到平均密度。由于无机纳米颗粒具有较高的密度,采用改变溶剂密度的方法对这类高密度的纳米颗粒的沉降影响甚微,因此这种方法不适用。为了解决这个问题,Carney 等人(2011)提出了一种新方法,他们将这类纳米颗粒视为硬球,通过 AUC 结合沉降速度法,测定了沉降系数分布和扩散系数分布(Brown et al.,2006),并据此计算了纳米颗粒的粒子密度。计算过程中采用了 Svedberg 方程和爱因斯坦-斯托克斯方程进行推导:

$$\rho_{p} = \rho_{s} + 18\eta_{s}s\left(\frac{1}{D}\frac{k_{B}T}{3\pi\eta_{s}}\right)^{-2} \tag{2.13}$$

然后,根据以下两个公式,可以计算出样品的摩尔质量和粒子大小(Carney et al.,2011),

$$M = \frac{sRT}{D}\left(1 - \frac{\rho_{s}}{\rho_{p}}\right)^{-1} \tag{2.14}$$

$$d_{p} = \sqrt{\frac{18\eta_{s}s}{\rho_{p} - \rho_{s}}} \tag{2.15}$$

例如,研究人员使用这种方法测量了具有"魔术尺寸"的金纳米颗粒 $Au_{144}(SR)_{60}$,其中 $R = -CH_2CH_2Ph$。他们通过测得的重均扩散系数和沉降系数计算得到粒子的密度为 $4.51g/cm^3$。进一步计算得到的分子量 $M = (35\,260\pm180)Da$,与理论预测的数值 $M = 36\,597Da$ 的误差在 4% 以内。如果已知核和壳材料的密度和摩尔质量,还可以计算纳米颗粒核中的原子数目和壳中配体的数量。对于多分散的金纳米颗粒体系,从图 2.10 可以看出,AUC 相较于透射电子显微镜有更好的分辨率。此外,AUC 能够观察到一些透射电子显微镜实验中未检测到的纳米颗粒。这可能是因为 AUC 能够对数百万至数十亿粒子进行采样分析,而透射电子显微镜最多只能观察几千个粒子。并且这种方法只需要一次 AUC 实验运行即可完成全面的纳米颗粒表征,无需标准或其他辅助测量,显示出其通用性。然而,AUC 也有局限性,例如对于形状不规则的棒状纳米颗粒的分析,则需要与其他能确定长径比的方法结合使用。

2.2.3　吸收和发射光谱测定

多波长检测器能够在特定径向位置测量吸收光谱,这一功能使检测结果增加了额外维度,可以检测体系中具有不同沉降系数组分的吸收光谱,从而对复杂的体系可以更加准确的表征。下面将通过几个实例来展示这一点。

在工业应用中,β胡萝卜素可以和明胶形成复合体。在这种复合体中,β胡

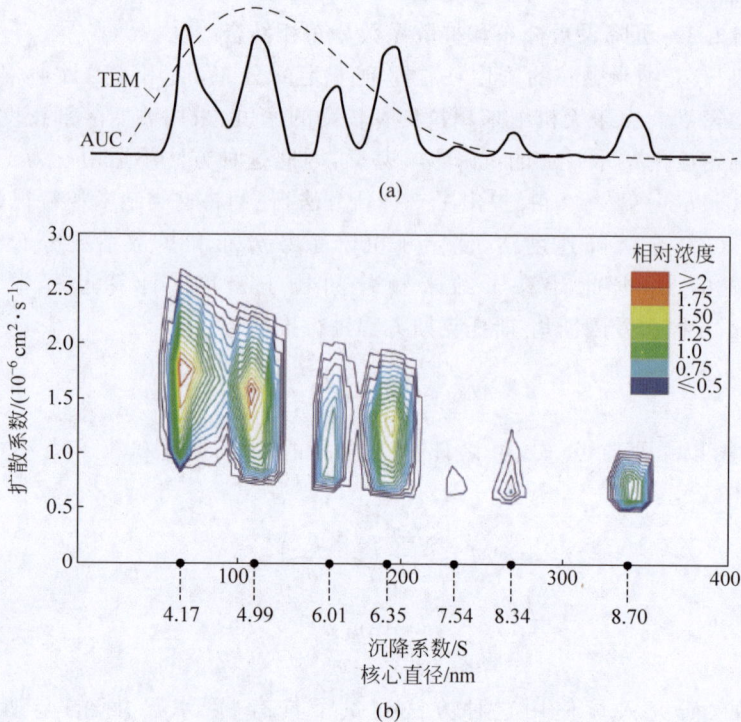

(a)

(b)

图 2.10   多分散的金纳米颗粒的沉降系数分布及沉降系数和扩散系数 2D 分布图

(a) AUC 测得的沉降系数分布以及由透射电子显微镜得到的粒径分布；(b) 多分散的金纳米颗粒的
沉降系数和扩散系数 2D 分布图。授权引用自 Carney 等(2011)© Macmillan Publishers Limited 2011

萝卜素以 H 聚集体和 J 聚集体的形式存在，这两种形式之间不会互相转化。通过改变沉淀条件，可以获得不同颜色的产品，这种颜色变化是 β 胡萝卜素作为食品颜料的基础。Karabudak 等人(2010b)利用 AUC 结合多波长检测器(multi-wavelength AUC, MWL-AUC)对这个体系进行了研究，并展示了不同时间点的结果，如图 2.11 所示。在实验中，研究者采用了区带沉降法。首先，在储存小孔中放置了 15μL 浓度为 20g/L 的样品，将转速提升至 5000rpm 并保持 3min，然后将样品转移到重水上层，并将转速增加至 55 000rpm。之后，每 90s 进行一次扫描，步长为 50μm。图 2.11(a)显示，当扫描时间为 1.5min 时，可以在紫外和可见光区域观察到 β 胡萝卜素的吸收，紫外区还有明胶信号。随着扫描时间增加至 15min，沉降系数大的粒子首先沉降，这些颗粒中 β 胡萝卜素与明胶的比值较高[图 2.11(b)]。在第 18 次扫描时[图 2.11(c)]，较大的颗粒几乎完全沉降。而在图 2.11(d)中，剩余部分主要由明胶组成，只有少量的 β 胡萝卜素的吸收，这表明这些 β 胡萝卜素被过量的明胶稳定。MWL-AUC 可以对这个体系进行分离并进行组成分析，能够直接区分不同粒径和不同沉降系数的颗粒的

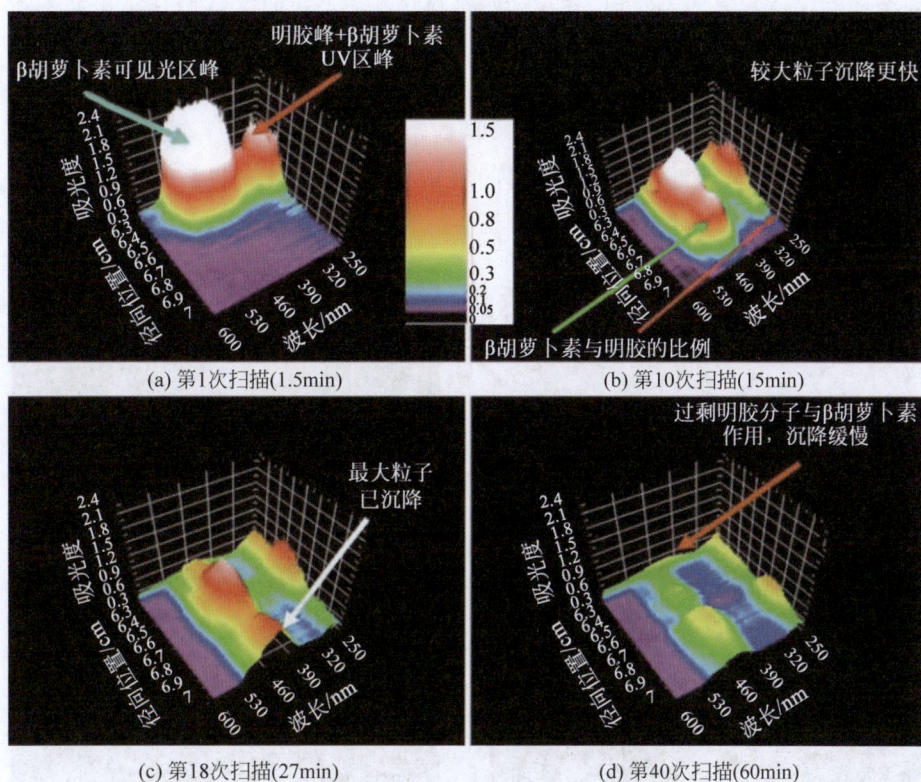

(a) 第1次扫描(1.5min)

(b) 第10次扫描(15min)

(c) 第18次扫描(27min)

(d) 第40次扫描(60min)

图 2.11 使用多波长检测器检测 β 胡萝卜素的区带沉降实验原始数据的三维图谱

图中的坐标轴分别为波长、吸光度和径向位置。

授权引用自 Karabudak 等(2010b)© The Author(s) 2009

紫外-可见吸收光谱,这是其他技术无法做到的。

为了分离单壁碳纳米管,需要向体系中加入表面活性剂以增加其溶解度,例如水溶性芘二酰亚胺衍生物,还需要添加嵌入剂来增强纳米管的剥离效果。为了研究这种三元混合物中的复杂相互作用,Karabudak 等人(2010a)采用了人工合成边界法,并结合多波长检测器对该体系进行了研究。形成人工边界后,将转速提升至 55 000rpm,并持续采集了 78min 的数据。在这段时间内,共生成了 131 组径向步长为 50μm、间隔为 45s 的实验数据,如图 2.12 所示。图 2.12(a)展示了初始分散体系的吸收光谱。图 2.12(b)显示在第 1min 时,仅沉降系数较大的胶体颗粒可见。将径向位置分为两个区域:6.5～6.8cm 和 6.8～7.1cm。对这两个区域的吸收进行积分,相应的吸收谱图如图 2.12(e)和(f)所示。从吸收光谱推测,沉降速度较快的物质对应于含有较少表面活性剂的碳纳米管聚集体,而沉降速度较慢的物质对应于由较多表面活性剂稳定的单壁碳纳米管。在第 78min 时，缓慢沉降的胶体的吸收谱显示该胶体也由两个离散部分构成。其中一部分在 500nm 处有吸收峰，并且会发生沉降（范围为 6.55～7.1cm，区域 2b），而另一个部分则没有该吸收成分（范围 6.3～6.55cm，区域 2a），实际上几乎没有移动，除了一些扩散引起的增宽效应。区域 2b 的吸收谱（图 1h）包含典型的表面活性剂的吸收峰，因此可以归因于表面活性剂胶束。

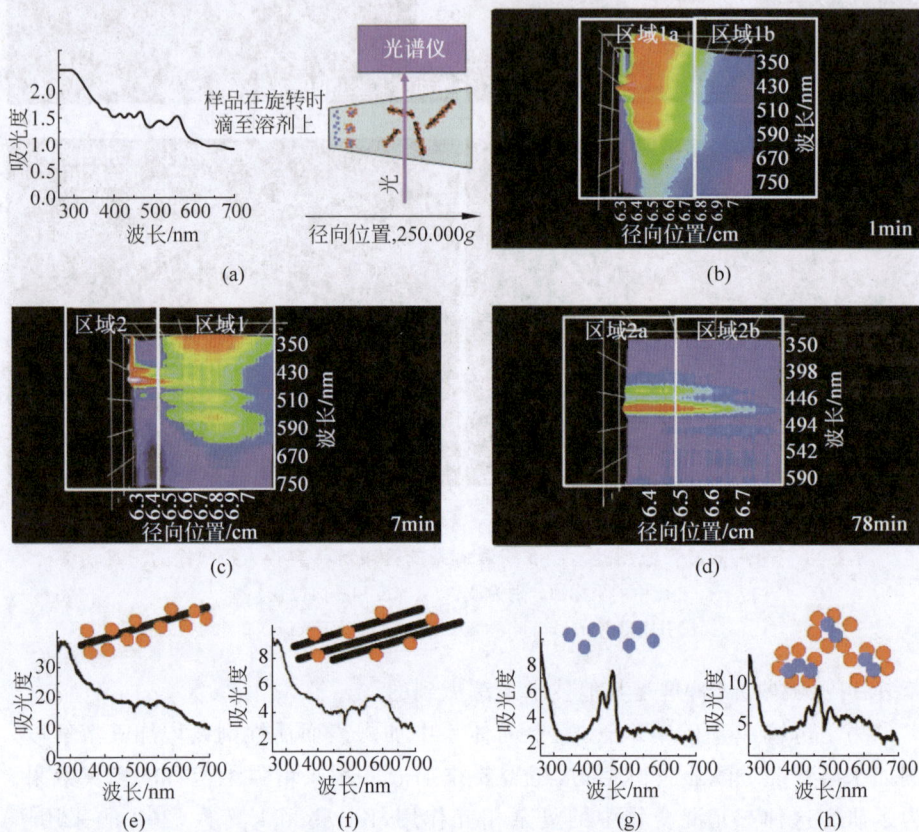

图 2.12　区带沉降过程中不同时间点的紫外吸收光谱及其分析结果

(a) 单壁碳纳米管分散体的初始吸收光谱；(b) 第 1min 的快照，此时只有快速移动的胶体颗粒可见，被划分为区域 1a 和 1b；(c) 第 7min 的快照，快速（区域 1）和缓慢（区域 2）沉降的胶体含量以及它们不同的吸收轮廓变得更易可视化；(d) 第 78min 的快照，在慢速胶体中出现亚结构，评估的区域为 2a 和 2b；(e)～(h) 分别是这些区域的积分，其中：(e) 附着表面活性剂的单壁碳纳米管，(f) 附着少量表面活性分子的单壁碳纳米管聚集体，(g) 嵌入剂的水解产物，(h) 嵌入剂-表面活性剂胶束。授权引用自 Karabudak 等(2010a)© Wiley-VCH Verlag GmbH & Co. KGaA,Weinheim 2010

纳米颗粒因其与尺寸相关的光学性质，在光学、诊断学、化学和生物医学领域有着广泛的应用。为了优化纳米颗粒的物理和化学性能，研究人员需要精确了解其尺寸、形状、分子量和组成。然而,目前尚缺乏一种实验方法能够全面而准确地描述溶液中多分散纳米颗粒的这些关键属性。针对这一挑战,Karabudak 等人(2016)采用 MWL-AUC 结合 2DSA,仅使用微克量级的材料就揭示了镉量子点体系中各组分的尺寸、各向异性、摩尔质量和浓度的差异。此外,在单次实验中,他们直接确定了光学带隙与粒径的关系。这项技术通过关联流体力学性质和光谱特征,允许在复杂混合物中进行粒度分析,这在评估尺寸不一且具有光谱多样性的混合体系时尤其有价值。在他们的实验中,Karabudak 等人(2016)首先在碲化镉量子点(QD)的生长过程中的不同时间点提取了 8 组样品,测量了它们的吸收光谱,然后将这些样品混合,以创建一个具有广泛尺寸分布的混合物。之后,这个混合物在 MWL-AUC 系统中进行区带沉降试验,在 50 000rpm 和 25℃的条件下,他们在 36min 内记录了从 350nm 至 650nm 波长范围内的 20 次扫描数据。

图 2.13 显示了采用 2DSA 处理所收集数据的结果。对于每个识别出的纳米颗粒种类,提取了其核心直径、摩尔质量和特征吸收光谱。通过这些分析获得了不同形状和尺寸的纳米颗粒的分布信息[图 2.13(b)],图 2.13(c)显示不同粒径的纳米颗粒吸收光谱非常窄,其吸收峰随粒径增加发生明显红移。且从预期 8 种组分的混合物中解析出 24 种组分,彰显 AUC 的亚纳米级分辨率。研究还发现,在使用 2DSA 处理时,每个波长下独立测定的颗粒尺寸在 350~650nm 的所有波长内都是一致的,并且对所有组分和波长进行积分能够得到初始样品的吸收光谱。这一结果表明,MWL-AUC 技术不仅能够高分辨率地从混合物中分散出单分散的物种,还能将它们的流体力学性质与光学性质相关联。

2.2.4　与其他物质相互作用分析

2.2.4.1　纳米颗粒与蛋白质相互作用

人们对纳米颗粒与生物分子相互作用的兴趣日益浓厚。当纳米颗粒与生物流体接触时,它们会被血浆蛋白包裹,形成所谓的"蛋白冠"。这些纳米颗粒-蛋白质复合物可能会对纳米颗粒的预期功能产生影响。因此,精度测量和理解蛋白质与纳米颗粒相互作用的物理化学原理至关重要。通常,纳米颗粒与蛋白质的结合作用可以通过荧光技术、动态光散射或荧光相关光谱法等手段进行研究。然而,这些方法都存在一定的局限性。Bekdemir 和 Stellacci(2016)提出了一种基于吸收检测器的 AUC 方法来研究溶液中纳米颗粒与蛋白质相互作用。如图 2.14 所示,该图展示了金纳米颗粒(AuNP,直径为 9.4nm)吸附不同量牛血清白蛋白(BSA)的复合物的平均沉降系数与 BSA 浓度的关系。通过数据拟

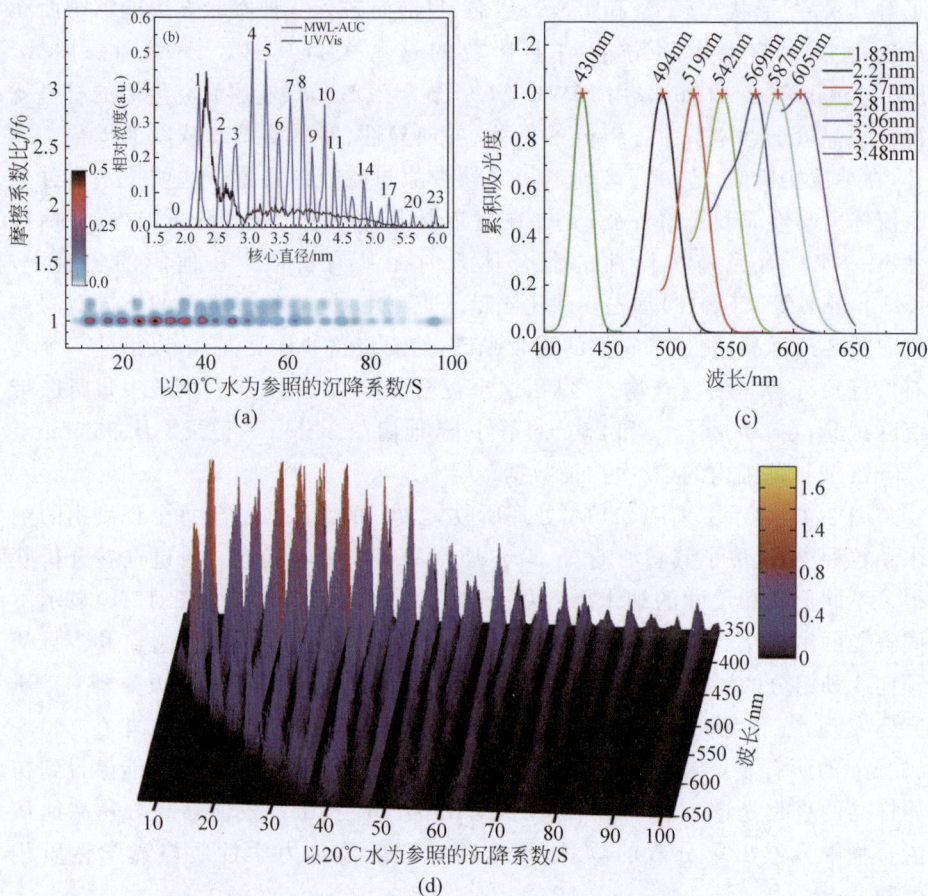

图 2.13　利用 MWL-AUC 研究量子点纳米颗粒混合物

(a) 2DSA 分析结果,深色表示相对浓度较高。其中,摩擦比为 1.0 表示球形结构；(b)基于图(a)中沉降系数转换的粒子核心直径(不包括配体/溶剂壳)浓度直方图,以及根据混合样品的吸收谱反卷积得到的核心直径分布结果。每个峰代表全波长积分浓度。每个组分都用一个数字标记；(c)在 AUC 实验中分离出前七种组分的吸收光谱中 1s-1s 跃迁峰位,以及相应的 CdTe 核心直径；(d)每种组分浓度随沉降系数和吸收波长的三维分布。授权引用自 Karabudak 等(2016)© Wiley-VCH Verlag GmbH & Co. KGaA,Weinheim 2016

合,这种方法成功地估算出了解离常数(K_D)、每个纳米颗粒的最大蛋白质结合数量(N_{max})以及非特异性结合 BSA 的 n 值。这种方法能够研究蛋白质吸附至核心直径小至 2.2nm 的纳米颗粒。基于光学吸收技术的 AUC 具有几个优势：对溶液中存在的大(蛋白质)聚集体不敏感性,对粒子大小的依赖性有限,以及能够在不同介质中进行工作。

根据 AUC-SV 实验,可以获得不同 BSA 吸附量的金纳米颗粒复合物的摩

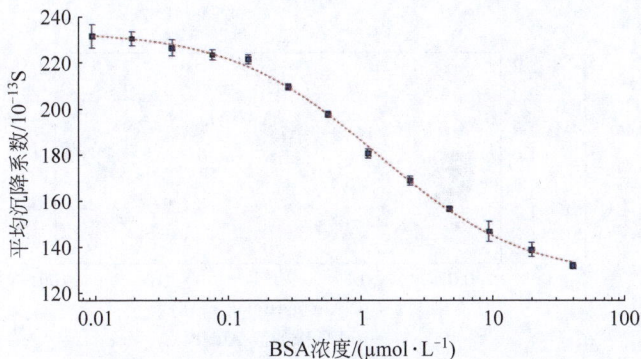

图 2.14　吸附不同量 BSA 的金纳米颗粒复合物的平均沉降系数与 BSA 浓度的关系

金纳米颗粒直径为 9.4nm，虚线为拟合曲线。授权引用自 Bekdemir 和 Stellacci(2016)© The Author(s) 2016

擦比 f/f_0。该比值的升高表明复合物形态趋向于非球形。图 2.15 展示了不同尺寸的金纳米颗粒上吸附形成的复合物的 f/f_0 与蛋白质浓度的依赖关系。对于较大的金纳米颗粒，比如柠檬酸盐-AuNP 复合物($d_{core}=13nm$)，由于其整体直径变化较小，BSA 的结合能够维持其球状几何结构。因此，当向柠檬酸盐-AuNP 体系逐步添加蛋白质并估计得到的 f/f_0 值，可以观察到 f/f_0 值在球形的 1.2 附近轻微波动，没有明显的系统性趋势[图 2.15(a)]。在估计中等大小金纳米颗粒 BSA 复合物 MUA-AuNP(11-巯基十一酸与 AuNP 复合物)的 f/f_0 值时，随着首次添加 BSA，f/f_0 值逐渐增加到 1.6，然后回落至约 1.2 的稳定值。值得注意的是，当粒子表面平均约有两个蛋白质分子时[图 2.15(b)]，出现了一个峰值。这主要是因为第一个 BSA 分子结合纳米颗粒后，第二个 BSA 分子因空间位阻限制从复合物的另一边接近，导致形成了一个拉长的结构。随着更多 BSA 分子的加入，无论它们如何结合，复合物逐渐恢复球形结构，直到金纳米颗粒完全被覆盖，此时 f/f_0 值再次达到 1.2。对于非常小的 MUS-AuNP(11-巯基十一烷磺酸酯与 AuNP 复合物)，相互作用参数指出在饱和状态下每个粒子所含的 BSA 分子数最大约为 2。f/f_0 值在初次添加 BSA 后开始上升，并在随后的添加中持续增加[图 2.15(c)]。摩擦比的分析表明，非常小的纳米颗粒-蛋白质复合物可能会显著偏离其初始的球体形状。

除了沉降速度实验，沉降平衡实验也被用于研究蛋白质与纳米颗粒之间的相互作用。这种方法特别适用于纳米颗粒和蛋白质的沉降系数相差较大时，通过选择适当的转速可以使得纳米颗粒及其与蛋白质形成的复合物沉降，而上层清液中未与纳米颗粒结合的蛋白质则保持悬浮。Lundqvist 等人(2004)结合圆二色谱、核磁共振和凝胶渗透色谱等技术，使用 AUC-SE 对直径为 6nm、9nm 和

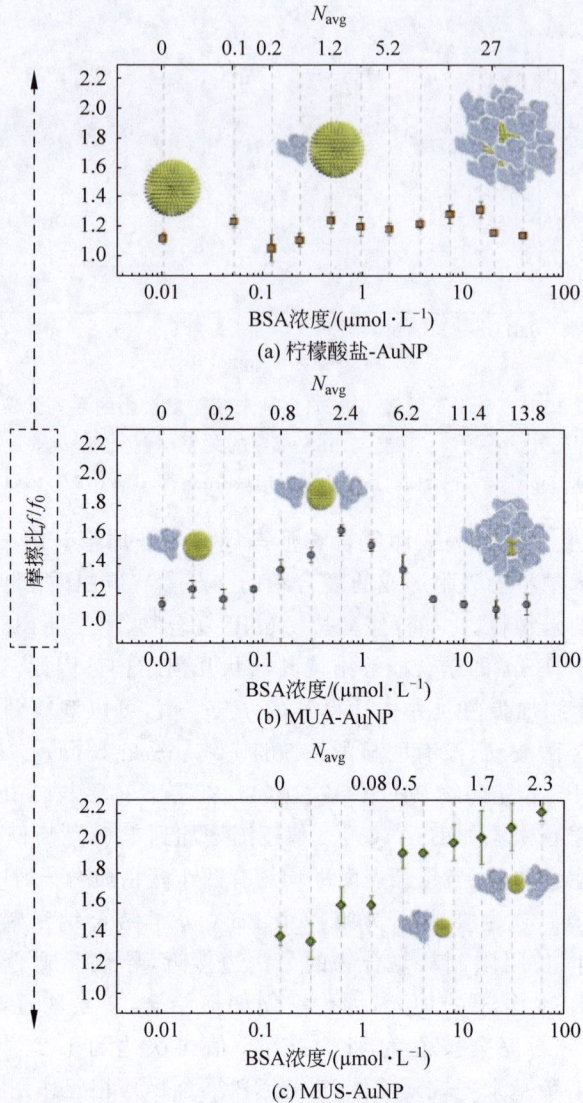

图 2.15 NP-蛋白质复合物的各向异性形状演化

摩擦比与 BSA 浓度和 N_{avg}（每个粒子平均含蛋白分子数）的关系图。图中描绘了蛋白质在纳米颗粒上可能的排列方式，以阐明蛋白质结合时的各向异性变化。授权引用自 Bekdemir 和 Stellacci(2016) © The Author(s) 2016

15nm 的二氧化硅纳米颗粒的表面吸附人碳酸酐酶（HCAI）及其突变体 trunc17HCAII 的情况进行了分析。研究发现，所有 trunc17HCAII 蛋白都强烈吸附在 9nm 的硅土粒子上，在低转速（2500～3500rpm）下，几乎所有蛋白质都与粒子一起沉降；而在超过 8000rpm 的转速下，溶液中几乎检测不到吸收。相比之下,HCAI 蛋白与颗粒的相互作用模式则不同。在较低的速度下(2500～3500rpm),颗粒沉降后样品吸光度减少了约 30%,推断约有 70% 的 HCAI 以自由单体形式存在;而在 8000rpm 的转速下,几乎所有的纳米颗粒都沉降到样品池底部。

2.2.4.2　纳米颗粒与 DNA 相互作用

通过对纳米材料进行生物性改性可使其在各种生物医学应用中具有广泛用途,包括作为治疗剂、靶向药物传递的载体和诊断探针等。在这些应用中,粒径分布和生物分子表面覆盖率是影响治疗效果和安全性的关键因素,因此需要利用强大的分析方法进行精确评估。此外,生物改性纳米颗粒表面的分子构象也至关重要,因为表面分子的构象变化可能会减少活性位点的可接触性或导致粒子聚集。聚集体的存在尤其令人关注,因为它们可能引发免疫反应,从而导致患者体内药物的中和。

Falabella 等人(2010)运用 AUC 对硫醇端基单链 DNA(ssDNA)修饰的金纳米颗粒进行了表征。在实验过程中,研究者采用吸收检测器,并在 520nm 的波长下进行测量,径向扫描间距设置为 0.007cm。对于直径分别为 10nm 和 20nm 的金纳米颗粒,AUC 实验的转速分别设定为 15 000rpm 和 5000rpm。而对于未修饰且尺寸更大的 30nm 和 60nm 直径的金纳米颗粒,则将转速设定为 2500rpm。研究发现,与未修饰的金颗粒相比,ssDNA 修饰的金颗粒的沉降系数随着 ssDNA 覆盖度和长度的增加而降低。当假设 ssDNA 链是完全伸展的构型时,ssDNA 修饰的金纳米颗粒的沉降系数最接近于理论预测值。根据未修饰金纳米颗粒的沉降系数计算得出的表观粒子密度随着纳米颗粒粒径的减小而显著降低,这表明对于未修饰的金纳米颗粒和短 ssDNA 链修饰的金纳米颗粒,水合层效应会对其沉降行为有显著影响。

纳米颗粒组装体在生物传感、催化和能量存储设备等研究领域表现出独特的性能。然而,由于这些组装体的形状和大小分布非常广泛,对它们进行准确表征极具挑战。虽然电泳方法常用于分析和纯化工作,但由于其在尺寸分辨率上的局限,分析超速离心技术以其卓越的埃级别分辨率而突现优势,它能够检测到所有粒子,因此在统计学上具有无可比拟的优势。通过单次运行 AUC 的方法,可以精确测量纳米颗粒的大小分布和分子量。Urban 等人(2016)报道了利用 AUC 来表征各向异性 DNA 修饰金纳米颗粒组装体。图 2.16 给出了含有单个和含两个巯基的 DNA 修饰金纳米颗粒的摩擦比与沉降系数的 2DSA。为了解释实验测得的沉降系数,作者采用了流体珠模型进行分析。

图 2.16(a)显示了体系中存在两种主要组分。第一种组分的沉降系数范围为 240～340S,其摩擦比为 1,对应于未被修饰 DNA 的金纳米颗粒。第二种组

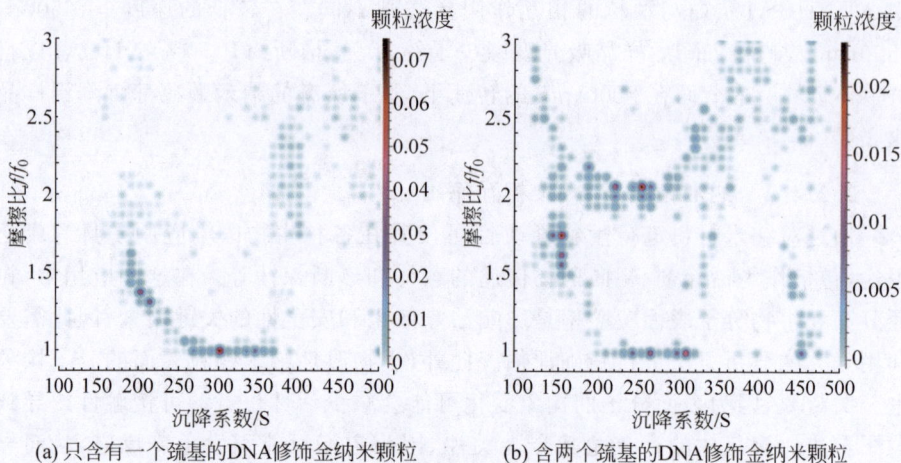

(a) 只含有一个巯基的DNA修饰金纳米颗粒　　　(b) 含两个巯基的DNA修饰金纳米颗粒

图 2.16　UltraScan 分析得到的摩擦比与沉降系数的 2DSA 结果

授权引用自 Urban 等(2016)© American Chemical Society 2016

分显示出略小的沉降系数和较低的摩擦比,这与修饰的单个 DNA 链或及多条 DNA 链的金纳米颗粒相符。所谓的棒棒糖结构,由一条 DNA 链和一个金纳米 颗粒组成,测得其沉降系数为 130～220S,高于模型预测的沉降系数 150S,这种 差异可能源于模型中采用了较小的金纳米颗粒,或者 DNA 与互补序列杂交不 完全,导致摩擦减少。

另外,利用两个巯基修饰的单条 DNA 链可形成哑铃、梯形甚至更大的结构 体。图 2.16(b)展示了三个主要组分的分布情况。第一组分的沉降系数位于 240～340S 区间,且摩擦比几乎保持不变,这与图 2.16(a)中的第一种组分相 似。第二种组分的沉降系数在 130～220S,且摩擦比在 1.2 和 1.7 之间波动。 第三种组分的摩擦比介于 1.9～2.2,沉降系数在 170～280S,并且分布较为广 泛;这类组分在图 2.16(a)中未见到,主要是因为双巯基 DNA 形成了更加复杂 的结构体。通过流体力学珠粒建模对假设结构进行分析,能够对 2DSA 图中的 单一峰进行合理评估。该方法的优势在于可以在合成后直接对样品进行研究, 无需进一步纯化,从而能够快速获得合成结果以优化合成过程。

2.2.4.3　纳米颗粒与纳米颗粒相互作用

不同物理化学性质的纳米颗粒间的聚集可用来构建具有附加功能的确定 性构建块。例如,将较小颗粒附着到较大颗粒表面,可以形成具有特定纳米级 粗糙度的结构,这种结构可用于制备超疏水表面或作为通用乳化剂的稳定剂。 此外,共聚集还可进一步应用于生成特定的胶体斑块,或通过引入软微凝胶来 调控胶体颗粒的相互作用势。通常,异聚集是通过混合带有相反电荷的两种物质来实现的,这些物质会由于长程静电吸引力而相互吸引。在等量粒子混合的情况下,随着时间的推移,异聚集体会增长并形成具有分形维度的结构。通过加入一种过量的粒子,可以阻止宏观聚集,从而得到确定的、胶体稳定的异聚集体。Rey 等人(2020)利用 AUC 对硅颗粒与具有相似表面电荷的软微凝胶之间的异质聚集进行了表征。研究中考察了形成的异质聚集体的黏附性和稳定性,发现其主要受粒子与微凝胶的比例、微凝胶尺寸以及温度所影响。微凝胶黏附到胶体颗粒上会引起沉降系数的变化,这有助于定量识别黏附的微凝胶数量。通过改进的布朗动力学算法进行计算机模拟以确认异质聚集体的摩擦特性和沉降系数的变化。理论研究和实验之间的比较显示,微凝胶在黏附过程中会发生变形和扁平化。

2.2.4.4　核壳纳米颗粒

Chen 等人(2020)使用 AUC 研究聚苯乙烯@ZIF-8 核壳纳米颗粒的形成过程,旨在更深入地了解硬模板法的机制。研究发现,ZIF-8 前体的浓度不仅影响 ZIF-8 壳层的形成,还影响聚苯乙烯模板的聚集行为。ZIF-8 前体浓度过低不利于形成完整的 ZIF-8 壳层,而浓度过高则导致 PS 核心的过度聚集。通过 AUC确定的最优前体浓度能够生成良好分散的聚苯乙烯@ZIF-8 核壳纳米颗粒。总之,利用 AUC 技术研究核壳纳米颗粒的形成,有助于全面理解硬模板法的机理,并可以指导高效、可控地制备核壳纳米颗粒。

自 Svedberg 发明 AUC 技术至今已经逾百年。最初,Svedberg 设计 AUC的目的是研究具有高分散度的胶体颗粒。随着时间的推进,AUC 的应用范围逐步扩大到合成高分子和生物大分子的研究,并主要用于获得诸如大分子的分子量分布和平均分子量等关键参数。近年来,随着浊度检测器、多波长检测器和荧光检测器的成功开发,AUC 实验引入了新的维度,可以提供比传统的 AUC 实验更丰富的信息。例如,这项技术现在能够测量宽度更大的胶体颗粒分布,并且在测量尺寸分布的同时,还能获得纳米颗粒的吸收光谱的数据,使得光学数据和流体力学数据的结合更加紧密。可以预见,随着硬件和软件的持续进步,AUC 将在大分子和胶体科学领域继续扮演至关重要的角色,推动对这些复杂体系的更深层次理解。

参考文献

AMPONSAH-EFAH K K,DEMELER B,SURYANARAYANAN R,2021. Characterizing drug-polymer interactions in aqueous solution with analytical ultracentrifugation[J]. Molecular Pharmaceutics,18(1):246-256.

ARNOLD M S,SUNTIVICH J,STUPP S I,et al.,2008. Hydrodynamic characterization of surfactant encapsulated carbon nanotubes using an analytical ultracentrifuge[J]. ACS Nano,2(11): 2291-2300.

BACKES C,KARABUDAK E,SCHMIDT C D,et al.,2010. Determination of the surfactant density on SWCNTs by analytical ultracentrifugation [J]. Chemistry-A European Journal,16(44): 13176-13184.

BATISTA C A S,ZHENG M,KHRIPIN C Y,et al.,2014. Rod hydrodynamics and length distributions of single-wall carbon nanotubes using analytical ultracentrifugation[J]. Langmuir,30(17): 4895-4904.

BEKDEMIR A, STELLACCI F, 2016. A centrifugation-based physicochemical characterization method for the interaction between proteins and nanoparticles[J]. Nature Communications, 7: 13121.

BRONSTEIN L M,SIDOROV S N,VALETSKY P M,et al.,1999. Induced micellization by interaction of poly(2-vinylpyridine)-*block*-poly(ethylene oxide)with metal compounds. Micelle characteristics and metal nanoparticle formation [J]. Langmuir, 15 (19): 6256-6262.

BROWN P H,SCHUCK P,2006. Macromolecular size-and-shape distributions by sedimentation velocity analytical ultracentrifugation[J]. Biophysical Journal,90(12): 4651-4661.

CANTOW V H J, 1959. Die bestimmung der molekulargewichtsverteilung in der ultrazentrifuge bei der θ-temperatur[J]. Die Makromolekulare Chemie,30(1): 169-188.

CARNEY R P,KIM J Y,QIAN H F,et al.,2011. Determination of nanoparticle size distribution together with density or molecular weight by 2D analytical ultracentrifugation[J]. Nature Communications,2: 335.

CHEN M D, WANG S Y, HU B W, 2020. Revealing the formation of well-dispersed polystyrene @ ZIF-8 core-shell nanoparticles by analytical ultracentrifugation [J]. Langmuir,36(29): 8589-8596.

CINAR G,ENGLERT C,LEHMANN M,et al.,2020. In situ,quantitative assessment of multifunctional nanoscale drug delivery systems in human serum [J]. Analytical Chemistry,92(11): 7932-7939.

CÖLFEN H,PAUCK T,1997. Determination of particle size distributions with angström resolution[J]. Colloid and Polymer Science,275(2): 175-180.

CREETH J M,HARDING S H,1982. Some observations on a new type of point average molecular weight[J]. Journal of Biochemical and Biophysical Methods,7(1): 25-34.

FAGAN J A,ZHENG M,RASTOGI V,et al.,2013. Analyzing surfactant structures on length and chirality resolved (6, 5) single-wall carbon nanotubes by analytical ultracentrifugation[J]. ACS Nano,7(4): 3373-3387.

FALABELLA J B,CHO T J,RIPPLE D C,et al.,2010. Characterization of gold nanoparticles modified with single-stranded DNA using analytical ultracentrifugation and dynamic light scattering[J]. Langmuir,26(15): 12740-12747.

FUJITA H,1962. Mathematical theory of sedimentation analysis[M]. New York: Academic Press.

GAO Y T,GUANG T L,YE X D,2017. Sedimentation velocity analysis of TMPyP4-induced dimer formation of human telomeric G-quadruplex［J］. RSC Advances,7 (87)：55098-55105.

GAO Y T,WU S,YE X D,2016. The effects of monovalent metal ions on the conformation of human telomere DNA using analytical ultracentrifugation［J］. Soft Matter,12(27)：5959-5967.

GRUBE M,LEISKE M N,SCHUBERT U S,et al.,2018. POx as an alternative to PEG? A hydrodynamic and light scattering study［J］. Macromolecules,51(5)：1905-1916.

GUBAREV A S,MONNERY B D,LEZOV A A,et al.,2018. Conformational properties of biocompatible poly (2-ethyl-2-oxazoline) s in phosphate buffered saline［J］. Polymer Chemistry,9(17)：2232-2237.

HAO X T,RYAN T,BAILEY M F,et al.,2009. Molar mass determination of water-soluble light-emitting conjugated polymers by fluorescence-based analytical ultracentrifugation ［J］. Macromolecules,42(7)：2737-2740.

HARDING S E,1995. On the hydrodynamic analysis of macromolecular conformation［J］. Biophysical Chemistry,55(1/2)：69-93.

HARDING S E,ABDELHAMEED A S,MORRIS G A,2010. Molecular weight distribution evaluation of polysaccharides and glycoconjugates using analytical ultracentrifugation［J］. Macromolecular Bioscience,10(7)：714-720.

HARDING S E,BERTH G,BALL A,et al.,1991. The molecular weight distribution and conformation of citrus pectins in solution studied by hydrodynamics［J］. Carbohydrate Polymers,16(1)：1-15.

HELLER W,PANGONIS W J,1957. Theoretical investigations on the light scattering of colloidal spheres. I. The specific turbidity［J］. Journal of Chemical Physics,26 (3)：498-506.

HOWARD G J,JORDAN D O,1954. The sedimentation and diffusion of sodium polymethacrylate and polymethacrylic acid［J］. Journal of Polymer Science,12 (1)：209-219.

KARABUDAK E,BACKES C,HAUKE F,et al.,2010a. A universal ultracentrifuge spectrometer visualizes CNT-intercalant-surfactant complexes ［J］. ChemPhysChem,11(15)：3224-3227.

KARABUDAK E,BROOKES E,LESNYAK V,et al.,2016. Simultaneous identification of spectral properties and sizes of multiple particles in solution with subnanometer resolution［J］. Angewandte Chemie International Edition,55(39)：11770-11774.

KARABUDAK E,WOHLLEBEN W,CÖLFEN H,2010b. Investigation of β-carotene-gelatin composite particles with a multiwavelength UV/vis detector for the analytical ultracentrifuge［J］. European Biophysics Journal,39(3)：397-403.

KARIBYANTS N,DAUTZENBERG H,1998. Preferential binding with regard to chain length and chemical structure in the reactions of formation of quasi-soluble polyelectrolyte complexes［J］. Langmuir,14(16)：4427-4434.

KARIBYANTS N，DAUTZENBERG H，CÖLFEN H，1997. Characterization of PSS/
    PDADMAC-*co*-AA polyelectrolyte complexes and their stoichiometry using analytical
    ultracentrifugation[J]. Macromolecules,30(25)：7803-7809.

LAM S，ZHENG M，FAGAN J A，2016. Characterizing the effect of salt and surfactant
    concentration on the counterion atmosphere around surfactant stabilized SWCNTs using
    analytical ultracentrifugation[J]. Langmuir,32(16)：3926-3936.

LEZOV A，GUBAREV A，KAISER T，et al.，2020. "Hard" sphere behavior of "soft",
    globular-like,hyperbranched polyglycerols-extensive molecular hydrodynamic and light
    scattering studies[J]. Macromolecules,53(21)：9220-9233.

LUNDQVIST M，SETHSON I，JONSSON B H，2004. Protein adsorption onto silica
    nanoparticles：conformational changes depend on the particles'curvature and the protein
    stability[J]. Langmuir,20(24)：10639-10647.

LUO Z L，ZHANG G Z，2009. Scaling for sedimentation and diffusion of poly(ethylene
    glycol)in water[J]. The Journal of Physical Chemistry B,113(37)：12462-12465.

LUO Z L，ZHANG G Z，2010. Sedimentation of polyelectrolyte chains in aqueous solutions
    [J]. Macromolecules,43(23)：10038-10044.

LUO Z L，ZHANG G Z，2011. Sedimentation of polyelectrolyte chains in solutions：from
    dilute to semidilute[J]. Polymer,52(25)：5846-5850.

MÄCHTLE W，1984. Charakterisierung von disperisionen durch gekopplete H_2O/D_2O-
    ultrazentrifugenmessungen[J]. Die Makromolekulare Chemie,185(5)：1025-1039.

MÄCHTLE W，1988. Coupling particle size distribution technique. A new ultracentrifuge
    technique for determination of the particle size distribution of extremely broad distributed
    dispersions[J]. Die Angewandte Makromolekulare Chemie,162(1)：35-52.

MÄCHTLE W，1992. Analysis of polymer dispersions with an eight cell-AUC multiplexer：
    high resolution particle size distribution and density gradient techniques[M]//
    HARDING S E，ROWE A J，HORTON J C. Analytical ultracentrifugation in
    biochemistry and polymer science. Cambridge：The Royal Society of Chemistry.

MÄCHTLE W，1992. Determination of highly resolved particle size distributions in the
    submicron range by ultracentrifugation[J]. Makromolekulare Chemie. Macromolecular
    Symposia,61(1)：131-142.

MÄCHTLE W，1999. High-resolution,submicron particle size distribution analysis using
    gravitational-sweep sedimentation[J]. Biophysical Journal,76(2)：1080-1091.

MÄCHTLE W，2006. Centrifugation in particle size analysis[M]//MEYERS R A.
    Encyclopedia of analytical chemistry：applications,theory, and instrumentation. New
    York：John Wiley & Sons,Ltd.

MÄCHTLE W，BÖRGER L，2006. Analytical ultracentrifugation of polymers and
    nanoparticles[M]. Berlin,Heidelberg：Springer.

MÄCHTLE W，LEY G，STREIB J，1995. Studies of microgel formation in aqueous and
    organic solvents by light scattering and analytical ultracentrifugation[M]//BEHLKE J.
    Analytical ultracentrifugation. Heidelberg：Steinkopff：144-153.

MESELSON M，STAHL F W，1958. The replication of DNA in *Escherichia coli*［J］. Proceedings of the National Academy of Sciences of the United States of America，44(7)：671-682.

MESELSON M，STAHL F W，VINOGRAD J，1957. Equilibrium sedimentation of macromolecules in density gradients［J］. Proceedings of the National Academy of Sciences of the United States of America，43(7)：581-588.

MIE G，1908. Beiträge zur optik trüber medien，speziell kolloidaler metallösungen［J］. Annalen der Physik，330(3)：377-445.

MÜLLER H G，1989. Automated determination of particle-size distributions of dispersions by analytical ultracentrifugation［J］. Colloid and Polymer Science，267(12)：1113-1116.

NIEBEL Y，BUSCHMANN M D，LAVERTU M，et al.，2014. Combined analysis of polycation/ODN polyplexes by analytical ultracentrifugation and dynamic light scattering reveals their size，refractive index increment，stoichiometry，porosity，and molecular weight［J］. Biomacromolecules，15(3)：940-947.

NISCHANG I，PEREVYAZKO I，MAJDANSKI T，et al.，2017. Hydrodynamic analysis resolves the pharmaceutically-relevant absolute molar mass and solution properties of synthetic poly（ethylene glycol）s created by varying initiation sites［J］. Analytical Chemistry，89(2)：1185-1193.

PACOVSKÁ M，PROCHÁZKA K，TUZAR Z，et al.，1993. Formation of block copolymer micelles：a sedimentation study［J］. Polymer，34(21)：4585-4588.

PAVLOV G M，PEREVYAZKO I，SCHUBERT U S，2010. Velocity sedimentation and intrinsic viscosity analysis of polystyrene standards with a wide range of molar masses ［J］. Macromolecular Chemistry and Physics，211(12)：1298-1310.

PEREVYAZKO I Y，BAUER M，PAVLOV G M，et al.，2012. Polyelectrolyte complexes of DNA and linear PEI：formation，composition and properties［J］. Langmuir，28(46)：16167-16176.

RASA M，MEIER M A R，SCHUBERT U S，2007. Transport of guest molecules by unimolecular micelles evidenced in analytical ultracentrifugation experiments［J］. Macromolecular Rapid Communications，28(13)：1429-1433.

RAŞA M，TZIATZIOS C，LOHMEIJER B G G，et al.，2006. Analytical ultracentrifugation studies on terpyridine-end-functionalized poly（ethylene oxide）and polystyrene systems complexed via Ru（II）ions［M］//WANDREY C，CÖLFEN H. Analytical ultracentrifugation VIII. Berlin，Heidelberg：Springer.

REY M，UTTINGER M J，PEUKERT W，et al.，2020. Probing particle heteroaggregation using analytical centrifugation［J］. Soft Matter，16(14)：3407-3415.

SCHOLTAN W，LANGE H，1972. Bestimmung der Teilchengrößenverteilung von latices mit der ultrazentrifuge ［J］. Kolloid-Zeitschrift und Zeitschrift für Polymere，250 (8)：782-796.

SCHUBERT D，TZIATZIOS C，SCHUCK P，et al.，1999. Characterizing the solution properties of supramolecular systems by analytical ultracentrifugation［J］. Chemistry-A

European Journal,5(5)：1377-1383.

SCHUBERT D,VAN DEN BROEK J A,SELL B,et al.,1997. Analytical ultracentrifugation as a tool in supramolecular chemistry：a feasibility study using a metal coordination array ［M］//JAENICKE R,DURCHSCHLAG H. Analytical ultracentrifugation IV. Heidelberg：Steinkopff.

SCHUCK P,GILLIS R B,BESONG T M D,et al.,2014. SEDFIT-MSTAR：molecular weight and molecular weight distribution analysis of polymers by sedimentation equilibrium in the ultracentrifuge[J]. Analyst,139(1)：79-92.

SELVASUNDARAM P B,KRAFT R,LI W S,et al.,2019. Measuring in situ length distributions of polymer-wrapped monochiral single-walled carbon nanotubes dispersed in toluene with analytical ultracentrifugation[J]. Langmuir,35(10)：3790-3796.

SERDYUK I N,ZACCAI N R,ZACCAI J,2007. Methods in molecular biophysics structure, dynamics,function[M]. Cambridge：Cambridge University Press.

SI J H,HAO N R,ZHANG M,et al.,2019. Universal synthetic strategy for the construction of topological polystyrenesulfonates：the importance of linkage stability during sulfonation[J]. ACS Macro Letters,8(6)：730-736.

STAUDINGER H,1920. Über polymerisation［J］. Berichte der Deutschen Chemischen Gesellschaft(A and B Series),53(6)：1073-1085.

TIAN M M,QIN A W,RAMIREDDY C,et al.,1993. Hybridization of block copolymer micelles[J]. Langmuir,9(7)：1741-1748.

TSVETKOV V N,LAVRENKO P N,BUSHIN S V,1984. Hydrodynamic invariant of polymer molecules[J]. Journal of Polymer Science：Polymer Chemistry Edition,22(11)：3447-3486.

URBAN M J,HOLDER I T,SCHMID M,et al.,2016. Shape analysis of DNA-au hybrid particles by analytical ultracentrifugation[J]. ACS Nano,10(8)：7418-7427.

VOGEL V,GOHY J F,LOHMEIJER B G G,et al.,2003. Metallo-supramolecular micelles：studies by analytical ultracentrifugation and electron microscopy[J]. Journal of Polymer Science Part A：Polymer Chemistry,41(20)：3159-3168.

WALTER J,NACKEN T J,DAMM C,et al.,2015. Determination of the lateral dimension of graphene oxide nanosheets using analytical ultracentrifugation［J］. Small,11（7）：814-825.

WALTER J,PEUKERT W,2016. Dynamic range multiwavelength particle characterization using analytical ultracentrifugation[J]. Nanoscale,8(14)：7484-7495.

WANG X Y,YE X D,ZHANG G Z,2015. Investigation of pH-induced conformational change and hydration of poly(methacrylic acid)by analytical ultracentrifugation[J]. Soft Matter, 11(26)：5381-5388.

WU S,WANG X Y,YE X D,et al.,2013. pH-induced conformational change and dimerization of DNA chains investigated by analytical ultracentrifugation[J]. The Journal of Physical Chemistry B,117(39)：11541-11547.

YE X D,YANG J X,AMBREEN J,2013. Scaling laws between the hydrodynamic parameters

and molecular weight of linear poly(2-ethyl-2-oxazoline)[J]. RSC Advances,3(35):
15108-15113.

ZOOK J M,RASTOGI V,MACCUSPIE R I,et al.,2011. Measuring agglomerate size
distribution and dependence of localized surface plasmon resonance absorbance on gold
nanoparticle agglomerate size using analytical ultracentrifugation[J]. ACS Nano,5(10):
8070-8079.

第3章

分析超速离心技术在蛋白质研究中的应用

分析超速离心技术是通过记录生物大分子在溶液中的沉降行为来表征其生物物理学性质的一项经典技术,在生命科学,尤其是在蛋白质科学研究中具有广泛应用。蛋白质是由氨基酸组成的有机大分子,是生命活动的主要执行者,承担着各种重要的生物学功能。通过研究蛋白质的结构、功能和相互作用等,可以让我们深入理解蛋白质的本质,理解生命的运作方式,透视生命的奥秘,揭示细胞的内部机制,为保护人类健康做出更大的贡献。这不仅有助于揭示疾病的发生机制,还为基因表达调控、信号传导、疾病预防治疗以及新药物开发等提供了重要的线索。

1924 年,瑞典化学家 Svedberg 设计研制出第一台分析型超速离心机,转速可达 45 000rpm,并在 1926 年用分析型超速离心机第一次成功测定出蛋白质——马血红蛋白的分子量(Svedberg,1940)。分析型超速离心机的出现从此改变了科学家探索生物大分子的方式,对生物大分子研究领域的影响不可估量。20 世纪 20 年代,随着 Lamm 方程的引入和蛋白质三、四级结构的确立,AUC 能够清晰地展现蛋白质的形貌和结构,因此常被用于生物大分子的检测,尤其是对蛋白质的分子量、沉降系数、扩散系数、流体力学半径等性质的测定。同一时期(1925—1932年),Svedberg 实验室的助理研究员 Arne Wilhelm Kaurin Tiselius 在 Svedberg 的帮助下建立了根据电荷分离悬浮蛋白质的电泳技术。1937 年 Tiselius(1937)通过电泳技术证明了抗体也是一种蛋白质,1940 年 Tiselius 提出通过吸附色谱法分离蛋白质和其他物质。因在电泳技术上的贡献,Tiselius 于 1948 年获得诺贝尔化学奖,此后一段时间这两种技术和 AUC 一同作为蛋白质性质检测的主要方法。

1947 年,贝克曼公司推出首台商业化 Spinco Model E 分析型超速离心机,使得在测定生物大分子的大小、形状、密度和电荷等领域取得了突破性进展,为蛋白质科学和分子生物学的研究奠定了基础，自此 AUC 成为获取蛋白质分子量、流体力学半径等信息的主要技术手段。20 世纪 60 年代，Schachman 实验室开发出瑞利干涉光学系统，使仪器能在紫外可见光谱的范围外表征颗粒，这使得分析型超速离心机拥有了分析低吸收粒子的能力。进入 20 世纪 70 年代，浮选沉降技术的发展使得脂蛋白的研究可视化成为了可能。20 世纪 90 年代开始，随着计算机技术的快速发展，体积庞大、操作复杂的分析型超速离心机进一步改进，贝克曼公司在这一时期推出 Optima XL-A/XL-I 分析型超速离心机，以及 An-60 Ti 转子，使离心机最高转速提升到 60 000rpm，并且可以利用通用的软件包（如 SEDFIT、UltraScan 和 DCDT＋等）来分析电子数据，得到更加精密准确的结果。从 2000 年以来贝克曼公司陆续推出的 ProteomeLab XL-A/XL-I 等型号超速离心机，到 2010 年后生产的最新型号 Optima AUC，其采集数据的速度越来越快，操作越来越方便，分析软件的数学理论模型越发完善，使得AUC 近年来越发成熟，极大地拓展了其在蛋白质研究中的应用，如精确测定蛋白质分子量，分析蛋白质聚集状态的改变、分子构象变化、分子相互作用，分析膜蛋白、不同制剂对蛋白质药物影响等。自此，AUC 在蛋白质研究中展现出其不可估量的发展前景。

　　从蛋白质均一性、分子量的测定，到蛋白质构象变化，再到蛋白质相互作用、结合比例的测定，AUC 在蛋白质性质鉴定和功能分析方面发挥着越来越重要的作用(Li et al. ,2021)。经统计，近几十年来 AUC 相关的科研文献发表数量呈明显上升趋势(图 3.1)。此外，统计数据显示，蛋白质研究是 AUC 应用的主要领域之一。2023 年发表的 AUC 相关论文中，约 59％聚焦于蛋白质研究，凸显了蛋白质研究是 AUC 应用的重要领域。

(a) 1993—2023年AUC和蛋白质相关论文发表情况

图 3.1　AUC 相关论文发表情况

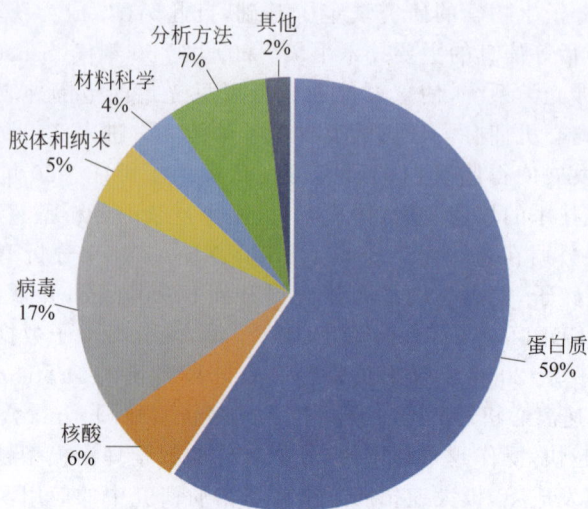

(b) 2023年AUC相关论文按研究对象分类情况

图 3.1 （续）

3.1 蛋白质简介

蛋白质是细胞的基本组成成分，也是细胞中含量最多的有机物。作为构成有机生物的基本元素，蛋白质主要由碳、氢、氧、氮四种元素构成。此外，一些蛋白质还含有硫、磷、铁、镁和碘等元素。蛋白质是目前已知的结构最复杂、功能最多样的分子（Alberts，2017）。蛋白质在生物体内承担着各种重要的生物学功能，包括结构支持、酶催化、运输、信号传导等。这些特性使得蛋白质在生命活动中起到至关重要的作用。不同类型的蛋白质在不同生物学过程中起到关键作用，这也是生物学和生物化学领域广泛研究的主题之一。而根据蛋白质的组成特性、理化性质（如蛋白质的两性解离、高分子性质、变性、沉淀以及紫外吸收性质）以及相互作用等特点，AUC 在蛋白质的理化性质和相互作用等方面的研究中将发挥重要的作用。

3.1.1 组成与结构

蛋白质的基本组成单位为氨基酸，自然界中的氨基酸种类有 300 多种，其中组成蛋白质的常见氨基酸有 20 种，结构都为 L 型 α-氨基酸（脯氨酸、甘氨酸无手性除外），这 20 种氨基酸都有相应的遗传密码，因此此被称为编码氨基酸（图 3.2）。在蛋白质中，氨基酸之间通过肽键相连形成肽链，一个氨基酸的 α-羧

基与另一个氨基酸的 α-氨基脱水缩合形成的共价键被称为肽键,又称酰胺键
(Voet et al.,2016)。

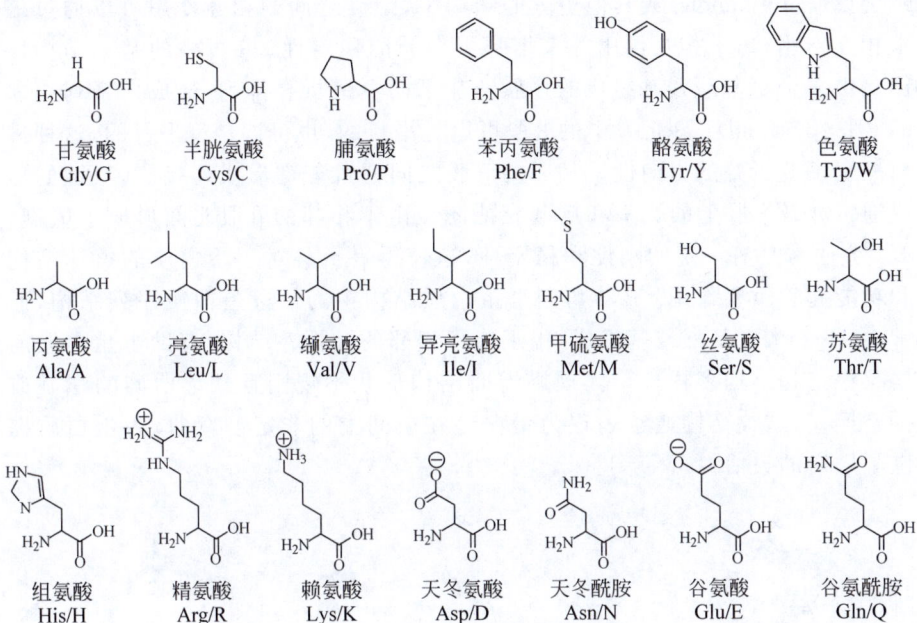

甘氨酸	半胱氨酸	脯氨酸	苯丙氨酸	酪氨酸	色氨酸
Gly/G	Cys/C	Pro/P	Phe/F	Tyr/Y	Trp/W

丙氨酸	亮氨酸	缬氨酸	异亮氨酸	甲硫氨酸	丝氨酸	苏氨酸
Ala/A	Leu/L	Val/V	Ile/I	Met/M	Ser/S	Thr/T

组氨酸	精氨酸	赖氨酸	天冬氨酸	天冬酰胺	谷氨酸	谷氨酰胺
His/H	Arg/R	Lys/K	Asp/D	Asn/N	Glu/E	Gln/Q

图 3.2　氨基酸的种类和结构

　　作为生物大分子物质,蛋白质的结构组成非常复杂,每种蛋白质都由不同的氨基酸组成,都具有不同的氨基酸排列顺序,具有不同的空间结构。正是这种结构的多样性,导致不同蛋白质具有各自独特的生物学功能。蛋白质的结构决定其在细胞中的特定功能和相互作用方式。根据蛋白质分子结构的不同,蛋白质可划分为一级结构、二级结构、三级结构和四级结构四种结构(Branden et al.,1991)。

　　蛋白质的一级结构,即氨基酸序列,是蛋白质的基本结构,也是决定蛋白质空间结构的基础,一级结构中主要的化学键是肽键;蛋白质的二级结构主要是指分子中主链原子的空间排列,不包括侧链 R 基团的构象。由于肽链主链中 C—C 和 C—N 键是可旋转的,可决定两个肽键平面的相对关系,会形成不同结构形式的二级结构。常见的二级结构有 α-螺旋、β-折叠、β-转角和无规则卷曲等(图 3.3;Chakrabarti,2023)。典型的 α 螺旋中,每 3.6 个氨基酸残基形成 1 个螺旋,这个螺旋每转 1 周上升约 1.5Å,形成了紧密的螺旋结构。在 α-螺旋中,每个氨基酸的羧基基团与相邻氨基酸的氨基基团之间形成氢键。这种氢键的形成使得 α-螺旋在空间中保持稳定的结构。在 α-螺旋中,氨基酸的

侧链通常朝向螺旋的外侧，这使得 α-螺旋的内部区域富含疏水性氨基酸的侧链，而外部区域则富含极性或带电的氨基酸的侧链。α-螺旋结构常常存在于螺旋束(helix bundle)或其他更大的结构中，螺旋之间的相互作用可以通过疏水相互作用、离子相互作用等来增强蛋白质的稳定性。β-折叠的基本结构特征是由多个氨基酸残基组成的多肽链在平面上呈折叠排列，形成一系列相邻的 β 股(β-strand)。β-折叠中的 β 股可以是平行的，也可以是反平行的，这种排列决定了 β-折叠的方向性。相邻的 β 股之间通过氢键形成连接，其氢键的形成通常涉及 β 股上的氨基和羧基官能团。由于相邻的 β 股之间形成了氢键，β-折叠通常具有一定的刚性和稳定性，这使得 β-折叠对于蛋白质的整体结构和功能起着重要作用。β-转角则是蛋白质结构中的短段蛋白质序列结构，通常由 3～4 个氨基酸残基组成，用于连接相邻的 β-折叠结构，有助于蛋白质的构象稳定和结构多样性。无规则卷曲结构形状不规则且缺乏明确的螺旋或折叠模式，这种结构通常表现为蛋白链在空间上的非定型弯曲，为蛋白质提供了一定的灵活性。

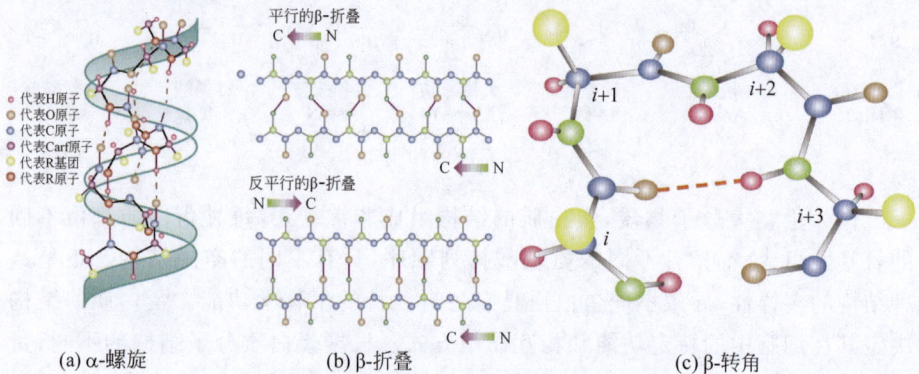

(a) α-螺旋　　　　　　(b) β-折叠　　　　　　(c) β-转角

图 3.3　蛋白质的二级结构

蛋白质的三级结构是在二级结构的基础上，进一步折叠、环绕，并且依靠二硫键和次级键稳定所形成的特定空间结构，即肽链在三维空间上的位置排布。对于具有两条及两条以上多肽链的蛋白质，每一条多肽链都有完整的三级结构，这样的结构称为亚基；亚基与亚基之间以非共价键相连接，呈特定的三维空间结构。这种各亚基之间的空间布局称为蛋白质的四级结构。

3.1.2　结构与功能关系

蛋白质的一级结构——氨基酸序列——决定了其二级、三级和四级结构，从而决定了其独特的空间结构。这种特定的空间结构与蛋白质的功能密切相关,例如催化反应、结合作用、支持细胞结构等。微小的空间结构变化可能会导致蛋白质的功能发生变化,因此研究蛋白质的空间结构非常重要。

1）构象变化导致功能变化。许多蛋白质可以通过构象变化实现不同的功能状态。这种构象变化涉及氨基酸残基的移动、结构域之间的相对位移或二级结构元素的改变,例如许多酶在与底物结合时发生构象变化以促使催化反应的发生(Tsai et al.,2014)。一些蛋白质结构的变化可能导致特异性结合位点的丧失或改变,甚至导致其功能丧失。一些遗传性疾病的产生也经常涉及蛋白质结构的变化,例如囊性纤维化和血红蛋白病。

2）蛋白质复合物的形成。蛋白质通常可以与其他蛋白质或分子形成复合物,这些复合物的形成需要特定的结构域或互补性结构。蛋白质结构的变化可以影响其与别的分子相互作用的方式,从而改变其参与复合物形成的能力和特异性(Marsh et al.,2015)。

3.1.3　理化性质

3.1.3.1　两性解离

蛋白质和氨基酸一样,都是两性电解质,在溶液中都有两性电离现象,它们在溶液中的电荷状态受溶液本身的 pH 影响。当蛋白质可解离基团解离成正、负离子的趋势相等,静电荷为零,此时的溶液 pH 为蛋白质的等电点(pI)。不同蛋白质的可解离基团数目及解离度不等,其 pI 也不相同。当溶液 pH>pI 时,该蛋白带负电荷;当 pH<pI 时,该蛋白带正电荷;当 pH=pI 时,该蛋白静电荷为零(Nelson et al.,2008)。根据此性质,采用电泳或离子交换层析分离和纯化蛋白质是实验室常用的蛋白质分离和纯化方法。

3.1.3.2　高分子性质

蛋白质是高分子化合物,其颗粒直径在 1～100nm,已达到胶体颗粒的范围,因此蛋白质溶液具有胶体溶液的性质,比如布朗运动、丁达尔效应等(Dill et al.,2012)。蛋白质分子在水溶液中是比较稳定的亲水胶体,一方面因为蛋白质表面含有很多如羧基、氨基、酰胺基、羟基等亲水基团,能与水分子形成水化层,因此能将蛋白质分子相互分开;另一方面由于蛋白质的两性解离性质,在一定 pH 条件下相同分子都带有相同的电荷,会造成分子间彼此排斥而相互分开(图 3.4)。因此蛋白质表面的水化层和电荷性是蛋白质在特定溶液中稳定存在而不会相互聚集沉淀的两个因素。蛋白质的胶体性质也被应用于蛋白质的分离纯化中,同时根据这一性质我们可以获得更适合 AUC 实验的样品(Scopes,1994)。

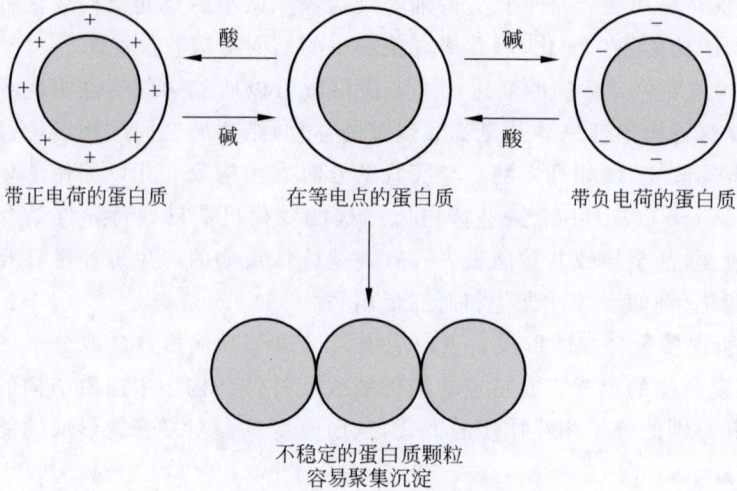

图 3.4　溶液中蛋白质的聚集沉淀

3.1.3.3　变性

蛋白质的变性是指蛋白质在某些物理因素(如紫外线、超声、高温)或化学因素(如酸、碱、尿素、重金属盐)的影响下,空间结构被破坏的过程,进而导致蛋白质的理化性质和生物学活性发生改变(Creighton,1993)。蛋白质变性时,蛋白质分子的次级键被破坏,空间结构发生剧烈改变,但是并不涉及一级结构的改变,由于蛋白质的次级键破坏,原本位于蛋白质内部的疏水基团暴露出来,导致蛋白质分子表面的水化层和电荷层被破坏,蛋白质分子发生聚沉。因此在变性条件下,蛋白质分子会发生溶解度降低、扩散系数数降低、生物学活性丧失和黏度升高等性质的变化。由于蛋白质变性不涉及一级结构的改变,所以还存在恢复高级结构的基础,因此某些蛋白在适当的条件下还可以恢复其高级结构和生物学功能,这种变化称为复性。

3.1.3.4　沉淀

蛋白质从溶液中析出的现象叫作蛋白的沉淀。常用的引起蛋白质沉淀的方法按照作用机理可大致分为盐析、等电点沉淀、有机溶剂沉淀、重金属盐沉淀、生物碱试剂以及某些酸沉淀等。

盐析法是向蛋白质中加入中性盐(如硫酸铵、硫酸钠以及氯化钠等,其中硫酸铵最为常见)从而破坏蛋白质的胶体性质,导致蛋白质在溶液中的溶解度降低,从溶液中脱水析出。一方面,由于在高浓度中性盐溶液中,蛋白质和盐离子都会吸引水分子形成水化层,两者之间属于竞争关系,随着中性盐浓度的升高,盐离子浓度随之升高,这样盐离子吸走大量水分子,导致蛋白质的水化层破坏,使蛋白质在溶液中的溶解度降低从而析出；另一方面，由于盐是强电解质，解离作用强，可抑制弱蛋白质解离作用，使蛋白质所带的电荷减少，破坏蛋白质分子的电荷，导致蛋白质更容易聚集析出（何建勇，2007）。蛋白质的盐析沉淀是一个可逆的过程，可保存蛋白质的天然构象，不会使蛋白质变性，不影响其生物学活性。

等电点沉淀法是一种化学分析方法，利用蛋白质在等电点时溶解度最低，而各种蛋白质等电点不同的特点对蛋白质进行分离。通过调节溶液 pH，使达到蛋白质等电点，蛋白质所带静电荷为零，此时溶液中蛋白质胶体之间的静电斥力降低，分子表面疏水基团之间的相互作用使其相互吸引，从而形成沉淀析出（O'Farrell，1975）。

有机溶剂沉淀蛋白质的原理涉及两个方面：一方面，有机溶剂降低了水的介电常数，增加了相反电荷之间的吸引力；另一方面，有机溶剂大部分是强亲水溶剂，会竞争性地取代蛋白质表面的水分子，破坏蛋白质分子表面的水化层，导致蛋白质分子聚集沉淀。需要注意的是，常温下，用有机溶剂沉淀蛋白质往往会引起蛋白质的变性；而低温时用丙酮沉淀蛋白质，可以保留蛋白质的生物学活性（于芳，2015）。

重金属盐沉淀蛋白质是利用重金属离子（如 Ag^+、Cu^{2+}、Hg^{2+}）可与蛋白质结合成盐的特点，导致蛋白质失去溶解性而沉淀。另外，重金属离子还可与溶液中其他离子形成复合物，也可能促进蛋白质的沉淀（张若青等，2018）。

生物碱试剂沉淀蛋白质是利用当溶液 pH＜pI 时蛋白质带正电荷的性质，此时蛋白质侧链的阳性离子（如氨基）与生物碱试剂的阴离子结合发生酸碱成盐反应而沉淀。常用的生物碱试剂包括三氯乙酸、苦味酸、钨酸、鞣酸等，而某些酸如三氯醋酸、硝酸等也能导致蛋白质的沉淀。

3.1.3.5 紫外吸收

蛋白质在紫外光谱区域（通常为 200～280nm）具有特征性吸收，这一性质主要与其氨基酸组成中的芳香族氨基酸（酪氨酸、色氨酸、苯丙氨酸）和肽键产生的共振效应有关。

在紫外区域，蛋白质通常表现出两个主要吸收峰。第一个吸收峰通常出现在 200～230nm，而第二个吸收峰位于 275～285nm。这些吸收峰的位置是由蛋白质中的芳香族氨基酸决定的，尤其是色氨酸和酪氨酸：色氨酸的吸收峰通常位于 275～285nm，但其精细位置和强度会受到周围环境的影响；酪氨酸也在紫外区域（275～285nm）有吸收，类似于色氨酸；蛋白质中的肽键也对紫外光具有吸收性，肽键的吸收峰位于 200～230nm，这是由肽键中的 π 电子系统引起的；蛋白质的次级结构（如 α-螺旋、β-折叠）也可以影响其紫外吸收光谱，不同的次级结构在紫外光谱区表现出不同的吸收特性。另外蛋白质的紫外吸收性质受到溶液的 pH、温度、离子浓度和蛋白质浓度等环境因素的影响。这些因素可以引起吸收峰的移动或吸收峰强度的变化(Cantor et al.,1980)。

利用蛋白质的紫外吸收光谱性质，结合分析型超速离心机的吸收检测器，可以获取蛋白质的相关信息。这些信息可用于研究蛋白质的结构和构象变化、折叠状态、稳定性以及与其他分子的相互作用等。这些数据对于理解蛋白质的功能和理化性质非常重要。

3.1.4　分子间相互作用与自聚集

蛋白质的分子间相互作用是生物学中的关键概念，它涵盖了蛋白质之间或蛋白质与其他分子之间的各种相互关系，对于细胞的结构、功能、信号传导、代谢和生命过程至关重要。这些相互作用包括蛋白质自聚集，蛋白-蛋白相互作用、酶-底物相互作用、抗体-抗原相互作用、蛋白质复合物形成、蛋白质-核酸相互作用等，这些相互作用在细胞内协调各种生物过程，包括维持生命、响应环境刺激、保护机体免受感染等。对这些相互作用的研究不仅有助于我们更好地理解生命科学的本质，还为药物研发和生物技术应用提供了重要信息。

蛋白质的自聚集指的是同种蛋白质分子之间发生非共价相互作用，从而自发地聚集形成更大的结构或颗粒。这种现象在生物学中具有重要的生物学和生物化学意义，因为它可以影响蛋白质的功能、细胞结构和细胞信号传导等。蛋白质的自聚集可以是正常的生物过程，如细胞骨架的形成或细胞信号传导途径中的复合物形成。蛋白质的自聚集失控或异常可能导致一些疾病，如神经变性疾病、淀粉样蛋白聚集病等。因此，蛋白质自聚集的研究对于理解生物学和疾病机制非常重要。

3.2　在可溶性蛋白研究中的应用

可溶性蛋白质是指可以在水溶液中以分散态存在的蛋白质。可溶性蛋白质的理化性质可以利用多种生物物理学方法进行研究，比如电泳和色谱法。聚丙烯酰胺凝胶电泳的优点是速度快，可在短时间内分析多个样品，但分离效率较差，特别是对分子量评估不够准；毛细管电泳(capillary electrophoresis,CE)技术分辨率较高，但操作相对复杂，且容易受多方面因素的影响导致测试不准确。高效液相色谱(high performance liquid chromatography,HPLC)基于多种不同的色谱原理，在蛋白质分子量和纯度分析中定量较准确、分辨率更高。

SEC-MALS 通过样品分离过程中对紫外信号、光散射信号、示差信号的综合分析,可得到样品准确的分子质量及其分布。AUC 通过实时检测蛋白质的沉降行为,结合蛋白质和溶液的性质,利用公式可计算和推导出蛋白质的分子质量、沉降系数等多项表征蛋白质理化性质的信息。

测定蛋白质的大小和多分散性是 AUC 的传统应用。这是一种基于热力学第一原理的绝对方法,利用了离心场中粒子迁移强烈依赖于分子大小所带来的高流体动力学分辨率的优点,可以用来表征蛋白质溶液中样品的沉降系数分布、分子量、斯托克斯半径、摩擦比等信息。同时对于因缺乏刚性结构而难以进行晶体学研究的无序蛋白,沉降速度法(AUC-SV)可以提供重均沉降系数和扩散系数等信息。

3.2.1　分子量和聚集状态分析

大分子最基本的参数之一是摩尔质量或分子量 M(以 g/mol 或 Da 为单位),以及相对分子质量 Mr(相对于氢原子质量或碳原子质量的 1/12)。这三者在数值上非常相近,蛋白质科学家倾向于选择分子量或相对分子质量。AUC 是一种公认的测定蛋白质分子量的经典方法,它分析的是蛋白质样品在溶液中的自然状态,不需要校准标准或进行标记,也不需要对构象的假设。设备本身具有分离能力,不需要层析柱或膜等辅助分离,也不受过大的超分子颗粒的影响。因此,AUC 极好地补足了其他溶液中分子量测定的方法。除 AUC 以外,蛋白质分子量测定最常用的技术是 SEC-MALS,二者均可用于表征分子量不足 1000Da 的小肽和木质素,以及分子量 $>1 \times 10^8$ Da 的糖缀合物疫苗颗粒。通过使用多孔转子和多通道样品池,AUC 现在可以在一次运行中同时检测多达 21 个样本。

Svedberg 使用分析型超速离心机最初进行的实验是基于沉降速度的,通过吸收检测器和干涉检测器来检测沉降边界的位置和宽度,以及沉降边界随离心时间产生的变化。但是 AUC-SV 实验很难消除与平移扩散系数的测量相结合的摩擦/形状贡献,因此无法提供分子量的绝对衡量标准。随着计算机的发展和分析软件的更新,AUC-SV 通过解析 Lamm 方程和 Svedberg 方程,可以得到蛋白质样品在离心场中的沉降系数、扩散系数,从而拟合得到更加准确的分子量信息(Cole et al. ,2008)。

Svedberg 和 Fåhraeus 在 1926 建立的沉降平衡法(AUC-SE)通过在较低的转速下,不同浓度的样品在不同转速下达到沉降与扩散的平衡状态,然后对沉降平衡数据进行全局分析,从而得到分子量等信息(Zhao et al. ,2013)。AUC-SE 不受摩擦/形状因素影响,可以测定蛋白质的绝对分子量,并进一步判断蛋白质在溶液中的聚合状态。

3.2.2 沉降系数测定

AUC-SV 是表征可溶性蛋白质溶液性质的重要工具，提供了高的流体动力学分辨率，可以准确测定蛋白质样品的沉降系数。

生物大分子如蛋白质、脂蛋白、核糖体和病毒等的沉降系数 s 通常介于 $1\times10^{-13}\sim2000\times10^{-13}\,s$。为纪念 1924 年 Svedberg 首次提出沉降系数的概念，人们将 $10^{-13}\,s$ 定义为 1 个沉降系数单位，命名为 Svedberg，单位符号为 S，是描述分子大小的相对衡量标准。例如，核糖体（核蛋白体）由 rRNA 与蛋白质所构成，原核生物 70S 核糖体由 50S 大亚基与 30S 小亚基所组成，真核生物 80S 核糖体由 60S 大亚基与 40S 小亚基所组成，其中的 S 即代表沉降系数。注意，整个核糖体的 s 数值小于大、小亚基的 s 数值之和，因为大、小亚基结合形成完整的核糖体以后总体积缩小。沉降系数还常用于表征病毒颗粒、RNA 分子及蛋白质分子的大小，如人血红蛋白的沉降系数为 4.46S，即 $4.46\times10^{-13}\,s$。

AUC-SV 可以根据样品池中离心边界运动速率的比值来测量沉降系数。在 AUC-SV 实验中，可以使用多种处理方法来确定蛋白质尺寸分布，包括时间导数方法 $g^{*}(s)$ 和最小二乘法直接边界建模的 $ls\text{-}g^{*}(s)$ 方法。这些方法旨在研究组分的表观沉降系数分布，以便得出蛋白质的大小和聚集状态。研究表明，具有 Lamm 方程解 $c(s)$ 分布的建模法表现出最高的分辨率和灵敏度。$c(s)$ 方法需要对尺寸相关的扩散系数 D 进行估计，通常需要以所有组分的重均摩擦比的形式或以主要物种的摩尔质量的先验知识。将重均摩擦比对拟合分子量的影响作为直接边界模型，使计算的 $c(s)$ 分布可以与非线性回归相结合，进而优化实验参数，例如准确的弯液面位置和重均摩擦比。虽然 $c(s)$ 模型在计算上较为复杂，但它具有更高分辨率和灵敏度，因此是利用 AUC-SV 分析蛋白质沉降系数的最佳选择。利用 $c(s)$ 模型分析可以获得溶液中蛋白质样品的沉降系数分布，直观分析样品的聚集状态。如从 BSA 在经过 SEC 分离前后的实验和拟合 AUC-SV 结果曲线中可以看出，在分离前，样品具有三种不同的聚合状态，经 SEC 分离后只存在单体状态的 BSA（图 3.5；Ebel et al.，2021）。

扩散系数本身提供了关于溶质颗粒的大小和形状的信息，同时也可以有效表征蛋白质、核酸等生物大分子。获得扩散系数的方法包括光散射法、中子散射法和 AUC 等。AUC 可以利用沉降速度实验或合成边界实验测定扩散系数。沉降速度实验利用 Lamm 方程和爱因斯坦-斯托克斯方程，通过 SEDFIT 软件进行解析；而合成边界实验则在当转子达到 4000～6000rpm 时，对样品在不同

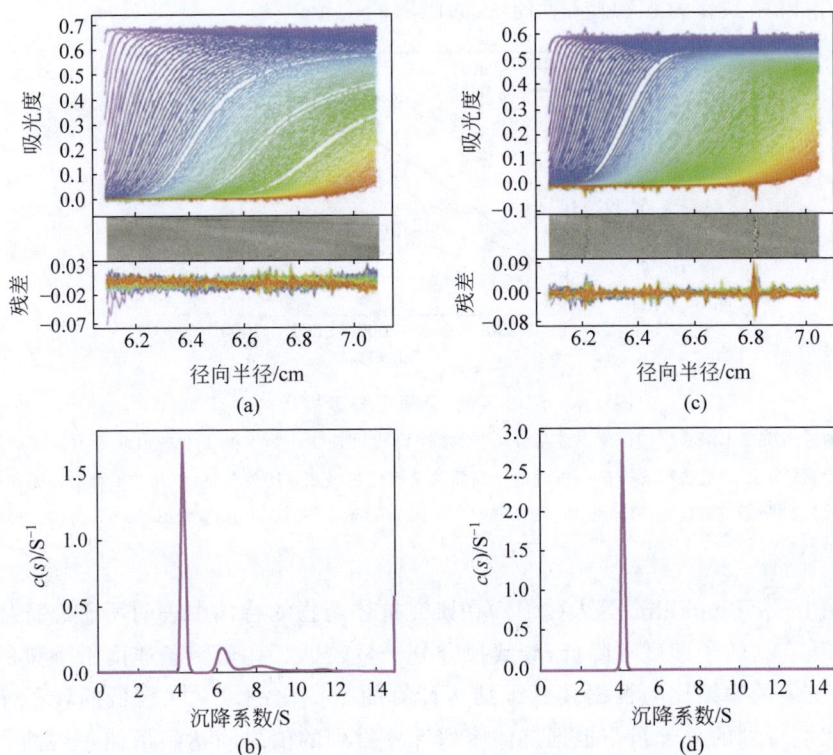

图 3.5 BSA 样品的 $c(s)$ 分析

(a)和(b)BSA 样品经 SEC 分离前的沉降曲线和沉降系数分布拟和结果。(c)和(d)经 BSA 样品经 SEC 分离后的沉降曲线和沉降系数分布拟和结果。在 280nm、20℃和 42 000rpm 条件下实验,使用两通道 12mm 中心件,对 350min 内收集的前 100 个图谱进行分析。授权引用自 Ebel 和 Birck(2021)© Springer Nature 2021

时间的状态进行扫描,然后对数据进行数值微分来测量平台区的浓度和边界处的浓度梯度,最终计算得到扩散系数。

3.2.3 流体力学性质与形状信息分析

根据 Lamm 方程可知,沉降系数和扩散系数、蛋白质分子量、摩擦比之间都有直接联系。蛋白质分子的摩擦系数取决于颗粒的大小,与球形粒子的半径 R 成比例,随着偏离球面而增大。对于椭球体,f 随着轴比的增加而增加,并且长(细长)椭球体比扁(扁平)椭球体增加得更多。传统上,人们通常会将测得的摩擦系数 f 与基于光滑球体模型 f_0 的分子量和比体积计算的摩擦系数进行比较。球状蛋白质的摩擦比 f/f_0 接近 1.2,并且由于不对称性和膨胀(如在盐酸胍中展开为无规螺旋)而增加。图 3.6 是水溶液中具有一定摩擦比范围的蛋白质的沉降系数作为颗粒质量和形状的函数的例子。

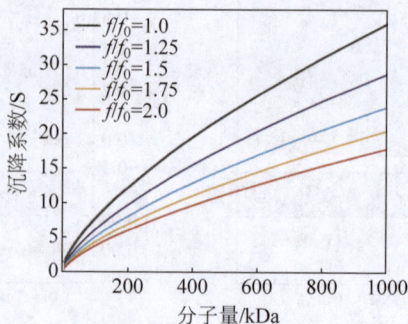

图 3.6　沉降系数、分子量与摩擦比的关系

图示为蛋白质在水溶液中的沉降系数与分子量、摩擦比的相关性。$f/f_0 = 1.0$ 的曲线表示给定质量和密度的颗粒可能的最快沉降速度。折叠的蛋白质的摩擦比超过 2.0 比较罕见（但并非不可能），比如蠕虫状链或杆状颗粒（如核酸和染色质阵列）的摩擦比会更高。授权引用自 Schuck 等（2016）© CRC Press 2016

　　ElenaKrayukhina 等人（2012）在研究抗体药物的特性中表明所研究抗体的摩擦比在高转子速度下降低，导致拟合分子量较低。在低转子速度下测量的单克隆抗体的摩擦比与根据其三维结构计算的摩擦比一致。在较低的转子速度下，实测得到的分子量与根据抗体序列计算得到的值之间达到最佳一致性。此外，人血清白蛋白的 AUC-SV 分析也具有同样的规律，摩擦比和表观分子量均呈现出速度依赖的特性。

　　除摩擦比外，蛋白质的形状信息还包括斯托克斯半径，轴长比等。斯托克斯半径是指分子或颗粒在流体中受到黏滞阻力作用时，沉降速度与其尺寸相关的物理量，在生物化学和生物物理领域中通常用于描述蛋白质、聚合物、颗粒或微粒的大小，反映它们在流体中移动的速率和受到的阻力。轴长比是用于描述蛋白质分子在空间中的延展程度的参数，它表示蛋白质分子长轴与短轴之间的比率。其中长轴是蛋白质分子的最长尺寸，短轴则是最短尺寸；轴长比可以用以表征蛋白质分子的整体形状，如果轴长比接近于 1，意味着蛋白质分子形状呈球状或类似正圆柱体，分子在三维空间中具有较为均衡的尺寸；如果轴长比大于 1，蛋白质分子可能呈现椭圆形或类似于长方体，形状更加延展；反之，如果轴长比小于 1，蛋白质分子可能较为扁平。轴长比的计算通常基于蛋白质分子的结构数据，例如 X 射线晶体学或核磁共振结构来确定，这一参数对于理解蛋白质分子的形状、结构特征及其在生物学功能中的作用非常有价值。褚文丹等人（2016）利用 AUC 研究了拟南芥蛋白激酶 SnRK2.6 末端多聚酸性氨基酸序列对蛋白溶液性质的影响，并将多聚酸性氨

基酸序列连接至拟南芥 PYL10 分子末端进行分析。确认了 SnRK2.6 蛋白在溶液中以单体形式存在,多聚酸性氨基酸序列会引起分子轴长比增加,水合半径增大,尺寸排阻色谱洗脱体积明显变小,因此利用尺寸排阻色谱法判断蛋白质分子在溶液中的聚合状态需要非常谨慎。后续研究通过在 SnRK2.6(1-332) 的碳端添加重复的酸性氨基酸,发现随着氨基酸 D 和 E 的逐渐增多,蛋白质的洗脱体积明显变小,斯托克斯半径变大,而蛋白质的聚集状态和二级结构没有改变。SnRK2.6(1-332)-10pDE 的洗脱体积比 SnRK2.6(1-332)-10pGS 减少 0.58mL,斯托克斯半径增加 0.29nm、简化扁平椭球模型轴长比 a/b 增加 1.27、简化扁长椭球模型轴长比 a/b 增加 1.09。可以推断酸性氨基酸序列结构比较松散,能结合更多的水分子,进而使蛋白质分子的斯托克斯半径变大,形状更加偏离球形。

3.3　在膜蛋白研究中的应用

3.3.1　膜蛋白基本特性

膜蛋白是一类与细胞质膜或细胞器膜相结合的蛋白质,可以通过跨过或部分嵌入磷脂双分子层等多种方式与膜结合,是生物膜基本结构的重要组成之一,也是细胞多种重要生理功能的执行者。膜蛋白占蛋白质组的 $20\%\sim30\%$,在多种细胞功能中起着至关重要的作用,如调节跨膜离子运输、感知和传递化学或电信号、介导细胞附着、调节膜脂组成等。根据与膜脂的结合方式以及在膜中的位置,膜蛋白分为:内在膜蛋白或整合膜蛋白,外在膜蛋白或外周膜蛋白,脂锚定膜蛋白,如图 3.7 所示。

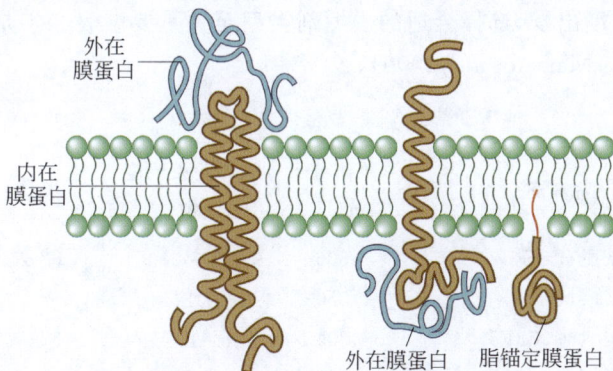

图 3.7　膜蛋白分类与示意图

膜蛋白是目前药物设计的重要靶点，预估占目前药物靶点的 60% 以上。而目前已批准的药物中，约有 35% 靶向同一类膜蛋白，即 G 蛋白偶联受体（G protein-coupled receptors，GPCR）。因此，研究膜蛋白对生物医学至关重要（Seddon et al. ，2004；von Heijne，2007；Pandey et al. ，2016；Errey et al. ，2020；Jawhari，2020）。然而由于膜蛋白在溶液中的稳定性较差，膜蛋白的研究面临着许多困难（Seddon et al. ，2004）。由于 AUC 基于严格的流体动力学和热力学理论，随着相关数据分析软件的飞速发展，AUC 技术在膜蛋白研究中发挥了非常重要的作用。

3.3.2　指导膜蛋白纯化

膜蛋白研究的首要任务是获得膜蛋白，即膜蛋白的分离纯化。纯化膜蛋白的困难一方面在于膜蛋白表达水平低，另一方面是膜蛋白通常不溶于水溶液，需要存在于满足其高疏水性的环境中。引入去垢剂系统可以很好地解决第二个难题。去垢剂是两亲性分子，可以描述为连接疏水性尾部的亲水性头部。在临界胶束浓度（critical micelle concentration，CMC）以上，溶液中除了去垢剂单体外，还存在去垢剂分子的胶束。高浓度的去垢剂（高于 CMC）只要具有合适的亲水-疏水平衡，就可以从膜中提取膜蛋白（Ebel，2011）。去垢剂有多种选择：糖苷类，如十二烷基-β-D-麦芽糖苷（DDM）、n-辛基-β-D-葡糖苷吡喃葡糖苷（OG）；胺氧化物，如月桂酰胺丙基胺氧化胺（LAPAO）；乙二醇类，如辛乙烯二醇单正十二烷基酯（$C_{12}E_8$）、曲拉通 X-100；胆固醇类，如 3-[3-(胆酰胺丙基)二甲氨基]丙磺酸内盐（CHAPS）等。大多数去垢剂价格很昂贵。另外，在筛选潜在去垢剂时，其 CMC 指标也非常重要，因为当单体浓度达到 CMC 时，去垢剂从分散状态转变为胶束结构，此时是提取膜蛋白所需的最低浓度。因此，从成本和效率的角度出发，选择合适的去垢剂类型至关重要。表 3.1 是一些常见去垢剂的信息（le Maire et al. ，2000）。

表 3.1　一些常见去垢剂信息

去 垢 剂	单体分子量（Da）	临界胶束浓度（mol/L）	聚集数	偏比容（cm^3/g）
四聚乙二醇单辛醚（C8E4）	306	$7 \sim 8.5 \times 10^{-3}$	82	—
五聚乙二醇单辛醚（C8E5）	350	$4.3 \sim 9.2 \times 10^{-3}$	—	0.993
六聚乙二醇单十六醚（C8E6）	394	1×10^{-2}	32	0.963
六聚乙二醇单癸醚（C10E6）	422	9×10^{-4}	73	—
六甘醇十二烷基醚（C12E6）	450	8.2×10^{-5}	105	0.989
八甘醇单十二烷基醚（C12E8）	538	9×10^{-5}	$90 \sim 120$	0.973

续表

去垢剂	单体分子量(Da)	临界胶束浓度（mol/L）	聚集数	偏比容（cm³/g）
六聚乙二醇单十六醚(C16E6)	506	1.3×10^{-6}	2400	—
十六烷基聚氧乙烯醚-9(C16E9)	638	2.1×10^{-6}	280	—
1-肉豆蔻-sn-甘油-3-磷酸胆碱(C14：0lysoPC)	468	9×10^{-5}	—	0.97
1-棕榈-RAC-甘油-3-胆碱磷酸(C16：0lysoPC)	496	1×10^{-5}	—	0.976
3-[(3-胆酰胺丙基)二甲基氨基]-1-丙磺酸盐(CHAPS)	615	$3\sim10\times10^{-3}$	4～14	0.81
环己基-正己基-β-D-麦芽糖苷(CYMAL-6)	509	5.6×10^{-4}	63	—
1,2-二庚酰-Sn-甘油-3-磷酰胆碱(di-C7:0 PC)	482	$1\sim1.4\times10^{-3}$	42～200	0.888～0.925
N,N-二甲基十二烷胺-N-氧化物(DDAO)	229	2.2×10^{-3}	69～73	1.128～1.134
N-十二烷基-N,N-二甲基铵丁酸盐(DDMAB)	300	4.3×10^{-3}	47	1.07
正癸基-β-D-麦芽糖苷(DM)	483	2.2×10^{-3}	—	—
正十二烷基-β-D-麦芽糖苷(DDM)	511	1.8×10^{-4}	110～140	0.81～0.837
十二烷基磷酸胆碱(DPC)	352	1.1×10^{-3}	50～60	0.937
6-O-(N-庚甲酰)-甲基-α-D-葡萄糖苷(HECAMEG)	335	1.95×10^{-2}	92	—
月桂酰胺丙基氧化胺(LAPAO)	302	3.3×10^{-3}	—	1.067
n-辛基-β-D-葡糖苷吡喃葡糖苷(OG)	292	$1.9\sim2.5\times10^{-2}$	90	0.859
3-(N,N-二甲基十二烷基铵)丙烷磺酸盐(zwittergent 3-12)	336	$1.4\sim4\times10^{-3}$	55～87	—
3-磺丙基十四烷基二甲基铵(zwittergent 3-14)	364	$1\sim60\times10^{-4}$	83～130	—
卢布若尔 PX	620	1×10^{-4}	100	0.958
卢布若尔 WX	1000	4×10^{-6}	90	0.929
曲拉通 X-100	625	2.5×10^{-4}	75～165	0.908
曲拉通 X-114	540	2×10^{-4}	—	0.869
曲拉通 N-101	670	1×10^{-4}	100	0.922

去 垢 剂	单体分子量（Da）	临界胶束浓度（mol/L）	聚集数	偏比容（cm³/g）
吐温 20	1320	$0.7 \sim 1.2 \times 10^{-5}$	60	0.896
2-O-月桂基蔗糖	524	6.5×10^{-4}	—	—
脱氧胆酸	393	3×10^{-3}	22	0.778
胆酸	409	1×10^{-2}	4	0.771
牛磺脱氧胆酸	500	1.3×10^{-3}	20	0.75
甘氨胆酸	466	—	6	0.77
十二烷基硫酸钠	288	$1.2 \sim 7.1 \times 10^{-3}$	$62 \sim 101$	0.863

利用 AUC-SV 可以对膜蛋白溶液样品的状态进行初步研究，进而选择合适的去垢剂种类和浓度进行下一步实验。研究人员对从大肠杆菌中纯化的膜蛋白 TmrA 进行分析，结果表明，三种温和型非离子去垢剂 OG、曲拉通 X-100 和 DDM 对于 TmrA 的纯化和表征有明显的区别（Li et al.，2021）。短链的 OG 可能导致蛋白质变性并沉积在 Ni-NTA 树脂上，亲和层析后目的蛋白产率较低；中长链的曲拉通 X-100 可以有效地从其天然生物层中提取 TmrA 但其强紫外吸收的特性干扰了蛋白样品的表征分析，无法准确判断聚合状态；只有具有较长链的 DDM 在膜蛋白 TmrA 的分离纯化以及性质研究中效果最好。实验结果还表明，目的蛋白 TmrA 的聚集状态与 DDM 的浓度有关，在 DDM 浓度为 10 倍于其 CMC 的条件下纯化得到的 TmrA 样品更均匀。纯化得到目的蛋白后补加高浓度 DDM 可以改善样品的均一性，使 TmrA 在 AUC 沉降系数分布中得到较好的结果，但这两种方法得到的样品生物活性是否类似仍有待进一步确定。该研究提出了一种低成本、高效益纯化膜蛋白 TmrA 的方法，展示了 AUC 在样品制备过程中对蛋白质行为表征的作用，即利用 AUC 可以为优化蛋白质纯化提供有效帮助。

3.3.3 膜蛋白-去垢剂复合物分析

去垢剂作为研究膜蛋白的重要工具，对蛋白质的分离和纯化起着至关重要的作用，同时在膜蛋白重结晶方面也有重要价值。过去的研究中，有学者通过 AUC-SE 研究不同的去垢剂，这要求去垢剂有紫外吸收，或者使用微量荧光染料进行监测，不能满足对膜蛋白与去垢剂的进一步研究。如果膜蛋白-去垢剂复合物具有不同的光谱特性，那么在 AUC-SV 中使用不同的光学检测方法，如紫外检测和干涉检测，理论上可以表征膜蛋白与去垢剂构成的多组分系统，这是当前的一个研究方向。利用 AUC-SV 方法结合紫外检测和干涉检测对样品大小及分布进行分析,可能得到与蛋白质结合的去垢剂分子数量。这是因为去垢剂和蛋白质的吸收率不同：大多数去垢剂在 280nm 处没有明显吸收,而干涉检测可以检测膜蛋白-去垢剂复合体的浓度(Salvay et al.,2006)。

膜蛋白溶液实际上是复杂的多组分系统,去垢剂胶束和蛋白质-去垢剂复合物共存于溶液中。利用 AUC-SV 技术结合大分子的沉降轨迹和热力学定律,可以对膜蛋白系统进行研究。再通过对吸收光与干涉光同时检测,能更全面和准确地了解蛋白质溶液的均一性、蛋白质的分子量、聚合状态、去垢剂与膜蛋白的化学计量比等信息(Lebowitz et al.,2002；Le Roy et al.,2015)。对于没有明显紫外吸收的去垢剂体系,可以通过紫外光检测结果得到膜蛋白的含量,也可以通过干涉光检测结果得到复合物的含量,再结合蛋白和去垢剂本身的性质,即可分析得到去垢剂与蛋白分子的比例,然后根据公式可以分析得到复合物的偏比容,进而拟合得到复合物的分子量。

$$M_{pd}(1-\upsilon_{pd}\rho_0) = M_p(1-\upsilon_p\rho_0) + M_p\delta_d(1-\upsilon_d\rho_0) \qquad (3.1)$$

其中,M_{pd} 是蛋白质-去垢剂复合物的分子量,υ_{pd} 是蛋白质-去垢剂复合物的偏比容,ρ_0 是溶液密度,M_p 是蛋白质的分子量,υ_p 是蛋白质的偏比容,δ_d 表示蛋白质-去垢剂的结合情况,单位为 g/g,即每克蛋白质结合的去垢剂质量,υ_d 是去垢剂的偏比容。

在药物转运蛋白 TmrAB 的分析中,研究者通过 SEC 方法分析得到膜蛋白 TmrAB 复合物表观分子量为 298.03kDa,无法确定聚合状态。因此采用分析超速离心方法对 TmrAB 进行分析,同时收集紫外 280nm 吸收和干涉光数据,先后利用 SEDFIT 软件的 $c(s)$ 模型和 GUSSI 软件的膜蛋白处理模块处理数据。在 GUSSI 软件中,导入 $c(s)$ 分析结果,选择固定摩擦比的模型,依次填写实验参数,包括蛋白质消光系数(ε)、偏比容(υ)、理论分子量(M)、比折光指数增量(dn/dc)(已知的蛋白序列在 SEDFIT 软件中获得)、去垢剂相关参数(查阅文献获得)和摩擦比(通过 $c(s)$ 拟合得到)。SEDFIT 软件分析发现,TmrAB 在 0.08%DDM 浓度下与去垢剂 DDM 的复合物沉降系数为 8.25S,峰宽较窄,说明在此条件下 TmrAB 聚合状态均一；通过 GUSSI 软件分析得到去垢剂与蛋白质复合情况为 1g TmrAB 结合 0.396g DDM,DDM 与 TmrAB 的化学计量比为 116：1,TmrAB 拟合分子量 150.2kDa,复合物的分子量为 209.7kDa,证明膜蛋白 TmrAB 在 0.08% DDM 溶液中以异二聚体的单体形式存在。实验表明 SEC 在测定膜蛋白分子量和判断聚合状态中具有一定的局限性,这一方面是由于去垢剂与蛋白的结合遵从一定的比例,复合物的理论分子量难以计算,另一方面是由于膜蛋白质分子与去垢剂结合后的形状会影响其在 SEC 中的洗脱位置,导致计算得到的分子量与实际分子量有很大出入。AUC 可以从以下两方面解决膜蛋白分子量和聚合状态的测定问题：首先，AUC-SV 测定分子量是检测粒子的沉降过程，利用 Svedberg 方程和 Lamm 方程进行计算得到的绝对分子量，不需要标准蛋白校正；其次，在进行膜蛋白分子量的测定时，AUC 可以同时检测紫外光信号和干涉光信号，分析得到去垢剂和膜蛋白的化学计量比，计算膜蛋白以及复合物的分子量，进而判断膜蛋白的聚合状态（褚文丹等，2018）。

3.3.4　膜蛋白分子量测定

AUC-SE 是测定去垢剂中膜蛋白分子量的有效方法，其主要优点是可以进行分子量的直接测定。如果膜蛋白分子发生可逆结合，在去垢剂溶液中形成低聚复合物，AUC-SE 还可以用来确定结合平衡常数。膜蛋白分子量的测量具有一定挑战性，这是因为膜蛋白在生物体内存在于生物脂质双分子层的各向异性、化学异质性环境中，体外研究膜蛋白需要在疏水溶剂下进行处理，其中绝大多数研究都是在去垢剂溶液中。但是去垢剂的引入给分析带来了复杂性，去垢剂的结合明显提高膜蛋白复合物的总质量，且影响整个复合物的形状，因此需要将膜蛋白的质量贡献与去垢剂的质量贡献分开。所以经典的密度匹配策略被引入来分析分散在去垢剂溶液中的膜蛋白复合物，以确定它们的分子量、相互作用和化学计量学信息等（Fleming，2008）。

许多 AUC-SE 实验的主要目标是确定膜蛋白相互作用的平衡常数。由于聚合后的蛋白质复合物也可能结合二倍的去垢剂分子，如果要考虑每个低聚复合物的去垢剂结合情况，则有太多的参数需要确定。而密度匹配策略则可以最大限度地减少去垢剂对所有蛋白质寡聚态的有效作用，避免这种复杂性，进而可以像分析水溶液中的可溶性蛋白质一样分析和解释膜蛋白质-去垢剂复合物。密度匹配策略主要是通过调整实验条件，使溶剂密度等于蛋白质-去垢剂复合物中结合的去垢剂分子的有效密度。当实现密度匹配时，无论结合了多少去垢剂，结合的去垢剂对实验得到的分子量的有效贡献都变为零，并且去垢剂对由离心作用产生的离心场基本不可见。因而可以用分析可溶蛋白质的方式分析膜蛋白数据，单独根据蛋白质质量贡献进行解释。

需要注意的是，只有当使用重水调节溶剂密度时，密度匹配策略才能以这种直接的方式工作，如果通过添加其他溶剂（例如蔗糖）来调节溶剂密度，可能导致水或额外的溶剂在蛋白质表面优先结合和/或排斥，这种情况需考虑它们对分子量的贡献。也就是说增加溶剂密度的溶剂实际上虽然能与结合的去垢剂溶液密度相匹配，但它们同时由于自身的结合和水的优先结合而引入质量不确定性。然而，只使用重水作为密度匹配剂意味着可以与这种策略一起使用的去垢剂是有限的。纯 D_2O 的密度为 $1.1g/mL$，去垢剂的偏比容必须在 H_2O 和 D_2O 之间，即大于 0.9 且小于 1。有几种去垢剂的密度可以与 D_2O 相匹配，这些去垢剂在评估膜与蛋白质相互作用方面非常有用。如利用中性的五氧乙烯辛基醚(C8E5)分析糖蛋白 A(GpA)跨膜螺旋二聚的能量学以及人 ERBB 跨膜结构域。在含 $20mmol/L$ 磷酸钠、$200mmol/L$ NaCl 的 pH7.0 缓冲液中，C8E5 不需要添加 D_2O，并且仅与缓冲盐相匹配。两性离子 3-(N,N-二甲基十四烷基铵)丙磺酸酯($C_{14}SB$)在关于结肠癌激酶跨膜螺旋结构域二聚体化等工作中得到了使用，在含有 $200mmol/L$ KCl 的 $20mmol/L$ Tris 缓冲液中，匹配 $C_{14}SB$ 的密度需要 13% D_2O。另一种与密度匹配策略一起使用的去垢剂是十二烷基磷胆碱(DPC)，被用来探索天然和设计的跨膜螺旋的相互作用。DPC 需要 52.5% D_2O 来匹配其在 $50mmol/L$ Tris 缓冲液和 $100mmol/L$ NaCl 中的密度。

然而，有些去垢剂，如常用的 DDM 和 β-OG，密度分别为 $1.21g/mL$ 和 $1.15g/mL$，即使使用 $D_2{}^{18}O$ 也不能促进这些去垢剂的密度匹配，尽管严谨的实验加上显著的密度外推有助于这种去垢剂中膜蛋白复合物的质量测定。

3.3.5　膜蛋白纳米盘分析

膜蛋白往往是极好的药物靶点，开发膜蛋白应用领域的主要挑战之一是了解配体结合位点或膜蛋白与配体的相互作用，相关研究的主要限制是膜蛋白的纯化。前面提到从细胞膜中提取膜蛋白极具挑战性，虽然有一系列去垢剂可以辅助纯化膜蛋白，但作为生物膜的模拟物，去垢剂仅适用于一小部分对环境变化不敏感的膜蛋白，更多的膜蛋白纯化和后续研究仍然非常困难。2002 年，Bayburt 等人在前人工作的基础上开发了一种名为纳米盘技术的新方法(Bayburt et al.,2002)。

纳米盘是由膜支架蛋白(membrane scaffold protein)和磷脂分子构成的磷脂双分子层类膜结构，这种特殊的结构将保持生物学活性的膜蛋白整合其中。膜蛋白纳米盘的组装如图 3.8 所示，膜支架蛋白包绕着脂质双分子层从而形成圆盘状的结构，它包含一个朝向内部脂层的疏水面和朝外的亲水面，这一结构使得纳米盘在水溶液中具有很高的溶解度，同时具有非常高的稳定性，可以在没有去垢剂的情况下将膜蛋白稳定在溶液中。膜支架蛋白与去垢剂溶解的脂质和膜蛋白混合，使用吸附剂或透析去除去垢剂，得到空白纳米盘和含有膜蛋白的纳米盘，通过螯合金属亲和色谱法将二者分离，并使用尺寸排阻色谱法进一步纯化得到膜蛋白纳米盘。纳米盘平台可以高效而温和的辅助膜蛋白的提取和保持其构象，为提取出来的膜蛋白提供一个稳定环境使它们发挥正常生理功能，同时该平台能够获得的蛋白纯度更高，已广泛应用于 G 蛋白偶联受体、离子通道蛋白和其他受体蛋白的研究中（Pettersen et al.，2023）。

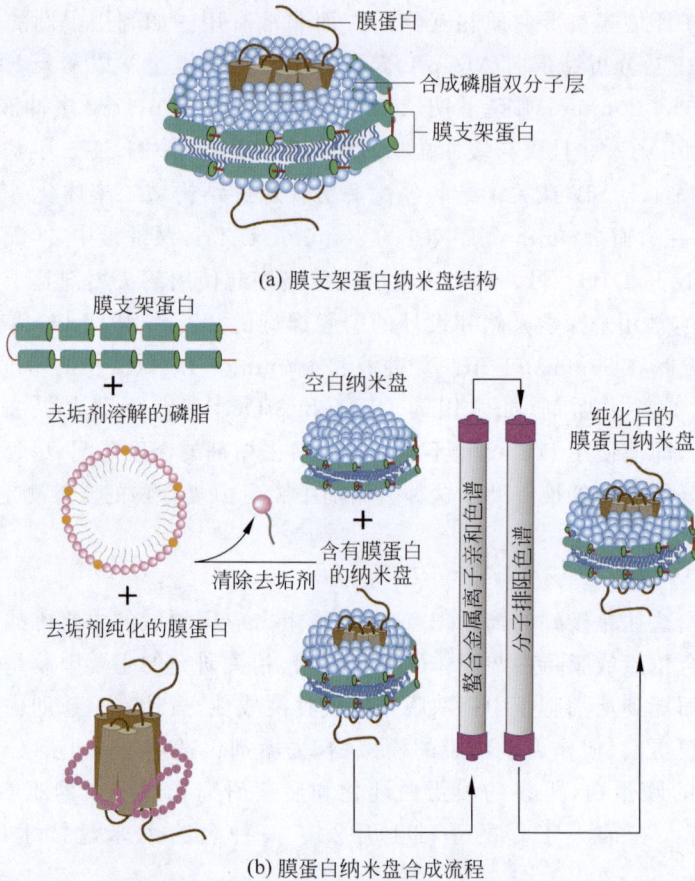

(a) 膜支架蛋白纳米盘结构

(b) 膜蛋白纳米盘合成流程

图 3.8　膜蛋白纳米盘组装示意图

授权引用自 Pettersen 等（2023）© Elsevier Ltd 2023

随着纳米盘技术的广泛应用，许多生物物理学技术用于纳米盘的分析，如研究膜蛋白性质的冷冻电镜、核磁共振技术、质谱，研究膜蛋白与受体相互作用的表面等离子共振技术（surface plasmon resonance）、生物膜干涉技术（bio-layer interferometry）等，AUC 技术也在纳米盘的性质研究中发挥重要作用。与动态光散射相比，用 AUC-SV 来表征各种纳米盘产品可提供更高的流体动力学分辨率；通过同时收集吸光度和干涉光数据，AUC-SV 可以估计每个已解析的沉淀物种的蛋白质与脂质的比率。由于大多数纳米盘由非相互作用的少量或多分散混合物组成，在 SEDFIT 中进行连续 $c(s)$ 分布分析效果显著。AUC-SV 不仅可以区分单体纳米盘和少量聚集体，结合动态光散射来表征空的膜蛋白和组装膜蛋白的纳米盘的制备,除了可以提供沉降系数和斯托克斯半径等参数,还可以帮助确定脂质化学计量。Surya 等人(2023)发现当大肠杆菌水通道蛋白 Z(AqpZ)被重建成被蛋白质支架包围的纳米盘时,可以对其进行结构研究。利用冷冻电镜、质量光度计和 AUC 技术相结合对 AqpZ 进行性质分析发现,当 AqpZ 仅溶解在去垢剂中时,AqpZ 四聚体本身形成尺寸增加的低聚物,与 AqpZ 四聚体的多次堆叠结论一致。当纳米盘不含 AqpZ 或在纳米盘样本准备过程中加入去垢剂不会破坏其形成。与其他水通道蛋白一样,AqpZ 在细胞质(阳性更强)和细胞外侧之间具有电荷不对称性,从而解释了 AqpZ 在纳米盘和去垢剂胶束中的首尾堆叠。

3.4　在蛋白质与生物分子间相互作用研究中的应用

细胞的功能是通过不同种类的蛋白质单独或与其他生物分子相互作用来发挥的,所有生命过程都包含复杂的蛋白质相互作用。蛋白质相互作用在数量和多样性方面非常突出。以往的研究已经证实蛋白质与蛋白质、核酸、多糖以及小分子等多种生物分子发生相互作用,这些蛋白质相互作用网络几乎控制着所有的生物过程,如代谢、信号转导、DNA 修复或基因表达等。生物大分子组装情况也与生物医学相关,因为它们是许多疾病背后扰乱生物分子相互作用的原因。抑制蛋白质-蛋白质相互作用是药物研发中越来越常见的策略。我们只有通过详细的结构描述和动态信息的整合,才能解开它们的功能和作用机制。

AUC 可以实时检测生物大分子在离心力作用下浓度分布情况,从而根据热力学和流体动力学原理解析出大分子的理化性质,包括分子形状、大小、质量、结合化学计量、结合能量和分子热力学非理想性等性质。各组分在离心场作用下分离,但它们仍处于同一力场中,并不是被洗脱到不同的组分中再进行检测,因此,在 AUC 实验中有时需要一些样品成分的先验知识来识别新的相互作用。AUC-SV 和 AUC-SE 均可应用在蛋白质与生物分子间相互作用的研究中。AUC-SV 通过对样品在不同浓度下测得的沉降系数分布对结果进行分析,随着样品浓度的变化,沉降系数出现明显偏移,说明在沉降过程中有相互作用。与 AUC-SV 相比,AUC-SE 在蛋白质与生物分子相互作用研究中的应用时间更久,其明显优势在于可以同时记录不同浓度、不同转速下的样品平衡情况,进行全局分析拟合,得到更准确的测试结果。在 AUC 设备中加入荧光检测系统可以大幅扩展测量范围,可用于分析解离平衡常数(K_D)在纳摩尔每升甚至皮摩尔每升量级的蛋白质-蛋白质相互作用。此外,具有荧光检测功能的 AUC 可检测天然类复杂环境（如血清）中目的蛋白的沉降行为，并分析相互作用。

AUC相比其他相互作用分析技术的优势在于其能够在广泛的溶剂范围内进行研究；不需要标准品校正和标定；不需要标记或将样品固定到基质上，样品在自由溶液中处于天然状态；实验条件属于非破坏性的。

3.4.1　蛋白质与蛋白质相互作用研究

3.4.1.1　AUC-SV的应用

通过使用现代计算策略对沉降过程进行直接建模，可以评估蛋白质样品的同质性/异质性状态，并表征蛋白质相互作用。在AUC-SV实验中，需要监测分子边界在重新分布过程中的移动速率，因此实验通常在非常高的转速下进行，高离心力会使大分子从界面处的弯液面区逐渐沉降下去，形成浓度边界并作为时间的函数向样品池底部传播（Lebowitz et al.，2002）。通过AUC-SV实验对蛋白质相互作用进行研究是基于复合物沉降速度更快这一关键原理。AUC-SV实验还能够表征蛋白质复合物形成中涉及的化学计量和结合常数，并提供关于蛋白质自聚集和异质聚合性质的关键信息。此外，因为沉降现象取决于分子的流体动力学特征，AUC-SV实验还可以提供关于蛋白质复合物的低分辨率结构和构象变化的数据（Balbo et al.，2005）。

与DLS和SEC等其他流体动力学技术相比，AUC-SV具有更高的流体动力学分辨率和更宽的蛋白质分子量范围，分别对应于肽和大分子复合物，分子量从几百道尔顿到数亿道尔顿。此外，低于1%的杂质或聚集体的存在可以使用AUC-SV进行量化。AUC-SV还可以通过确定控制相互作用的平衡常数和大分子复合物的大小来帮助理解大分子组装体。AUC-SV实验可以分别将单独的蛋白和蛋白复合物在相同条件下进行离心沉降，根据沉降系数、分子量的变化，判断相互作用是否发生，调整复合物中不同蛋白质的比例，还可以获得相互作用的化学计量比和解离常数 K_D。

混合物体系中复合物的化学计量比可以使用不同的关联模型从拟合的分子量信息中推导出来，因此可能需要同时采集多种信号，通过混合物中不同组分的光谱特征去研究其各自的沉降系数分布，然后进行全局分析，得出各个组分在混合物中的比例。Gabir等人（2023）使用多波长和单波长AUC，研究了NET-1和UNC-5B的复合物的形成，结果表明，NET-1处于单体-二聚体平衡状态并形成一种pH敏感的二聚体，以反平行方向相互作用。UNC-5B可以与单体和二聚体NET-1形成物质的比为1∶1的NET-1+UNC-5B杂环复合物。

解离常数需要结合不同浓度样品的沉降系数分布推导，并与异质结合模型拟合，才能得到大分子复合物的解离常数和沉降系数。由于三种光学检测器的可用性及其不同灵敏度，AUC-SV 可以探索的结合亲和力动态范围从皮摩尔每升到毫摩尔每升量级。其中荧光检测系统可以研究皮摩尔每升量级浓度下的蛋白质相互作用。AUC-SV 在相互作用的大分子研究中有两个显著的优势：一是相对较高的流体动力学尺寸分辨率允许检测游离的和结合后的样品，二是解离复合物可以在沉降过程中以反映其平衡和动力学性质的方式重新结合。分析 AUC-SV 数据以获得相互作用的大分子之间的结合常数的标准方法是 Lamm 方程拟合和基于 $c(s)$ 的等温分析。实际上，动力学结合常数的测定需要在对应 1/10 至 10 倍 K_D 范围的浓度下进行多次实验。通常建议采用稀释或滴定两种方案进行 AUC-SV 实验。在样品混合物的稀释方案中，化学计量比是恒定的，可以固定或细化为单个全局参数。在滴定方案中，互作系统中的一种蛋白质保持在较低的恒定浓度，另一样品浓度在比较大的范围内变化。由于稀释方案受杂质的影响较大，因此滴定方案一般作为 AUC-SV 分析蛋白相互作用的首选。

　　AUC-SV 方法分析蛋白质相互作用需要建立浓度对应沉降系数分布的等温图，第一步是对所有浓度下的 SV 数据进行 $c(s)$ 分析。$c(s)$ 分析可以应用于缓慢和快速交互的系统。对于缓慢相互作用的系统，边界模式直接反映了不同物种的种群，这通常可以通过流体动力学来解决。在 A＋B 型双分子相互作用形成具有 s 值的 AB 复合物的情况下，使得 $s_A < s_B < s_{AB}$，将观察到三个边界，分别对应于组分 A、组分 B 和复合物 AB。对于解离速率常数 $>10^{-3} s^{-1}$ 的快速相互作用的系统，其反应将在沉降过程中继续进行，通常需要几个小时。复合物将在沉降过程中解离和重新结合，因此不会作为单一物质沉降在额外的边界中，沉降过程中的结合解离最多产生两个边界：一个总是以组分 A 或组分 B 的 s 值沉降，称为未扰动边界；另一个处于 s_B 和 s_{AB} 之间的成分相关 s 值，称为反应边界。所有沉降组分的积分被称为信号加权平均沉积系数 s_w，它与相互作用系统的整体沉降直接相关，与相互作用的动力学无关。当积分仅包括反应边界时，该结果被称为 s_{fast}，指的是快速沉降组分的沉降系数。由此产生的 s_w 和 s_{fast} 等温线可以与 SEDPHAT 程序中质量作用定律模型相结合来拟合，以确定结合常数和物种大小（图 3.9；Ebel et al.，2021）。

　　小分子通常是指分子量小于 1000Da 的分子，如多肽、植物激素、金属离子、药物分子等。小分子通过诱导蛋白质间相互作用参与多种生命活动，如植物激素调节、信号传导等。植物磺肽素（phytosulfokine，PSK）是一种含两个酪氨酸磺化修饰的五肽激素，在植物体中作为信号分子调节植物的生长发育。Wang 等人（2015）在对植物磺肽素的研究中，通过 SV 实验分别检测了存在或缺失 PSK 的情况下，体细胞胚胎是否发生受体样激酶（SERK）和 PSK 受体激酶（PSKR）异二聚化沉降行为，结果表明 PSK 可以诱导 PSKR 与 SERK 发生异源二聚。

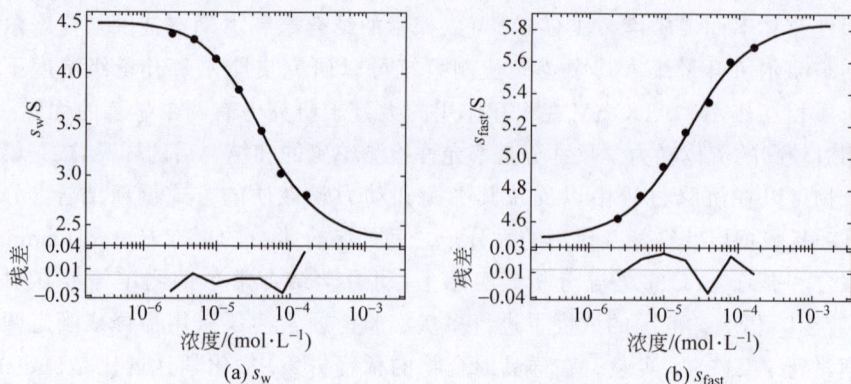

(a) s_w　　　　(b) s_{fast}

图 3.9　沉降系数 s_w 和 s_{fast} 的结合等温分析

s_w 的等温分析来源于所有 $c(s)$ 峰的积分，而 s_{fast} 仅来源于对应于反应边界的快速 $c(s)$ 峰。在 SEDPHAT 中使用 A＋B 模型对这两组等温分析进行全局拟合，得到了 $20\mu mol/L$ K_D 的最佳拟合（95%置信区间：$14\sim29\mu mol/L$），以及 $s_A=4.49S$、$s_B=2.36S$ 和 $s_{AB}=5.85S$ 的精确值，这些值初始拟合值和观察到的峰值位置一致。授权引用自 Ebel 和 Birck（2021）© Springer 2021

3.4.1.2　AUC-SE 的应用

AUC 的应用在 20 世纪 70—80 年代有所减少，但在 20 世纪 90 年代，随着对可逆蛋白质-蛋白质相互作用研究的兴起，以及现代化仪器、灵敏的检测系统和新的计算数据分析方法出现，AUC 得以复兴。AUC-SE 是检测和表征蛋白质相互作用的有效方法之一。AUC-SE 的应用包括分析抗体-抗原相互作用、受体-配体相互作用（如与 T 细胞受体、主要组织相容性复合体分子、超抗原、Fc 和 IgE 受体、细胞黏附分子的相互作用，细胞表面受体与细胞因子的相互作用，病毒或细菌蛋白的识别或与小分子的相互作用）、信号转导中的蛋白质复合物，以及其他免疫学上重要的瞬时自身或异质生物分子相互作用及其在化学计量和亲和力方面的表征。AUC-SE 实验可以在不同样品浓度，不同的转速条件下检测蛋白复合物的沉降平衡状态，进而分析获得蛋白相互作用的亲和力常数。由于 AUC 具有在自由溶液中分析相互作用系统复合物信息的独特能力，经常可以与其他生物物理技术结合使用，例如等温滴定量热法、动态光散射、表面等离子共振、核磁共振和 X 射线晶体学，共同研究蛋白质与生物大分子相互作用。

AUC-SE 分析在稀释溶液中进行，通常在单个实验中研究 $10\sim1000$ 倍的浓度范围，同时在样品池的每个位置和所有浓度下保持物种之间的化学平衡。AUC-SE 研究的大分子及其配合物的分子量在 $10^3\sim10^7$Da，仅受所能达到的转子速度限制。而对于相互作用系统的分析则受限于在相互作用平衡常数范围内能够进行的可靠浓度测量范围。对于 $K_D<0.01\mu mol/L$ 的相互作用，沉降实

验可以给出复合物分子量的精确值,从而分析得到化学计量比。对于 $K_D >$ $100\mu mol/L$ 的相互作用或在存在异源混合物的情况下,AUC-SE 可提供混合物的重均分子量,且不具有浓度依赖性。对于处在这两个极限之间的相互作用系统,AUC-SE 也可提供重均分子量,但具有浓度依赖性,可用于评估系统的平衡常数。当然,有许多方法可以扩大可靠浓度测量范围。以一个分子量为 50kDa, 280nm 下摩尔消光系数为 $50\,000 L \cdot mol^{-1} \cdot cm^{-1}$ 的蛋白为例,在 280nm 测量波长,12mm 样品池的测试条件下,可靠浓度测量范围为 $1.66 \sim 13.3\mu mol/L$。但在更短的波长(230nm)下,因为肽键的吸收率提升而提高了整体消光系数,可将检测下限扩展到 $0.5\mu mol/L$。另外,使用光程较短的(3mm)中心件,可将检测上限提高到 $50\mu mol/L$,在此基础上,如果在波长为 250nm 或 295nm 的远离吸光峰值处收集数据,检测上限提升到 $150\mu mol/L$(Taylor et al. ,2004)。

AUC-SE 对蛋白质相互作用的研究要求蛋白质纯度大于 95%。需要注意的是,SDS-PAGE 对纯度的评估通常是不够的,因为 SDS-PAGE 可能检测不到染色不良的蛋白或凝胶大小范围外的小肽或高聚体,污染性小肽的存在对 AUC-SE 的分析影响很大。建议将 SEC 作为最后的制备步骤或 AUC 实验前的附加步骤,以确保得到性质足够好的样品。通常情况下,在 AUC-SE 实验之前进行 AUC-SV 实验,以评估样品的纯度并获得有关蛋白质相互作用的额外信息,如测定样品的物种数量和大致分子量。

在离心过程中,大分子在离心场中某径向位置达到平衡,样品池中单个理想沉降的蛋白质的浓度分布由玻耳兹曼指数描述:

$$c(r) = c(r_0)\exp\left[M(1-\upsilon\rho)\frac{\omega^2(r^2-r_0^2)}{2RT}\right] \tag{3.2}$$

其中,r 表示距旋转中心的距离,ω 表示转子的角速度,M 和 υ 分别表示蛋白质摩尔质量和偏比容,ρ 表示溶剂密度,T 表示绝对溶液温度,R 表示摩尔气体常数,r_0 表示参考半径(如弯液面)。因此,可以从单个负载浓度获得浓度梯度,并且从梯度的形状可以导出关于蛋白质摩尔质量的信息。

蛋白质的沉降由其浮力摩尔质量 $M_b = M(1-\upsilon)\rho$ 决定,或者在热力学上更正确的形式 $M_b = M(d\rho/dc)$,其中 $d\rho/dc$ 表示蛋白质的密度增量。对于蛋白质相互作用的研究,通常认为蛋白质结合不会导致体系体积变化。因此,复合物的浮力摩尔质量可以计算为所有形成复合物的蛋白质的浮力摩尔重量的总和。对于经蛋白-蛋白可逆相互作用形成 1:1 复合物的两个理想蛋白质 A 和 B,复合物的浮力摩尔质量 M_{bAB} 可以计算为:

$$M_{bAB} = M_{bAB}(1-\upsilon_{AB}\rho) = M_A(1-\upsilon_A\rho) + M_B(1-\upsilon_B\rho)$$
$$= M_{bA} + M_{bB} \tag{3.3}$$

稀溶液中的化学平衡由质量作用定律 $c_{AB} = K_{AB} c_A c_B$ 描述。质量守恒定律在样品池中的所有位置都得到满足(Balbo et al.,2007)。A 和 B 形成具有 $i:j$ 化学计量的一组复合物的可逆相互作用的一般情况下,其沉降剖面可以描述为:

$$c_{tot}(r) = \sum_{\{ij\}} K_{ij} c_A^i(r_0) c_B^j(r_0) \exp\left[(iM_{bA} + jM_{bB}) \frac{\omega^2 (r^2 - r_0^2)}{2RT} \right] \quad (3.4)$$

其中,K_{ij} 表示复合物形成的结合常数。

图 3.10 是利用 AUC-SE 分析蛋白相互作用的示意图。

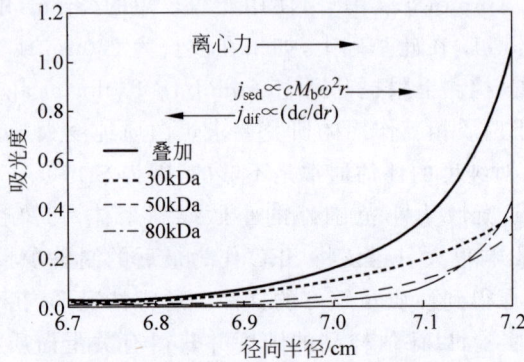

图 3.10   AUC-SE 分析蛋白相互作用示意图

当沉降通量(j_{sed},与局部浓度 c、蛋白浮力摩尔质量 M_b 和局部离心力 $\omega^2 r$ 成正比)和扩散通量(j_{dif},与局部密度梯度 dc/dr 成正比)在溶液柱中的每个点达到平衡时就达到了沉降平衡。这种平衡导致每个样品的浓度呈指数分布,浮力摩尔质量决定了其陡度。在相互作用系统下,可以观察到几个指数的叠加。所示为摩尔质量为 30kDa 和 50kDa 的两种蛋白及其 80kDa 复合物独立及叠加的分布情况。授权引用自 Balbo 等(2007)© John Wiley & Sons 2007

3.4.2   蛋白质与核酸相互作用研究

蛋白质和核酸相互作用发生在整个细胞生命周期内,用于调节控制 DNA 复制、修复、重组、转录和翻译等基本生物过程,使机体及时对外界环境做出应答。蛋白质既能以高亲和力特异性结合某些核酸,又能不加以区分的非特异性结合某些核酸。评价一种蛋白质是否需要特异性的与 DNA 结合而发挥生物学作用需要严格的实验方法来测定蛋白质与核酸的相互作用,并利用精准的计算工具在有意义的分子模型背景下分析数据。

基于 AUC 的分析检测方法在蛋白质与核酸相互作用的研究上同样适用。凭借传统检测系统(吸收检测系统和干涉检测系统)、新开发的荧光检测系统以及精准的数据分析能力,AUC 使研究人员得以在较宽的浓度范围内进行实验,并直接应用一阶物理原理来分析数据。更重要的是,AUC-SV 和 AUC-SE 能够提供严格的流体动力学(分子形状分布)和热力学(平衡时相互作用的强度)信息,可以分析有关蛋白质-核酸相互作用的亚基化学计量和相互作用强度的关键信息。

　　由于蛋白质和核酸在 260nm 和 280nm 处的吸光度存在差异,通过多波长分析技术可以使蛋白质-核酸系统的分析更加容易。多波长分析超速离心(MWL-AUC)将一种极其灵敏的基于流体动力学的分离技术与光谱分离的附加维度相结合,这一增加的维度为溶液中多个相互作用物种的表征开辟了新的途径。Optima AUC 离心机的多波长光学系统可用于测量 190～800nm 的单色光强度,通过测量溶液吸收的光量,可以实时监测每个样品池中溶剂-溶液边界的移动。MWL-AUC 另一个优势是可结合新的数据分析算法和高性能计算,能够对溶液中摩尔吸光系数不同的多个相互作用的组分进行光谱解析。当应用于 RNA 的结构研究时,MWL-AUC 可以通过精确测量 RNA 分子的沉降系数和扩散系数,准确给出 RNA 分子的斯托克斯半径和整体形状,基于光谱解析确定相互作用组分的分子量和化学计量,并利用蛋白质和 RNA 之间的光谱差异来表征它们在生理溶液环境中的相互作用,这种分析可以通过干涉光学器件作为附加信号来进一步改进(Mitra et al.,2020)。

　　由于 RNA 和蛋白质的固有紫外吸收明显不同,因此可以采集在较全面光谱范围内的样品信号(取决于缓冲成分,最多采集 215～300nm 范围),然后通过对每个分子的信号进行反卷积,从同一实验中获得每种成分的沉降行为信息。

　　以模型 RNA 西尼罗病毒负链基因组 RNA30 末端的茎环结构(WNV-RNA)与人类 T 细胞限制性细胞内抗原相关蛋白(hTIAR)之间的相互作用为例:在 MWL-AUC 实验的每次运行中,以不同的化学计量比将 hTIAR 添加到固定摩尔浓度的 WNV-RNA 中,对于每个摩尔浓度比例,产生了以强度(转换为伪吸光度)作为时间,半径和波长函数的四维数据集[图 3.11(a)]。然后使用非负约束最小二乘算法,将四维数据分解为三组单独的吸收成分:RNA、蛋白质和缓冲液[图 3.11(b)]。将缓冲液吸收成分视作时间和半径不变的信号,然后将分离的 RNA 和蛋白质的摩尔浓度随时间的变化绘制为距转子中心径向距离的函数,并分别存储为两个三维数据集[图 3.11(c)]。然后使用 UltraScan 的二维光谱分析,对每个数据集进行初步独立分析,分别报告 RNA 和蛋白质的 s、D 和 $F(f/f_0)$ 值。最后,使用遗传算法蒙特卡罗分析对 RNA 和蛋白质数据集进行全局拟合,以确定不同化学计量比的 RNA 和蛋白质混合物中所有不同的流体动力学组分[图 3.11(d)~(g)]。在 RNA 和蛋白质信号中观察到的流体动力学物质的相同 s 值表明复合物的存在。通过比较这些复合物的摩尔浓度，可以得到 RNA-蛋白质复合物中 RNA 和蛋白质的绝对数量，从而确定它们的比例；然后用这些比例来确定蛋白质和 RNA 对复合物偏比容的贡献，根据沉降系数和扩散系数更精确地预测摩尔质量；最后通过摩尔浓度比和摩尔质量共同确定复杂的化学计量比(Zhang et al.，2017)。

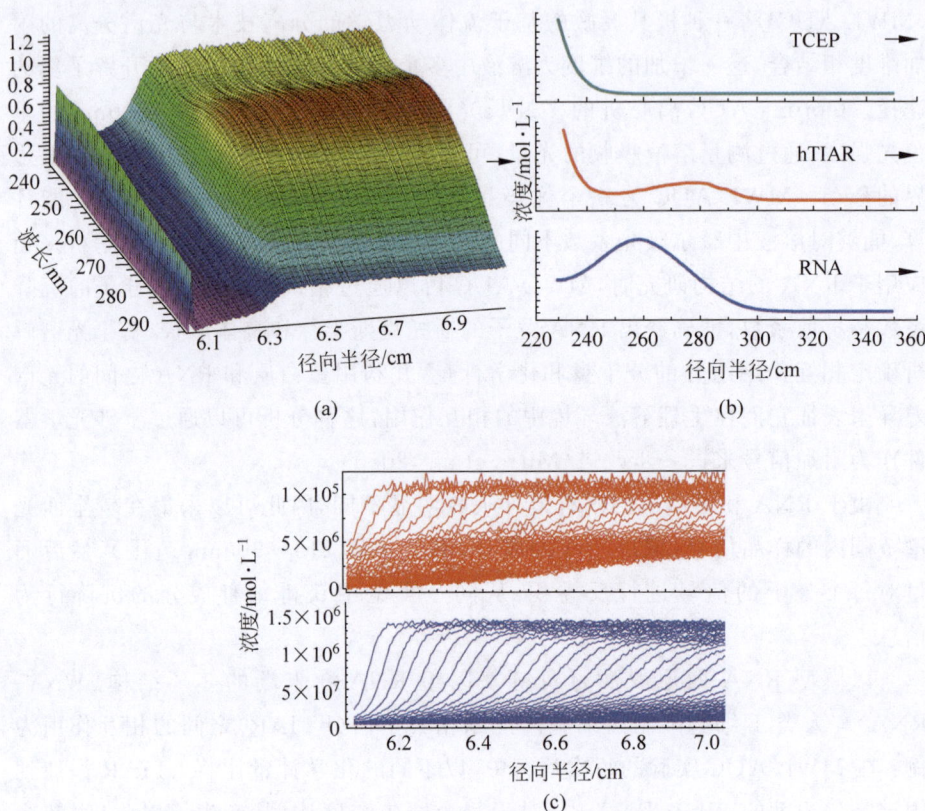

(a)

(b)

(c)

图 3.11　MWL-AUC 数据及其分析

(a) 某一个时间点弯液面在径向范围的左边缘可见，用非负约束最小二乘算法将原始的四维 MWL-AUC 数据分解成它们的频谱成分；(b) 光谱分离的三维数据集；(c) hTIAR 和 WNV-RNA 的浓度随时间的变化绘制为距转子中心径向距离的函数；(d)~(g) 描述了在不同的混合比下从分解的 RNA 和 hTIAR 数据集获得的全局 2DSA 蒙特卡罗模型；(d) 单独的 hTIAR 和 RNA 对照；(e) hTIAR：RNA＝3：1；(f) hTIAR：RNA＝6：1；(g) hTIAR：RNA＝10：1。所有曲线图中虚线为蛋白质数据，实线为 RNA 数据。随着蛋白质浓度的增加，可观察到明显的向形成高分子量复合体的方向转变。

授权引用自 Zhang 等(2017)© American Chemical Society 2016

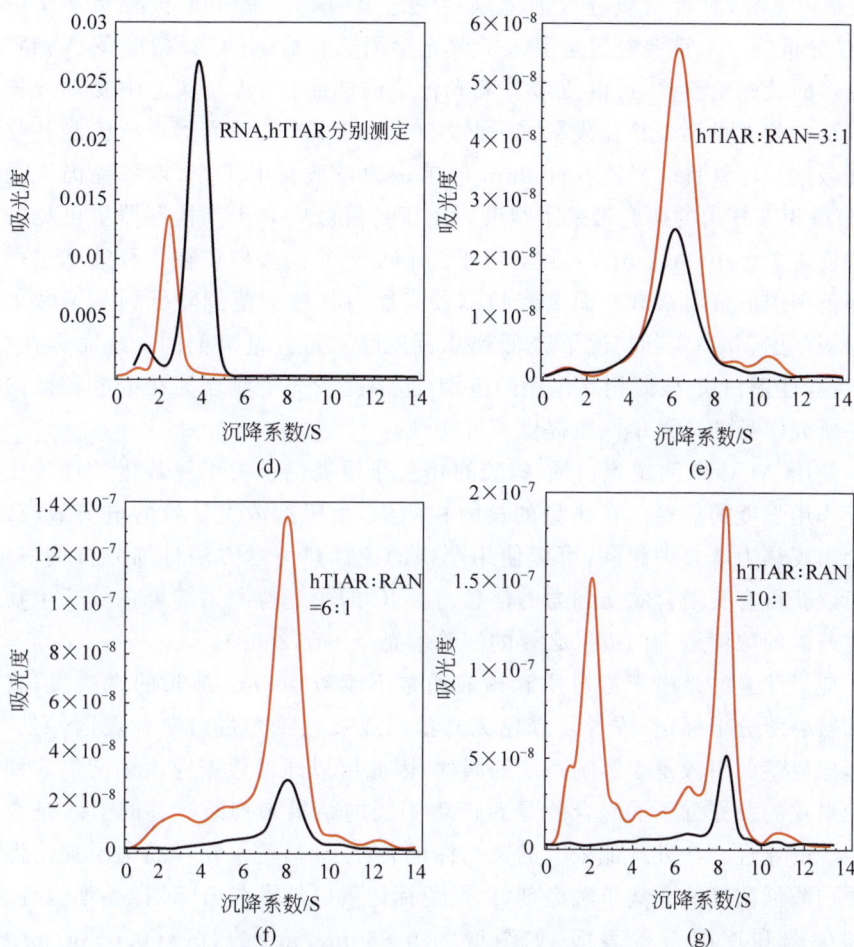

图 3.11　（续）

对于 MWL-AUC 实验，需要考虑这些因素：每个波长下应进行足够次数的扫描，因此实验数据需要采集足够长的时间，可以选择延长运行时间并牺牲沉降分辨率，以通过收集额外的扫描来增加数据量；还应仔细考虑分析物的吸收，通过摩尔消光系数作为波长的函数来量化。在混合样品之前，应收集每个样品的单波长光谱，最好使用磷酸二氢钠等非吸收缓冲液稀释分析物，这样可以将可检测波长范围延伸至 215nm，而不会产生明显的背景吸光度，随后可使用UltraScan 对单波长光谱和复合光谱图案进行解卷积。对于多分析物溶液，假设减色效应最小，则考虑每个波长的摩尔消光系数大部分是相加的。

MWL-AUC 中存在蛋白质和核酸在 260nm 和 280nm 的重叠吸收的问题，可采用发色团标记 DNA 或通过结合色氨酸的荧光类似物（如 7-氮杂色氨酸或

5-羟基色氨酸）对蛋白质进行标记以避免这个问题。蛋白质-核酸相互作用的AUC分析的一个重要进展是引入了荧光检测器。给AUC设备配备AVIV公司生产的荧光检测器，可以使带有荧光标记的样品在AUC实验中受到波长为488nm激发光的激发产生发射光，通过505～565nm的滤光器进行检测并收集荧光数据。尽管目前只能在488nm的单一激发波长下工作，该系统仍为蛋白质-核酸相互作用的研究带来了帮助。由于传统吸收和干涉检测器里可见的实际浓度为$10\sim100\mu g/mL$，大致对应于50kDa大小的蛋白质在几百纳摩尔每升量级范围内的解离常数。而荧光检测器有能力将检测范围降低到几纳摩尔每升量级范围，并在实际情况下降低到几百皮摩尔每升量级范围。这完全在"典型"特异性蛋白质-核酸相互作用的范围内，因此荧光检测器为在浓度较低的溶液中研究样品的热力学性质提供了可能性。

使用AUC来测定蛋白质-核酸的相互作用提供了关于亚基化学计量比和相互作用强度的信息。在典型的核酸检测中，由于盐浓度导致的电荷效应，通常会出现热力学非理想性，可以使用严格的统计热力学方法仔细分析这一点，并可以获得有关结合物亲和力的信息。AUC的荧光检测系统可在分子生物学研究所需的浓度范围内提供必要的实验信息（Scott，2008）。

应当注意的是由于蛋白质和核酸通常不能被488nm波长的光激发，它们必须被外源分子标记，或者与绿色荧光蛋白或黄色荧光蛋白融合表达，实验应该考虑标签的引入是否影响系统的属性，因此可以通过检查应用标记形式和非标记形式的荧光分子的混合物是否产生不同的结果来判断标签的引入是否影响系统的属性。在处理低浓度的荧光标记大分子时，建议在样品中添加惰性载体蛋白或低浓度的非离子洗涤剂，以避免标记蛋白黏附在AUC样品池组件、移液器尖端和反应管等表面，如浓度为0.066mg/mL的BSA，0.1mg/mL和0.2mg/mL的κ-酪蛋白或溶菌酶，体积分数为0.05％吐温20。

3.4.3　蛋白质与多糖相互作用研究

多糖可用于能量储存以及作为细胞和组织的结构框架的组成部分，在生物体内扮演着至关重要的角色。蛋白质对多糖的识别已被证明与病毒和微生物感染、植物防御、炎症反应、先天免疫、受精、肿瘤扩散和生长调节等生命活动有关。目前研究的蛋白质与多糖相互作用涉及胞外多糖（EPS，是由酵母、霉菌、微藻和细菌等多种微生物产生和分泌的细胞外碳水化合物类生物聚合物），它被认为可以保护微生物细胞免受干燥、吞噬、抗生素和环境压力的影响，并且还参与固体表面的黏附、生物膜的形成和细胞识别，在食品和制药行业具有重要的商业应用。AUC可用于分析多糖的分支程度和糖苷键类型对蛋白质与多糖的相互作用的影响。

由于多糖在 280nm 处没有吸光度,因此在单独测定多糖时可使用干涉光系统获取数据(Khan et al.,2018)。一般来说,使用短的多糖寡聚物使得蛋白质-配体相互作用的分析变得更容易,并为蛋白质结合的研究提供了一个简单的模型。然而,许多生物相互作用本质上可能是多价的,并且较大的蛋白质可能会产生额外的蛋白质-多糖相互作用,从而显著影响识别过程的热力学平衡和蛋白质的三维结构。值得注意的是,AUC 无法准确测量大的不溶性聚集体,主要是因为这些聚集体在高离心力下收集数据之前已经发生沉降。

通常,多糖和脂质与蛋白质相互作用以维持细胞的正常功能。然而,由于与这些分子及其复合物的生物分子表征比较困难,它们受到的关注远少于蛋白质。蛋白质-多糖相互作用对于 AUC 研究来说是一个具有挑战性的课题,因为测量具有不同光学特性的大分子的相对分布很困难。Patel 等人(2018)重点研究 15kDa 肝素和微型集聚蛋白的相互作用案例,沉降平衡实验的结果显示微型集聚蛋白分子量为(98.0±0.4)kDa,微型集聚蛋白与 15kDa 肝素制剂的复合物的分子量为(117±0.6k)Da,表明该复合物的化学计量为 1∶1,这一结论与动态光散射实验得到的分子量(110±0.6)kDa 近似。

3.5 在蛋白质自聚集研究中的应用

蛋白质特异性自聚集形成同源二聚体或更高聚合态的寡聚体是生物系统中的一种普遍现象,也是生命活动中重要的调节机制。二聚体或寡聚体的形成可以增加蛋白质结构和功能优势,如提高稳定性、调节活性等。由于蛋白质自聚集系统中,同一种蛋白质以不同聚合状态存在,因此蛋白质自聚集亲和力分析具有一定的难度,AUC 可以通过监测蛋白质分子在离心场中的沉降和扩散过程来表征其相互作用结果,通过多种光学检测系统对蛋白质单体及其复合物的信号进行定量分析。AUC 技术提供了一种解析蛋白质复合物化学计量比和确定蛋白质聚集情况的有效途径,已被广泛应用于亲和力在皮摩尔每升到毫摩尔每升量级间的蛋白质自聚集系统研究。

3.5.1 沉降速度实验研究蛋白质自聚集

AUC-SV 可基于离心场中尺寸相关的大分子迁移行为来研究蛋白质在溶液中自聚集过程。该技术可以阐明自聚集装配方案,测量从皮摩尔每升到毫摩尔每升的 K_D,并在溶液条件下提供低聚物流体动力学形状的信息。自聚集系统的单组分性质带来了特定的挑战,即无法确定单个物种的沉降系数,并使多信号方法在揭示复杂化学计量方面无效。在蛋白质自聚集系统中，AUC-SV 可以分析不同浓度下实验样品的沉降系数分布，基于系统中物质的平衡原理，建立信号加权沉降系数与浓度的函数曲线，进而分析获得蛋白质自聚集及解离信息。早在 20 世纪 30 年代已有科研工作者运用 AUC-SV 方法分析不同浓度下蛋白质的聚集状态，自聚集态沉降系数的绝对值可以为寡聚态和组装机制提供重要线索。

2003 年，Schuck(2003)提出了几个新的工具来分析蛋白质自聚集的沉降速度。一般有两种方法：根据化学成分计算加权平均沉降系数，然后进行单独的等温分析，以及在全局分析中直接模拟来自多个实验的沉积剖面。两者都可以与其他可用的先验知识结合起来，包括相互作用物种的结合常数或沉降系数，这些结合常数或沉降系数来自于蛋白质变体的超速离心实验，或考虑在改进的条件下用简单几何自聚集模型或晶体结构的流体力学分析。然而，不同的沉降分析方法对样品纯度和实验条件的实际要求不同：前一种方法适用于任何聚集模型，包括异聚集；后一种方法需要特定的聚集模型。经过等温分析之后的重均沉降系数的浓度依赖性的优点是，如果可以通过流体动力学分离，则可以将不属于相互作用系统一部分的任何杂质或聚集体排除在分析之外。扩散解卷积沉降系数分布 $c(s)$ 特别适合这种方法，因为它允许的浓度范围最宽，并且在沉降系数分布中具有最高的精度。相反，因为来自沉降剖面形状的信息能被充分利用，沉降剖面的全局建模策略允许利用最大的数据集，需要的实验更少，并且允许识别聚集方式。然而，由于需要考虑所有沉降物质，该方法目前仅适用于高纯度样品，将来可能通过混合方法部分解决这一问题，将特定溶液成分的沉降模型与描述不同速率下物种沉降的连续沉降系数分布相结合。

AUC-SV 在生物制药开发中也扮演着重要的角色，用于测量生物药产品中的蛋白质聚集水平。但是 AUC-SV 的精度受许多因素的影响，包括样品特性、样品池排列方式、中心件质量和数据分析方法等，因此提高测量精度的重点是使用高质量的中心件。与更具扰动的分离相关技术(例如 SEC、SDS-PAGE)相比，AUC-SV 对自聚集平衡的干扰最小，可以直接从溶液中的样品中提取样品大小和构象信息。这项技术还有一个额外的优势，即实验通常可以在产品配方缓冲器中进行。这些优势使 AUC-SV 成为在生物制药开发的各个步骤中量化蛋白质聚集水平的有力分析工具。

单克隆抗体(monocloning antibody,mAb)是应用最广、发展最快的一类生物治疗药物，已应用于治疗包括癌症、自身免疫性疾病、神经退行性疾病和病毒性疾病在内的多种疾病。除了抗原特异性外，治疗还要求控制其溶液相互作用和胶体性质以保证稳定、有效、无免疫原性,且要求抗体溶液黏度低,一般浓度在 $50\sim150\text{mg/mL}$ 范围内。然而,mAb 在制造、储存和交付过程中容易受到各种形式的蛋白质-蛋白质相互作用的影响。mAb 会发生可逆自聚集,即单体与天然状态低聚物的动态交换。可逆自聚集与许多不良结果有关,包括药物黏度高,形成不可逆聚集体,产生相分离等。尽管已经提出了抑制可逆自聚集的方法,但机制理解仍然不完整。解决 mAb 可逆自聚集机制的第一步是确定化学计量组装途径、相互作用亲和力和潜在的非理想性。

　　了解可逆自聚集机制需要用生物物理方法表征 mAb 的可逆自聚集和聚集,以及控制溶液中大分子距离分布的弱吸引和排斥相互作用。然而,这些性质的同时测量一直受到溶液非理想性的阻碍。基于 AUC-SV,可在流体动力相互作用的平均场中近似测量分子大小分布,在高浓度的抗体组中同时测量多分散性及弱溶液与强溶液相互作用。与以前在沉降速度大小分布相关分析相比,该方法可以大大提高在配方条件下或接近配方条件下表征治疗性抗体的多分散性和相互作用的效率和灵敏度。为了更好地预测和从机理上理解 mAb 自聚集行为,有研究对 5 种 mAb 的自聚集特性进行了系统分析。研究在溶液匹配条件下进行,采用正交方法,包括 DLS、AUC-SV 和 AUC-SE,对各种蛋白质浓度的 DLS 和 AUC-SV 研究表明,大多数 mAb 表现出弱或中度可逆自聚集。然而在 mg/mL 级浓度水平下进行研究往往发生流体力学和热力学的非理想性现象,而非理想性经常掩盖可逆自聚集。对 AUC-SV 数据进行直接边界拟合,可以解析每种 mAb 的化学计量聚集模型、相互作用亲和力和非理想性项。这些分析揭示了从微摩尔每升到毫摩尔每升级的平衡常数,从单体、二聚体到等密度的化学计量模型,以及独特的自聚集动力学。总体而言,这些结果是剖析治疗性 mAb 中可逆自聚集机制的基础(Hopkins et al.,2018)。

　　Chaturvedi 等人(2020)的研究采用了一种创新方法,该方法明确将可逆自聚集过程界定为由质量作用定律所描述的寡聚态,并独立于非理想性因素进行分析。在此框架下,非理想性被理解为一系列调节粒子间距离分布的相互作用力,这些力并不直接导致物理聚集体的形成,而是包括体积排斥效应、远程排斥作用,以及相应的吸引相互作用等。从根本上说,由于所有大分子运动的流体动力耦合以及随之而来的对线性叠加原理的违反,这种非理想性使标准的多分散性分析无法进行,虽然光散射和沉降类技术可以模拟非理想溶液的行为,但这些模型需要对存在的离散物种的先验假设,而且多分散性对测量的潜在影响仍然不确定。因此,无法同时考虑非理想大分子溶液中的多分散性和蛋白质相互作用,这极大地阻碍了通常所需的 100mg/mL 高浓度治疗制剂的研究。非理想 $c_{\text{NI}}(s_0)$ 分布是广泛用于稀释溶液的标准 $c(s)$ 分析的无缝扩展,结果可以用同样的方式解释,因为所有的非理想效应在计算上都纳入非理想系数 K_s 和 K_D 中。这样以一种直接的方式观察和解释单克隆抗体所表现出的各种自聚集和聚集行为的丰富细节,比以前更接近溶液条件。虽然边界锐化效应带来分析上的困难,但抑制边界的明显扩散展宽和延迟可以大大提高各物种检测的水动力分辨率,补偿更快沉降物种所遭受的信号幅度下降。这种新的 SV 分析方法对浓度高达 45mg/mL 的非理想单抗溶液的分析是很实用的,它克服了非理想性和多分散性分析之间互斥的局限性,可以同时报告不可逆聚集体的尺寸分布以及广泛的可逆自聚集,包括从强到超弱的复合物的形成。因其适用于高浓度样品,且可通过流体动力学分辨率区分不同大小物种,从而可将反映颗粒间轻微吸引或排斥的非理想参数与寡聚化区分开来,使得非理想 SV 分析在用于表征单克隆抗体胶体溶液状态的生物物理技术中具有独特的优势。

Nourse 等人(2004)通过 AUC 技术比较了两种原型环肽 kalata B1 和 kalata B2 的流体动力学特性,采用了确定溶液中多分散分子连续尺寸分布的方法。kalata B2 形成的低聚物的形状接近球形。AUC-SV 表明,在磷酸盐缓冲液中,kalata B1 主要以单体形式存在,即使在毫摩尔每升级浓度下也是如此,而 1.6mmol/L 的 kalata B2 以单体(30%)、四聚体(42%)、八聚体(25%)的平衡混合物形式存在,可能还有一小部分低聚物。将 AUC 实验结果与两种环肽的三维结构联系起来,推测 kalata B2 的自聚集现象可能与 Phe 的疏水相互作用、Asp 残基的电荷相互作用有关。另外,kalata B2 自组装成多聚体的过程是以可逆的浓度依赖的方式进行的,即在很低的浓度下只存在单体物种,在中等浓度下最有可能出现四聚体,在高浓度下可能出现八聚体和高阶低聚物,而单体的峰却没有明显移动,这表明沉降系数没有明显的浓度依赖性,这是理想沉降的标志。

3.5.2　沉降平衡实验研究蛋白质自聚集

AUC-SE 实验是在较低的转速下进行,可提供有关溶液摩尔质量、化学计量、结合常数和溶液非理想性的第一原理热力学信息,可以准确测定分子量,不受分子或复合物形状的影响。虽然可以通过简单的沉降速度实验来确定分析超速离心中的多个物种,然而,这种分析仅限于非相互作用或慢平衡系统。为了表征自聚集或异聚集系统,2004 年开发的 SEDPHAT 程序已经能够使用沉降平衡数据进行有效的全局分析。

非理想示踪剂沉降平衡(nonideal tracer sedimentation equilibrium,NITSE)方法允许同时测量溶液中已标记的稀释示踪剂大溶质和未标记的、任意浓度的背景大溶质在沉降平衡时的浓度梯度。从这些梯度可以计算出示踪剂和背景物质的表观平衡重均摩尔质量随背景浓度的变化。为了确定示踪剂和背景物质的真实重均摩尔质量,需要考虑大溶质分子之间的排斥和吸引相互作用,这需要测量每种大溶质物种分子的大致大小和形状。由于缺乏此类信息,使用NITSE进行的蛋白质自聚集初步研究使用了经验近似值,该近似值虽然合理,但却增加了实验结果最终解释的不确定性。Rivas等人(2001)提出了一种研究细菌蛋白FtsZ在拥挤溶液中自聚集情况的NITSE研究方法,它的自聚集最近被用常规的沉降平衡和沉降速度的测量来很好地表征在稀溶液中的自结合中。通过沉降平衡和沉降速度实验,确定在饱和浓度的二磷酸鸟苷存在下,FtsZ可逆地形成长度不定的线性低聚物,每1mol FtsZ单体结合1mol Mg^{2+}。当Mg^{2+}浓度一定,随着低聚物尺寸的增加,聚集平衡常数略有下降。当NITSE用于测量FtsZ的表观重均摩尔质量,作为FtsZ和两种"惰性"拥挤蛋白(血红蛋白和BSA)各自浓度的函数,在不存在或存在Mg^{2+}的情况下,借助早期理想条件下FtsZ自聚集研究提供的信息,NITSE结果以明确的方式进行解释,以定量表征排除体积在促进拥挤溶液中蛋白质组装中的干扰。

沉降平衡方法也被应用于探索污垢分枝杆菌蛋白水解酶(Ms-Lon)的Mg^{2+}连接寡聚反应。Ms-Lon的重均分子量随着$MgCl_2$浓度的增加而增加,但当$MgCl_2$浓度进一步增加至50mmol/L却并没有检测到Ms-Lon自聚集的进一步增加,而是以六聚体的形式存在。在10mmol/L $MgCl_2$下,方差的最小值转变为大于6的n聚体值。然而,在此条件下的沉降速度实验显示占总信号5%～10%的快速移动边界很明显,这表明可能存在更高阶的Ms-Lon寡聚物。对低聚模型的进一步拟合表明最小低聚物大于单体。在10mmol/L EDTA下,三聚体和六聚体转变的解离常数为约$4\mu mol/L$(以Ms-Lon单体单位计),在1mmol/L $MgCl_2$条件下降至约$0.5\mu mol/L$,在10mmol/L $MgCl_2$下降至检测不到,表明Ms-Lon在后两个条件下大部分是六聚体。

无论采用沉降速度还是沉降平衡分析方法,数据分析的数学框架通常将分析限制于稀溶液。尽管能获得的信息量极大且生物物理信息丰富,但在某些情况下,稀溶液浓度的约束限制了一些重要的系统的定量分析。例如,在生物制药配方中经常遇到高浓度蛋白质溶液,但目前对流体动力学的理解不足导致我们只能进行定性和半定量解释。如果能够克服当前的局限性,就有可能在高浓度共溶质存在下对分子相互作用进行定量研究,从而在生理相关的背景下解释蛋白质自聚集行为。

3.5.3　荧光检测器研究高亲和力自聚集

荧光检测器的工作原理类似共焦显微镜,当激发光被二向色镜反射并通过聚光透镜聚焦到样品中后，相同的透镜被用作通过二向色镜和带通滤光器的发射光的物镜，然后发射光聚焦在针孔上，并由光电倍增管检测。整个 FDS 单元通过步进电机沿径向移动，以测量样品的荧光强度作为径向位置的函数，这种类型的径向扫描可以在整个沉降过程中连续进行。

在荧光检测器进入商业使用之前，吸收检测器和干涉检测器被广泛用于生产互补和正交数据。吸收检测器更易于使用，提供了更高的灵敏度和选择性；而干涉检测器提供了更高的精度，可用于没有光吸收的样品的测定，并具有更快的采集速度。这两种传统光学检测模块通常为 K_D 在高纳摩尔每升至毫摩尔每升量级范围内的大分子的无标记检测提供足够的灵敏度，但其低信噪比限制了数据分析，只能分析信号加权平均沉降系数。因此，对于 K_D 处于低纳摩尔每升甚至亚纳摩尔每升量级范围内的高亲和力聚集系统，使用传统光学系统很难获得单体物质的准确沉降系数，而对于具有皮摩尔每升量级 K_D 的系统，无法获得准确的平衡常数。通过 SV 或 SE 来表征自聚集或异聚集系统需要在发生明显解离的加载浓度下进行光学检测。这两种方法相比，SE 更宽容，因为指数浓度梯度提供的浓度远低于空气-液体弯液面附近的负载浓度；而 SV 分析具有更高的信噪比，这意味着它可能更适合低浓度工作。对于这两种方法，吸收和干涉检测器的敏感性使得它们在分析非常高亲和力相互作用时的效用有限；而荧光检测器与其互补，即提供了更高的灵敏度和区分多种成分类型的能力。

配备荧光检测器的 AUC（FDS-AUC）的高灵敏度特性的优点体现在即使在荧光团浓度低于 1nmol/L 条件下也能进行精确测量。该技术特别适用于测量高亲和力相互作用的结合常数，因为高亲和力相互作用往往涉及较低浓度的分子结合事件。荧光现象本质上是一种敏感的光学过程，其效率由量子产率（ϕ）来衡量。量子产率定义为发射的光子数与吸收的光子数之比，这一比率直接反映了荧光过程将吸收的光能转化为发射光能的效率。与吸光度系统不同，荧光系统的敏感性部分源于其在黑暗背景下检测微弱的光子信号，吸光度系统则是在明亮背景下检测光子数量的减少。许多荧光团展现出接近统一的量子产率，这意味着在激发带中吸收的几乎所有能量都能在发射带中重新发射出来，进一步增强了荧光的检测灵敏度。此外，FDS-AUC 系统采用的共焦光路设计，有效阻止了激发光光子到达探测器，从而确保了探测器接收到的信号主要来源于发射的辐射以及系统噪声（如来自光电倍增管的暗电流以及杂散光）。这种设计进一步提高了信号的信噪比，使得在极低浓度下也能进行可靠的测定。

Burgess 等人（2008）使用 FDS-AUC 在低浓度下评估了 Alexa Fluor[®] 488 标记的耐甲氧西林金黄色葡萄球菌二氢吡啶二羧酸合酶（MRSA-DHDPS）的四

级结构。使用吸光光学器件检测 MRSA-DHDPS 仅限于低微摩尔每升级浓度，而 FDS-AUC 将检测扩展到亚纳摩尔每升量级浓度。在低浓度下，MRSA-DHDPS 存在单体-二聚体平衡。此外，将蛋白与酶的底物之一丙酮酸一起孵育可以稳定二聚体形式。沉降平衡实验中最终定量测定的 K_D 值显示，在丙酮酸存在情况下，MRSA-DHDPS 的自聚集亲和力比未添加丙酮酸实验组高 20 倍。

K_D 的正确测定通常需要在一个较宽的浓度范围内进行，大约是 K_D 的 1/10 至 10 倍。对于免疫球蛋白 SLAMF1，低于 K_D 的浓度低于吸光检测下限；而当使用荧光检测器时，K_D 以上的浓度表现出内滤波效应，因此使用单个检测系统来运行覆盖所需浓度范围的稀释系列有时是不可行的。由于荧光和吸收检测器具有不同的浓度适用范围，因此可将两种方法结合使用，进行数据全局拟合，全局拟合分析中使用的浓度范围跨越三个数量级，对应于 $172K_D$ 到 $0.06K_D$。将如此宽的浓度范围与单体-二聚体模型进行曲线拟合是获得可靠的 K_D 值的关键。值得一提的是，可以通过荧光示踪实验来实现在单次 AUC 运行中测定足够宽的浓度范围以确定结合亲和力，仅需将少量荧光标记的样本（即示踪剂）添加到未标记的样本中以避免内过滤效应。但应该特别注意流体动力的非理想性，这种情况通常在高浓度时出现。流体动力学非理想性（K_s）本质上是由沉淀的蛋白质分子置换的溶剂的逆流引起的，它以一种浓度依赖的方式减缓蛋白质的沉淀。在建模中应包含 K_s，忽略这一点可能会导致结果的不准确（Wei et al. ,2021）。

虽然荧光检测器能够检测不适合吸收或干涉检测器的样品，但其应用并非没有限制。在大多数情况下，用于 FDS-AUC 分析的样品在制备时需要与荧光染料进行化学偶联，可能会影响蛋白质分子的大小或形状，从而改变其原本的沉降行为。因此，需要仔细制备，并表征游离染料的量以及标记的程度和位点特异性，以便对 FDS-AUC 数据进行可靠的分析。在某些情况下，可能需要分析标记对大分子的结构、活性或聚集特性的影响。然而，与 FDS-AUC 可以获得的独特信息相比，这些数据误差的影响很小。

荧光检测器的最新发展扩展了 AUC 技术的适用性，能够直接分析更强的大分子间的相互作用，并允许在非荧光高背景下选择性检测目标分子。特别是它能够对复杂和高浓度溶液背景中分子的热力学行为提供直接的物理表征，这使得 FDS-AUC 成为解释生命系统物理基础的强大技术。FDS-AUC 在复杂大分子溶液研究中的应用前景广阔，但报道不多。在能够对重要的分子系统进行独特研究的同时，FDS-AUC 分析的挑战也不容忽视，即如何通过样品制备和表征，减轻或控制可能导致的误差。

3.6　在结构生物学研究中的应用

生物分子间相互作用或自身形成寡聚状态是发挥生物学功能的重要基础。这些相互作用可以是瞬时或永久的自身相互作用，也可以是与其他分子的相互作用，如蛋白质-蛋白质、蛋白质-核酸和蛋白质-脂质等。大多数时候，通过解析X射线晶体结构，这些相互作用的形式和功能的执行可以得到直观的阐释。但是需要注意，结晶状态下的分子以一定的规律进行排列堆积，实际上分子处于一个非自然的环境中，因此其构象和活性寡聚状态可能与溶液条件下的天然状态存在一定差别(Stafford et al.，2004；Sutton et al.，2004；Balbo et al.，2005)。

AUC作为一项重要的辅助技术，可以确定在晶体结构中所观察到的寡聚体或相互作用是否在天然溶液状态下真实存在，排除由于晶体分子堆积排布形成的接触限制状态造成的假象。若在晶体结构分析中发现了样品的寡聚体或相互作用，而AUC分析证明样品在溶液中也存在相同的寡聚体形式或相互作用，那么这可为将晶体结构与天然状态下功能之间的联系提供有力的证据。

此外，AUC与光散射法和尺寸排阻色谱等技术相比具有独特的优势。动态光散射技术虽然也是在溶液中进行测量，但它假定被分析物质呈理想的球形分子。尺寸排阻色谱依赖层析介质对分子进行截留而造成不同大小的分子迁移速率差异，可能存在待分析物质与固体基介质之间发生相互作用而影响其迁移的情况，并且非球形分子还存在不可预测的迁移行为。而AUC则不会受到这些情况的影响。对于复杂多元复合物的分析，如有多个聚合状态的蛋白质或者对于由两个以上相互作用单元组成的复合物，AUC-SV是最好的研究方法。

AUC在结构生物学中的另一个重要应用是取得大分子构象的相关信息。由于大分子的构象会影响其摩擦属性，根据经验确定的构象与假定为标准球形构象(利用质量和偏比容确定)之间的差异可直接通过摩擦比和轴长比来确定。例如，蛋白质二聚体中单体的排列形式(Mavaddat et al.，2000)以及局部缺乏二级或三级结构区域的构象(Merry et al.，2003)都可以通过这种方法推断出来。通过对AUC-SV获得的数据计算分析得到相关流体力学参数，从而可获得大分子的构象信息。而在X射线晶体学方法中，由于大分子中的柔性部分在晶体中往往采取不同的排列取向，导致采集不到其电子密度数据，因此其结构信息通常是缺失的。小角X射线散射、中子散射等常用于表征分子内部纳米尺度结构信息的方法，可以获得柔性部分的结构信息，联合AUC技术可以进一步验证溶液中生物大分子的构象变化以及组装体相互作用模式(de la Torre et al.，2001；Ortega et al.，2011)。

3.6.1 蛋白质结构分析

如果蛋白质是二聚体或多聚体,通常在解析了蛋白质晶体结构后,有必要进一步验证其在溶液状态下是否也以同样的聚体形式存在。因为在结晶实验中所使用的蛋白质样品浓度通常很高($5\sim100\text{mg/mL}$),在这种拥挤状态下分子间可能存在极弱的相互作用,从而造成在晶体堆积过程产生聚体(Cabral et al.,1996;Appleton et al.,2004)。然而,即使是低亲和力的相互作用也可能具有重要的生物学意义。而且膜结构或细胞质内拥挤的环境对于膜蛋白或胞内蛋白而言,均与高浓度的晶体实验条件异曲同工,在这两种情况下,蛋白质分子的自由度和扩散行为都会受到严重限制,从而可以较低亲和力常数来维持与相互作用的分子保持结合状态。除了通过 AUC 对溶液中蛋白分子的聚集状态和亲和力常数进行分析,还可以通过光散射法、尺寸排阻色谱或两者联用来进行验证,从而更全面地了解分子的寡聚状态和相互作用情况(van Raaij et al.,2000)。AUC 和这些技术相比较具有独特的优势,首先在使用干涉检测器的情况下可以测定更高浓度的样品,也较少受到对样品形状差异假设的影响。其中,AUC-SE 分析得出的分子量不受分子形状的影响;AUC-SV 分析会受到形状因子(摩擦比)的影响,但可结合经验加以解决,或仅对优势组分进行分析(Savvides et al.,2003)。

这里以髓鞘相关蛋白 P_0 的结构分析为例(Shapiro et al.,1996)。P_0 是周围神经系统中轴突传导的多层膜结构髓鞘中的重要结构蛋白,对于髓鞘结构的维持具有重要的生物学意义。该蛋白是一个膜蛋白,其胞外区 $P_0\text{ex}$ 的晶体结构分辨率可达 1.9Å。在晶体结构中,蛋白分子以环状四聚体的形式存在,可能以四聚体的形式发挥生理功能;但是组成四聚体的两个二聚体的相互作用方式和界面不同,即并不是由两个完全一样的二聚体组成(图 3.12)。

Shapiro 等人为了验证溶液中的 $P_0\text{ex}$ 的聚集状态进行了尺寸排阻色谱分析、光散射实验和 AUC-SE。在尺寸排阻色谱实验中,蛋白质分子在迁移过程中与基质的相互作用导致其洗脱行为异常,即使更换了不同的缓冲液依然无法解决:在洗脱时,它比同分子量的标准物质出峰晚很多,导致计算得到的分子量比实际分子量小很多。推测是由于 $P_0\text{ex}$ 表面的疏水残基与凝胶基质存在相互作用,因此该实验结果不能用于分析其聚集状态。而在动态光散射实验中,浓度为 2mg/mL 的 $P_0\text{ex}$ 的估计分子量为 20kDa,介于单体和二聚体之间,也不能给聚集状态下定论。最后通过 AUC-SE 实验证明,在溶液中,较低浓度的 $P_0\text{ex}$ 处于单体-二聚体平衡状态;而在较高蛋白质浓度下,蛋白质处于单体-二聚体/单体-四聚体平衡状态。结合 X 射线晶体结构和冷冻电子断层扫描,最终确定

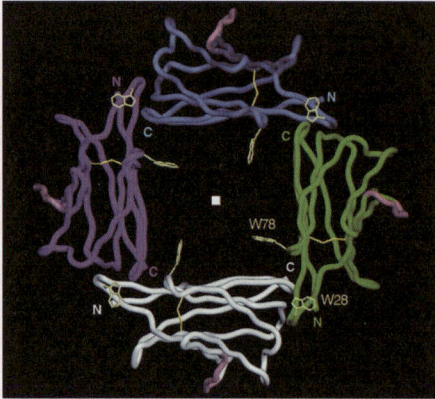

(a) 沿四倍轴方向的四聚体视图

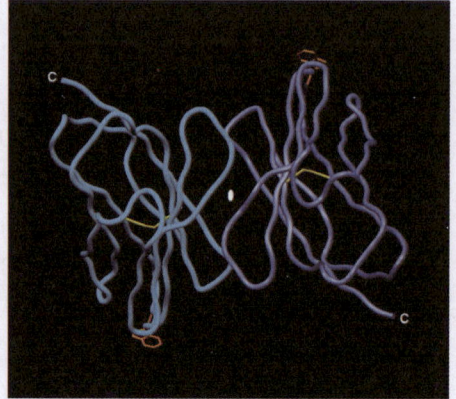

(c) 并临的二聚体相互作用界面

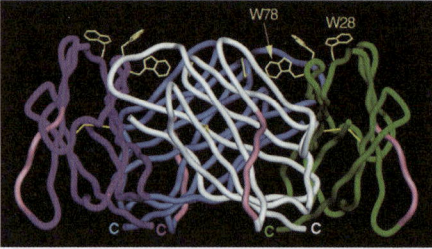

(b) 垂直于四倍轴方向的四聚体视图

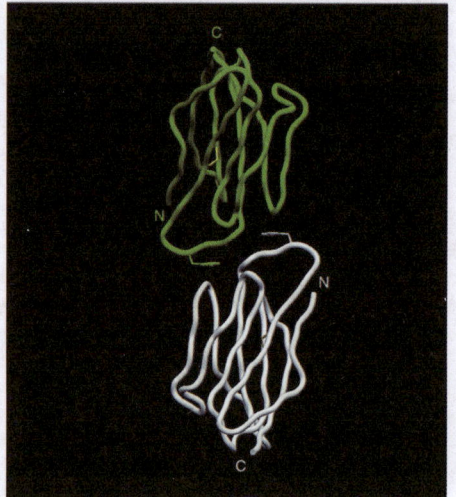

(d) 头对头的二聚体相互作用界面

图 3.12   在 P_0ex 晶体中的分子排列形式和相互作用

授权引用自 Shapiro 等(1996)© Cell Press 1996

P_0 在髓鞘中以四聚体的形式发挥生理功能。

在钙离子/钙调素依赖性激酶Ⅱ（CaMKⅡ）的研究中（Hoelz et al.,2003），晶体结构显示 14 个 CaMKⅡ分子形成一个类似于轮毂的组件,组件由两个环组成,每个环有 7 个单体,它们头对头地堆叠在一起,两个环之间通过广泛的相互作用界面结合在一起(图 3.13)。AUC-SE 和 SEC-MALS 都可以确定 CaMKⅡ在溶液中为十四聚体,两种方法之间也能够相互佐证(图 3.14)。但是 AUC-SE 分析得到的结果为沉降组分中含有 14.01 个单体,比 SEC-MALS 法分析得出的 14.19 个单体更为接近真实情况。

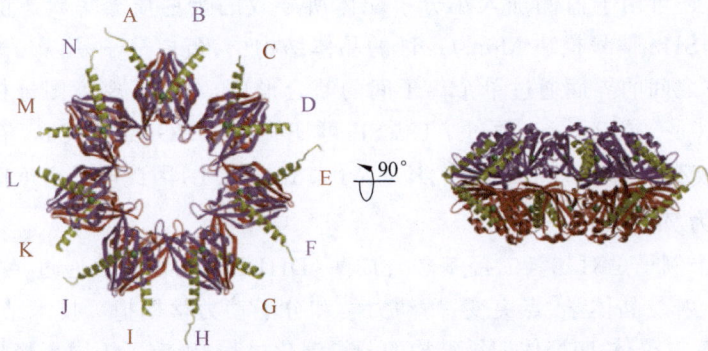

图 3.13　CaMKⅡ晶体结构中十四聚体组装模式飘带图

授权引用自 Hoelz 等(2003)© Cell Press 2003

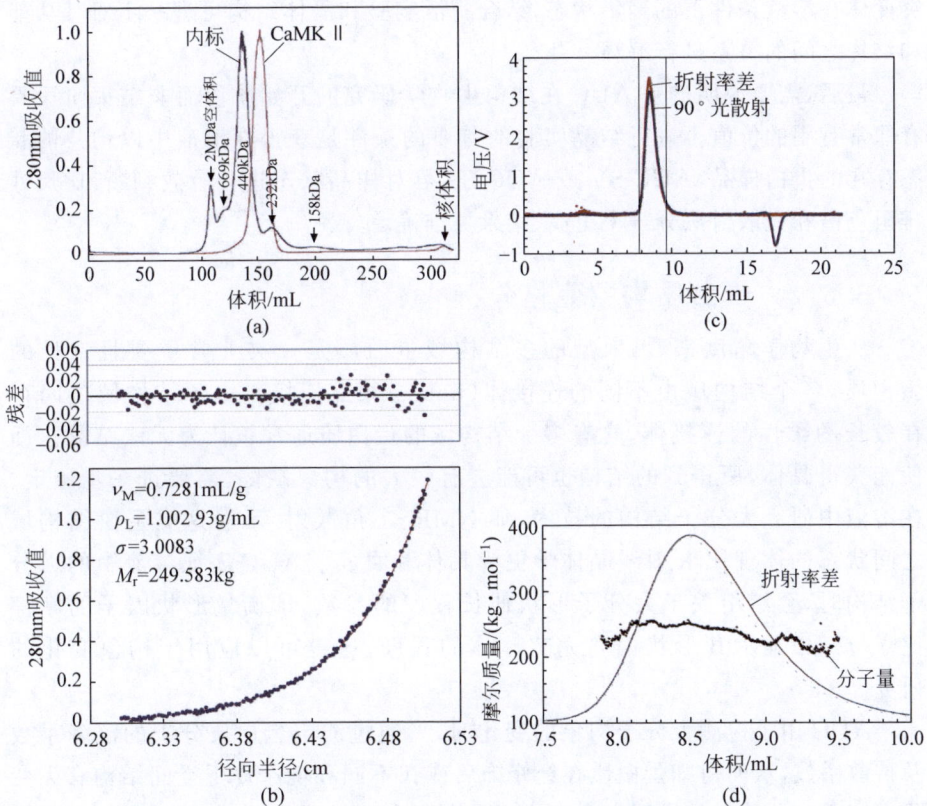

图 3.14　不同方法表征溶液中 CaMKⅡ 的聚集状态

(a) CaMKⅡ336-478 在 Superdex 26/60 分离样上的凝胶过滤图谱；(b) CaMKⅡ327-478 的沉降平衡分析；(c) CaMKⅡ336-478 的多角度光散射分析结果。授权引用自 Hoelz 等（2003）© Cell Press 2003

AUC 还可用于监测加入小分子配体所导致的蛋白质聚集状态的变化情况。例如,SH3 信号模块 Mon/Gads 的晶体结构中,蛋白分子是以二聚体形式存在,单体之间的界面通过单个离子间的螯合形成,对电子密度图分析得知离子可能是 Ca^{2+} 或 Zn^{2+}。通过 AUC-SE 可证明,Mon/Gads 在 Ca^{2+} 存在时是单体,但在 Zn^{2+} 存在时是二聚体,K_D 为 0.73mmol/L,因此电子密度图中的离子被确定为 Zn^{2+}。

另一个例子是对二氢二羟基酸合成酶(DHDPS)的研究。通过 AUC 与小角散射、X 射线晶体学、点突变、酶动力学和分子动力学模拟等技术结合,揭示了 DHDPS 二聚体-四聚体四级结构的分子演化过程,确定了不同寡聚状态对其酶功能的重要性,证明了亚单位自聚集在促进酶动力学和酶功能方面的作用(Christensen et al. ,2016)。AUC-SV 可以在解析晶体结构之前就给出酶及其突变体在溶液条件下的聚集状态,结合酶活实验和晶体结构可进一步对其功能和结构之间的关系进行解释。

最后,需要说明的是 AUC 在结构生物学研究的开始阶段而非结束阶段具有非常有用的价值。进行结晶实验的首要的条件是获得在溶液中以均一的状态存在的蛋白样品,AUC-SV 或 AUC-SE 可对样品状态进行有效判断,比尺寸排阻色谱和光散射法分辨率更高、结果更准确。

3.6.2 蛋白质构象变化分析

从生物学角度来看,大型的多结构域蛋白质是一类非常重要且常见的蛋白质,各个结构域由不同的连接体(linker)相互连接。由于结构域之间存在较长的柔性的连接体,含有多个结构域的蛋白质通常被认为无法结晶。即使能获得晶体,所得到的结构也可能会有较大的构象缺陷,需要进一步鉴定。在溶液中研究大分子结构的技术,如 NMR、小角散射等,对这类蛋白结构域之间状态的体现比 X 射线晶体学更为具体和真实。AUC 表征溶液中的大分子结构时,会给出关于大分子形状伸长程度的参数,即衡量形状因子的摩擦比 f/f_0,以显示其形状偏离完美球体的程度,这也可以应用于构象变化的研究。

AUC 用于检测大分子构象的变化时,可通过测定蛋白质分子的沉降系数及扩散系数,从而得知蛋白质在经修饰后或在不同环境条件下空间结构有无变化。结合小角散射技术可以对复杂的多结构域蛋白在溶液中的不同状态进行分析,特别是结构域之间由较长的、柔性较大的连接体相连接的蛋白。免疫系统中的补体受体(complement receptor,CR)含有多个短共有重复序列(short consensus repeat,SCR)结构域,SCR 结构域之间的连接体长度各不相同。在与

补体蛋白片段结合的过程中，会发生由连接体介导的构象变化，这对于结合具
有重要的功能意义。在对 CR2 的研究中，通过将小角散射与 AUC-SV 相结合，
并对结果进行约束分子建模，可以获得比晶体结构更为合理的 CR2 的 SCR1-2
与补体蛋白片段 C3d 结合和构象变化信息。未结合的 C3d 以二聚体形式存在，
而 CR2 的 SCR1-2 在溶液中与 C3d 形成复合物后保持了原有的开放式 V 形构
象[图 3.15(a)]，比晶体结构中的紧凑式 V 形结构[图 3.15(b)]更为扩展；且
由于 SCR1 和 SCR2 都与 C3d 的表面接触，破坏了 C3d 的二聚体。

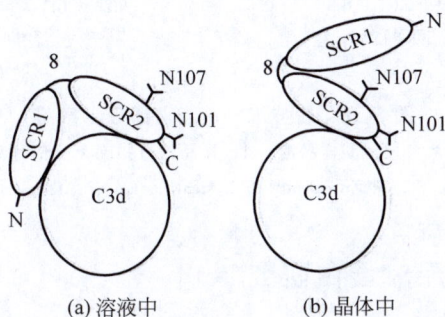

(a) 溶液中　　　　　　(b) 晶体中

图 3.15　CR2 的 SCR1-2 结构域与 C3d 在溶液和晶体中的结合模式

Kirschner 和 Schachman(1971)提出了一种名为差异沉降速度法(difference
sedimentation velocity,DSV)的技术。实验中，在 AUC 样品池中加入与蛋白质结
合后可能会引起构象变化的配体，在参比池中加入大小相似但不结合的配体
[图 3.16(a)]。采用干涉检测器，当单色光同时通过两个扇形区，这些狭缝光重
新组合形成径向干涉图案。如果发生了构象变化，通过这种方法可以测量出样
品与参比之间与沉降方向有关的折射率差异；如果没有构象变化，则大分子溶
质的沉降行为完全相同，不会记录到差异。由配体诱导产生的构象变化会导致
含配体部分溶质组分的迁移速度不同(通常较快)，从而产生类似高斯分布的差
异信号模式[图 3.16(b)]。这种方法可以检测到低至 0.5% 的沉降系数变化，
非常灵敏。

Brautigam 等人(2020)应用 DSV 对 TpMglB-2WA 蛋白在结合 D-葡萄糖
时发生的构象变化进行了研究，并与 AUC-SV 的结果进行了对比。在 DSV 实
验中，将不与 TpMglB-2WA 蛋白结合的 D-核糖添加到参比池，可结合的 D-葡
萄糖加到样品池，实验结果表明二者的沉降系数存在差异，Δs_{DSV} 为(0.067±
0.002)S，实验值与计算值 Δs_{Model}(流体力学模型 Δs)相符。远高于在不考虑构
象变化的情况下计算出的数值(0.02S)。

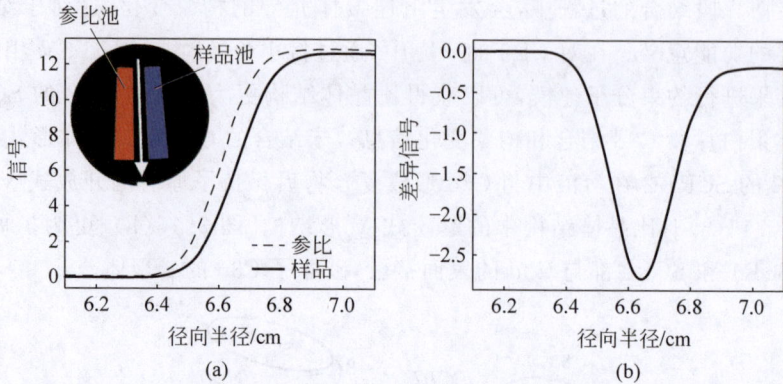

图 3.16　差异沉降速度法原理示意图

（a）沉降曲线，小图所示为参比池和样品池；（b）样品信号扣除参比信号后的差异信号曲线。授
权引用自 Brautigam 等（2020）© European Biophysical Societies' Association 2020

3.6.3　内在无序蛋白研究

　　内在无序蛋白（intrinsically disordered protein，IDP）是不同于球状蛋白的一类蛋白，在天然条件下不能自发折叠为明确唯一的空间结构。当和其他蛋白质结合时，IDP 可以折叠为有序结构，因而存在一系列快速互变的构象。在生命活动中，这类蛋白质发挥着重要的生物学功能。例如，在细胞信号传导过程中，IDP 倾向于与蛋白质形成紧密的非特异性相互作用。因此，它们经常出现在相互作用途径的节点上（Dunker et al.，2008）。了解 IDP 的结合行为和构象动态对于揭示它们在生物过程中的调控作用至关重要。

　　与折叠蛋白质不同，IDP 的特点是高度无序、局部移动性和高动态性。由于缺乏明确的三维结构，因此无法使用传统的 X 射线晶体学方法来确定结构，必须依靠溶液中的研究技术手段来探索其一系列构象特征（Tompa，2009；Uversky，2010）。AUC-SE 和 AUC-SV 都可以应用于获得 IDP 在溶液中的信息。AUC-SE 可明确得到 IDP 的分子量，AUC-SV 可获得沉降系数 s 和扩散系数 D，提供有关其大小和形状的信息（Scott et al.，2012），包括摩擦比 f/f_0 和斯托克斯半径 R_H。f/f_0 越大，说明蛋白质的形状越不对称。由于蛋白质在溶液中是水合状态，斯托克斯半径反映了溶剂分子体积的额外贡献。f/f_0 越大说明蛋白分子形状越不对称，因此一般来说，结构规则的水溶球蛋白通常摩擦比 f/f_0 为 1.1～1.3，而通过 AUC-SV 拟合得到的 IDP f/f_0 远大于球蛋白，如富含苯丙氨酸-甘氨酸重复序列的核蛋白（FG Nups）的 f/f_0 为 2.8（Denning et al.，2003）。

　　此外，利用 AUC-SV 还可以分析 IDP 之间的相互作用。转录因子 p53 是细胞凋亡、衰老和 DNA 修复的关键调节因子,可在各种细胞压力下保护细胞,免除肿瘤发生。p53 由多个结构域组成,其中 N 端转录激活结构域和 C 端负性调控结构域是内在无序结构域,它们通过与其他蛋白质的相互作用来稳固复合物的结构从而发挥相应的功能(Mandal et al.,2022)。利用 AUC-SV 和可逆朗缪尔型动力学模型 A＋B⇌AB 分析,可得到 p53 与转录因子 FOXO4 的相互作用亲和力常数和化学计量比,再结合不同的突变体和截短体可以明确相互作用的具体位点及区域。

　　总而言之,AUC-SV 在分析溶液中 IDP 天然构象方面具有巨大潜力。通过仔细分析沉降基本方程,可以提取到分子在溶液中的斯托克斯半径 R_H、摩擦比 f/f_0、沉降系数 s 和扩散系数 D 等信息。通过这些信息可表征 IDPs 在溶液中的状态,为核磁共振和小角 X 射线散射等其他溶液分析方法提供宝贵的信息。

参考文献

褚文丹,徐扬,周翠燕,等,2018.分析超速离心技术研究膜蛋白 TmrAB[J].生物化学与生物物理进展,45(10):1047-1053.

褚文丹,周翠燕,芦亚菲,等,2016.分析超速离心研究多聚酸性氨基酸对 SnRK2.6 的影响[J].生物化学与生物物理进展,43(3):256-264.

何建勇,2007.生物制药工艺学[M].北京:人民卫生出版社.

于芳,2015.盐析萃取蛋白质分配行为研究[D].大连:大连理工大学.

张若青,丁伟,2018.重金属盐沉淀蛋白质的实验探究[J].云南化工,45(6):45-47.

ALBERTS B,JOHNSON A,LEWIS J,et al.,2017. Molecular biology of the cell[M].5th ed. New York:W. W. Norton & Company.

APPLETON B A, LOREGIAN A, FILMAN D J, et al., 2004. The cytomegalovirus DNA polymerase subunit UL44 forms a C clamp-shaped dimer[J]. Molecular Cell,15(2):233-244.

BALBO A, BROWN P H, BRASWELL E H, et al., 2007. Measuring protein-protein interactions by equilibrium sedimentation[J]. Current Protocols in Immunology,40(1): Chapter 18:18.8.1-18.8.28.

BALBO A,MINOR K H,VELIKOVSKY C A,et al.,2005. Studying multiprotein complexes by multisignal sedimentation velocity analytical ultracentrifugation[J]. Proceedings of the National Academy of Sciences of the United States of America,102(1):81-86.

BAYBURT T H,GRINKOVA Y V,Sligar S G,2002. Self-assembly of discoidal phospholipid bilayer nanoparticles with membrane scaffold proteins[J]. Nano Letters,2(8):853-856.

BRANDEN C,TOOZE J,1991. Introduction to protein structure[M]. New York:Garland.

BRAUTIGAM C A, TSO S C, DEKA R K, et al., 2020. Using modern approaches to sedimentation velocity to detect conformational changes in proteins[J]. European Biophysics Journal,49(8):729-743.

BURGESS B R,DOBSON R C J,BAILEY M F,et al.,2008. Structure and evolution of a novel dimeric enzyme from a clinically important bacterial pathogen[J]. Journal of Biological Chemistry,283(41)：27598-27603.

CABRAL J H M,PETOSA C,SUTCLIFFE M J,et al. ,1996. Crystal structure of a PDZ domain[J]. Nature,382(6592)：649-652.

CANTOR C R,SCHIMMEL P R,1980. Biophysical chemistry：Part III. The behavior of biological macromolecules[M]. Oxford：W. H. Freeman.

CHAKRABARTI P,2023. On the pathway of the formation of secondary structures in proteins[J]. Proteins,93(1)：396-399.

CHATURVEDI S K, PARUPUDI A, JUUL-MADSEN K, et al. , 2020. Measuring aggregates,self-association,and weak interactions in concentrated therapeutic antibody solutions[J]. mAbs,12(1)：1810488.

CHRISTENSEN J B,DA COSTA T P S,FAOU P,et al. ,2016. Structure and function of cyanobacterial DHDPS and DHDPR[J]. Scientific Reports,6(1)：37111.

COLE J L,LARY J W,MOODY T P,et al. ,2008. Analytical ultracentrifugation：sedimentation velocity and sedimentation equilibrium[J]. Methods in Cell Biology,84：143-179.

CREIGHTON T E,1993. Proteins：structures and molecular properties[M]. 2nd ed. New York：W. H. Freeman.

DE LA TORRE J G,LLORCA O,CARRASCOSA J,et al. ,2001. HYDROMIC：prediction of hydrodynamic properties of rigid macromolecular structures obtained from electron microscopy images[J]. European Biophysics Journal,30(6)：457-462.

DENNING D P, PATEL S S, UVERSKY V, et al. , 2003. Disorder in the nuclear pore complex：the FG repeat regions of nucleoporins are natively unfolded[J]. Proceedings of the National Academy of Sciences of the United States of America,100(5)：2450-2455.

DILL K A,MACCALLUM J L,2012. The protein-folding problem,50 years on[J]. Science,338(6110)：1042-1046.

DUNKER A K, OLDFIELD C J, MENG J W, et al. , 2008. The unfoldomics decade：an update on intrinsically disordered proteins[J]. BMC Genomics,9(2)：S1.

EBEL C,BIRCK C,2021. Sedimentation velocity methods for the characterization of protein heterogeneity and protein affinity interactions[J]. Methods in Molecular Biology,2247：155-171.

EBEL C,2011. Sedimentation velocity to characterize surfactants and solubilized membrane proteins[J]. Methods,54(1)：56-66.

ERREY J C,FIEZ-VANDAL C,2020. Production of membrane proteins in industry：The example of GPCRs[J]. Protein Expression and Purification,169：105569.

FLEMING K G,2008. Determination of membrane protein molecular weight using sedimentation equilibrium analytical ultracentrifugation[J]. Current Protocols in Protein Science,Chapter 7：7. 12. 1-7. 12. 13.

GABIR H,GUPTA M,MEIER M,et al. ,2023. Investigation of dynamic solution interactions between NET-1 and UNC-5B by multi-wavelength analytical ultracentrifugation[J]. European Biophysics Journal,52(4)：473-481.

HOELZ A,NAIRN A C,KURIYAN J,2003. Crystal structure of a tetradecameric assembly of the association domain of Ca^{2+}/calmodulin-dependent kinase II[J]. Molecular Cell, 11(5): 1241-1251.

HOPKINS M M, LAMBERT C L, BEE J S, et al., 2018. Determination of interaction parameters for reversibly self-associating antibodies: a comparative analysis[J]. Journal of Pharmaceutical Sciences,107(7): 1820-1830.

JAWHARI A,2020. Editorial-Membrane protein tools for drug discovery[J]. Methods,180: 1-2.

KHAN S,BIRCH J,VAN CALSTEREN M R,et al.,2018. Interaction between structurally different heteroexopolysaccharides and β-lactoglobulin studied by solution scattering and analytical ultracentrifugation[J]. International Journal of Biological Macromolecules, 111: 746-754.

KIRSCHNER M W, SCHACHMAN H K, 1971. Conformational changes in proteins as measured by difference sedimentation studies. I. Technique for measuring small changes in sedimentation coefficient[J]. Biochemistry,10(10): 1900-1919.

KRAYUKHINA E, UCHIYAMA S, FUKUI K, 2012. Effects of rotational speed on the hydrodynamic properties of pharmaceutical antibodies measured by analytical ultracentrifugation sedimentation velocity [J]. European Journal of Pharmaceutical Sciences,47(2): 367-374.

LE MAIRE M,CHAMPEIL P,MOLLER J V,2000. Interaction of membrane proteins and lipids with solubilizing detergents [J]. Biochimica et Biophysica Acta (BBA)-Biomembranes,1508(1/2): 86-111.

LE ROY A, WANG K, SCHAACK B, et al., 2015. AUC and small-angle scattering for membrane proteins[J]. Methods in Enzymology,562: 257-286.

LEBOWITZ J, LEWIS M S, SCHUCK P, 2002. Modern analytical ultracentrifugation in protein science: a tutorial review[J]. Protein Science,11(9): 2067-2079.

LI D D,CHU W D,SHENG X L,et al.,2021. Optimization of membrane protein tmra purification procedure guided by analytical ultracentrifugation[J]. Membranes(Basel), 11(10): 780.

MANDAL R,KOHOUTOVA K,PETRVALSKA O,et al.,2022. FOXO4 interacts with p53 TAD and CRD and inhibits its binding to DNA[J]. Protein Science,31(5): e4287.

MARSH J A, TEICHMANN S A, 2015. Structure, dynamics, assembly, and evolution of protein complexes[J]. Annual Review of Biochemistry,84: 551-575.

MAVADDAT N, MASON D W, ATKINSON P D, et al., 2000. Signaling lymphocytic activation molecule(CDw150)is homophilic but self-associates with very low affinity[J]. Journal of Biological Chemistry,275(36): 28100-28109.

MERRY A H,GILBERT R J C,SHORE D A,et al,2003. O-glycan sialylation and the structure of the stalk-like region of the T cell co-receptor CD8[J]. Journal of Biological Chemistry,278(29): 27119-27128.

MITRA S,DEMELER B,2020. Probing RNA-protein interactions and RNA compaction by

sedimentation velocity analytical ultracentrifugation[J]. Methods in Molecular Biology,
2113：281-317.

NELSON D L,COX M M,2008. Lehninger principles of biochemistry[M]. 5th ed. New
York：W. H. Freeman.

NOURSE A,TRABI M,DALY N L,et al.,2004. A comparison of the self-association
behavior of the plant cyclotides kalata B1 and kalata B2 via analytical ultracentrifugation
[J]. Journal of Biological Chemistry,279(1)：562-570.

O'FARRELL P H,1975. High resolution two-dimensional electrophoresis of proteins[J].
Journal of Biological Chemistry,250(10)：4007-4021.

ORTEGA A,AMORÓS D,DE LA TORRE J G,2011. Global fit and structure optimization of
flexible and rigid macromolecules and nanoparticles from analytical ultracentrifugation
and other dilute solution properties[J]. Methods,54(1)：115-123.

PANDEY A,SHIN K,PATTERSON R E,et al.,2016. Current strategies for protein
production and purification enabling membrane protein structural biology[J]. Biochemistry and
Cell Biology,94(6)：507-527.

PATEL T R,BESONG T M D,MEIER M,et al.,2018. Interaction studies of a protein and
carbohydrate system using an integrated approach：a case study of the miniagrin-heparin
system[J]. European Biophysics Journal,47(7)：751-759.

PETTERSEN J M,YANG Y X,ROBINSON A S,2023. Advances in nanodisc platforms for
membrane protein purification[J]. Trends in Biotechnology,41(8)：1041-1054.

RIVAS G,FERNÁNDEZ J A,MINTON A P,2001. Direct observation of the enhancement of
noncooperative protein self-assembly by macromolecular crowding：indefinite linear self-
association of bacterial cell division protein FtsZ[J]. Proceedings of the National
Academy of Sciences of the United States of America,98(6)：3150-3155.

SALVAY A G,EBEL C,2006. Analytical ultracentrifuge for the characterization of detergent
in solution[M]//WANDREY C,CÖLFEN H. Analytical ultracentrifugation VIII. Berlin：
Springer：74-82.

SAVVIDES S N,YEO H J,BECK M R,et al.,2003. VirB11 ATPases are dynamic hexameric
assemblies：new insights into bacterial type IV secretion[J]. The EMBO Journal,22(9)：
1969-1980.

SCHUCK P,2003. On the analysis of protein self-association by sedimentation velocity
analytical ultracentrifugation[J]. Analytical Biochemistry,320(1)：104-124.

SCHUCK P,ZHAO H Y,BRAUTIGAM C A,et al.,2016. Basic principles of analytical
ultracentrifugation[M]. Boca Raton：CRC Press.

SCOPES R K,1994. Protein purification：principles and practice[M]. 3rd ed. New York：
Springer.

SCOTT D J,WINZOR D J,2012. Sedimentation velocity of intrinsically disordered proteins：
what information can we actually obtain? [J]. Molecular BioSystems,8(1)：378-380.

SCOTT D J,2008. The shock of the old：hydrodynamics for the masses[J]. Biochemical
Society Transactions,36(4)：766-770.

SEDDON A M,CURNOW P,BOOTH P J,2004. Membrane proteins,lipids and detergents: not just a soap opera[J]. Biochimica et Biophysica Acta(BBA)-Biomembranes,1666(1/2): 105-117.

SHAPIRO L,DOYLE J P,HENSLEY P,et al. ,1996. Crystal structure of the extracellular domain from P_0, the major structural protein of peripheral nerve myelin[J]. Neuron, 17(3): 435-449.

STAFFORD W F,SHERWOOD P J,2004. Analysis of heterologous interacting systems by sedimentation velocity: curve fitting algorithms for estimation of sedimentation coefficients,equilibrium and kinetic constants[J]. Biophysical Chemistry,108(1/3): 231-243.

SURYA W,YONG C P Y,TYAGI A,et al. ,2023. Anomalous oligomerization behavior of *E. coli* aquaporin Z in detergent and in nanodiscs[J]. International Journal of Molecular Sciences,24(9): 8098.

SUTTON G, FRY E, CARTER L, et al. , 2004. The nsp9 replicase protein of SARS-coronavirus,structure and functional insights[J]. Structure,12(2): 341-353.

TAYLOR I A,ECCLESTON J F,RITTINGER K,2004. Sedimentation equilibrium studies [J]. Methods in Molecular Biology,261: 119-136.

SVEDBERG T,PEDERSEN K O,1940. The ultracentrifuge[M]. Oxford: The Clarendon Press.

TISELIUS A,1937. A new apparatus for electrophoretic analysis of colloidal mixtures[J]. Transactions of the Faraday Society,33(33): 524-531.

TOMPA P, FERSHT A,2009. Structure and function of intrinsically disordered proteins [M]. New York: Chapman and Hall/CRC.

TSAI C J, NUSSINOV R, 2014. A unified view of "how allostery works"[J]. PLoS Computational Biology,10(2): e1003394.

UVERSKY V N,LONGHI S,2010. Instrumental analysis of intrinsically disordered proteins: assessing structure and conformation[M]. Hoboken: Wiley.

VAN RAAIJ M J,CHOUIN E,VAN DER ZANDT H,et al. ,2000. Dimeric structure of the coxsackievirus and adenovirus receptor D1 domain at 1. 7Å resolution[J]. Structure, 8(11): 1147-1155.

VOET D, VOET J G, PRATT C W, 2016. Fundamentals of biochemistry: life at the molecular level[M]. 5th ed. Hoboken: John Wiley & Sons.

VON HEIJNE G,2007. The membrane protein universe: what's out there and why bother? [J]. Journal of Internal Medicine,261(6): 543-557.

WANG J Z,LI H J,HAN Z F,et al. ,2015. Allosteric receptor activation by the plant peptide hormone phytosulfokine[J]. Nature,525(7568): 265-268.

WEI Y J, LEE J E, DZIEGELEWSKI M,et al. ,2021. Determination of the SLAMF1 self-association affinity constant with sedimentation velocity ultracentrifugation [J]. Analytical Biochemistry,633: 114410.

ZHANG J,PEARSON J Z,GORBET G E,et al. ,2017. Spectral and hydrodynamic analysis of west nile virus RNA-protein interactions by multiwavelength sedimentation velocity in the analytical ultracentrifuge[J]. Analytical Chemistry,89(1)：862-870.

ZHAO H Y,BRAUTIGAM C A,GHIRLANDO R,et al. ,2013. Overview of current methods in sedimentation velocity and sedimentation equilibrium analytical ultracentrifugation [J]. Current Protocols in Protein Science：10. 1002/0471140864. ps2012s71.

第4章

分析超速离心技术在生物医药领域的应用

生物医药是将现代生物技术与各种形式的新药研发、药物生产相融合,同时与疾病的诊断、预防和治疗相结合的高科技产业,是一个高度知识密集型、高投入、高风险的新兴产业。生物医药领域的产品种类繁多,包括基因工程药物、基因工程疫苗、新型疫苗、诊断试剂、微生态制剂、血液制品以及其他代用品。随着社会进步、科技发展和人民生活水平提高,社会对生物医药产品需求越来越大,生物医药产业得到快速发展,逐渐成为世界各国竞相抢占的战略性新兴产业之一。当前,全球的生物医药产业正呈现出高度集聚的发展趋势,主要集中在美国、欧洲、日本、印度、新加坡、中国等多个国家和地区。我国生物医药行业的发展历程可以追溯到 20 世纪 80 年代,虽然起步相对较晚,但其发展速度却异常迅猛,我国也是全球最大的生物医药消费市场。生物医药与生命健康息息相关,因此,基于生物技术开发的相关药物必须在体外条件下进行全面评估,以确保其绝对安全性。

蛋白质药物种类多样,如迅速发展的治疗性蛋白,它涵盖了激素、生长因子、细胞因子、单克隆抗体、重组抗体、蛋白酶和蛋白疫苗等。蛋白质药物因其卓越的生物活性、高度特异性而毒副作用极低的特点被广泛应用于治疗恶性肿瘤、自身免疫性疾病、遗传疾病、糖尿病、细菌和病毒感染等疾病(Lagassé et al.,2017)。随着人们对生物技术研究的深入和蛋白质类药物临床应用范围的不断扩大,蛋白质药物已成为现代医药领域最具活力的一个分支。然而,生物药的结构复杂性使其结构表征面临很大的挑战,为了确保生物药的安全有效及质量可控,采用多种高精度技术进行表征和质量控制非常重要。在稳定性方面表现不佳的蛋白药物,其应用范围也往往受到限制。

由于蛋白质药物独特的结构特点,溶解性不佳等问题很可能导致蛋白聚集。在蛋白质药物的生产、纯化、运输和储存过程中,受环境和自身稳定性等多种因素的影响,蛋白质药物可能发生构象改变,氨基酸基团去酰胺化,二硫键断裂等一系列复杂变化,最终导致蛋白质的聚集或降解(Manning et al.,2010)。此外,由于存在蛋白质分子间相互作用,蛋白质形成聚集体后不易纯化,从而影响药物质量。蛋白质聚集体的生成不仅会削弱蛋白质药物的疗效,还很可能引发免疫反应,严重者将导致过敏性休克,威胁生命安全。因此,如何有效控制蛋白质药物的聚集一直是医药界关注的热点问题之一,检测蛋白质药物的聚集程度也是生物制药中的重要环节。近年来,国内外学者开展了一系列研究工作来探讨影响蛋白聚集的因素,并建立了相应的评价标准。由于蛋白质聚集体的异质性极大,形态多样,尺寸分布广泛,目前尚未发现任何一种技术或方法能够全面检测蛋白质聚集体的存在。因此,寻找新的技术手段来快速准确地检测并控制蛋白质聚集体一直是生物医药领域研究热点之一。自1982年美国食品药品监督管理局(FDA)批准首个蛋白质药物——重组人胰岛素上市以来,随着蛋白质聚集体检测技术和方法的不断创新,蛋白质药物质控标准的完善等方面都取得了巨大的进展。在治疗性蛋白药物的质量监控中,SEC、AUC、DLS和电子显微技术已较为成熟并发挥了非常重要的作用(Roberts et al.,2014)。

4.1　在治疗性蛋白质产品质量监控中的应用

4.1.1　重组蛋白药物表征和质控

由于重组蛋白的聚集体具有潜在的免疫原性,聚集体控制对于重组蛋白制品的产品质量至关重要,是成功开发该类产品的关键要素之一。纵观重组蛋白开发的全流程,每一环节都有可能导致聚集体的产生,因此需对聚集体准确定量并将其控制在可接受范围内。AUC因其可以为生物大分子、溶剂提供流体力学和热力学信息,已广泛应用于重组蛋白的表征及相关质控。

虽然SEC具有分析时间短、耗材容易获得及应用范围广等诸多优势,但它对蛋白聚集体含量的检测可能不准确,并且分析结果可能存在一定的误差。导致SEC检测不准确的可能原因有:1)样品在检测过程中被大幅稀释,可能会导致聚集体的解聚;2)与单体成分相比,聚集体更容易吸附于柱基质上,导致定量不准;3)定量准确性高度依赖柱基质与被测蛋白性质的匹配。

AUC能够在原始溶剂条件下进行样品分析,不需要标记物和标准品,可以在某些方面弥补SEC的不足之处。通过AUC-SV实时监测样品中多组分的沉降,可得到沉降组分的含量分布信息,进而鉴定样品纯度。AUC-SE可以提供样品热力学参数信息,如分子量、结合解离常数等。通过AUC可以区分单体、二聚体、三聚体、四聚体及其他聚体(图 4.1),而 SEC 需要在分离度和分辨率的动态范围内权衡,典型 SEC 色谱柱的分离范围通常不足以覆盖大的聚集体。能够良好分离单体和二聚体的色谱柱孔径通常使所有大于三聚体或四聚体的物质直接随空隙流出无法区分。对于某些形状不对称的蛋白质,SEC 可能将天然状态错误地识别为二聚体。SEC 的每种填料对蛋白的吸附作用不同,同时受多种条件影响,如 pH、温度及流动相性质等。蛋白质与填料可能存在多种或复合方式的相互作用模式,这也意味着很难找到一个通用性的优化方案来减少所有的相互作用。填料对于蛋白质的吸附有可逆和不可逆两种类型。如果吸附是不可逆的,样品被破坏,填料或色谱柱无法继续使用。如果吸附是快速可逆的,回收率不受影响,但会使洗脱体积增加;可逆结合还会导致洗脱峰变宽或拖尾,从而降低分辨率。而对于 AUC,测试仅需原始溶液或原始制剂,也不存在蛋白和填料相互作用的情况。另外,AUC 的分辨率和转速的平方相关,对于分离度不好的样品,适当提高转速便可以进一步提高分辨率。由于现有的通用方法各自存在不足,对于蛋白聚体分子的监管通常要求提供正交验证数据,FDA 早在 2015 年发布的生物类似药的指导意见中就将 AUC 纳为推荐方法。

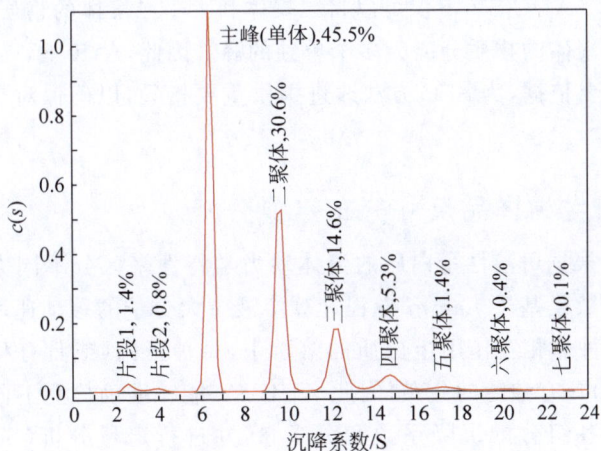

图 4.1　AUC-SV 检测某单抗结果图

4.1.2　指导尺寸排阻色谱方法开发

为了确保所采用的 SEC 方法适合于待测生物大分子,需要在 SEC 方法开发中仔细评估潜在的误差来源,如上文提到的蛋白和填料的相互作用、吸附及解聚等。AUC 作为"金标准"技术是辅助评估 SEC 方法开发的强大工具,AUC

可在接近天然的条件下直接检测待测样品,从而弥补 SEC 方法在原理上的不足。

AUC-SV 指导下的 SEC 方法学开发在生物制药中得到了广泛应用,主要原因是 AUC-SV 是原位离心过程,不依赖于固相填料或基质,因此能够避免对蛋白溶液的干扰,直接对样品原始溶液进行分析。这种方法有助于优化 SEC 方法,提供更加精确的聚集体定量结果。例如,SEC 填料通常会吸附蛋白质纳米颗粒,因此产生的回收率偏差可能导致对生物药中聚集体含量的错误评估。使用 AUC-SV 对同一样品进行检测,可以发现这一问题。因此,AUC-SV 的正交分析为不断改进 SEC 方法提供了重要的参考依据。

AUC-SV 还可指导提高 SEC 方法的分辨率。SEC 分辨率不足时导致聚集体和单体共洗脱,会引起聚集体含量高估或低估(大于二聚体的物质共同被洗脱形成一个宽洗脱峰,甚至二聚体也共同被洗脱)。如果能从二聚体和较大聚集体成分中实现基线分离单体,则可以确保不会因 SEC 分析期间聚体与单体共洗脱而漏报。

AUC 实验能够比较精确地区分不同大小聚体,可为了解聚集体的构成和形成机制提供重要信息,如聚集体形成主要是由于二聚体增加、高聚体的增加还是两者皆有。AUC-SV 不仅可以将二聚体和大于二聚体的物质彼此分离,还可以将大于二聚体的物质分离为多个单独的峰。因此,AUC-SV 可以作为 SEC 方法开发的重要依据,为 SEC 方法改进提供重要指导,以确保对聚集体的高分辨、准确定量。

4.1.3　生物样品尺寸分布定量分析

AUC-SV 根据可溶性蛋白质的流体动力学特性来区分不同大小的蛋白质分子。沉降系数是基于 Lamm 方程计算溶液中大分子的移动速率得出的测量值。在包含多种非相互作用蛋白质的溶液中,每种蛋白(或具有相似流体动力学特性的集合)具有独特的分布,因此 AUC-SV 能够准确检测不同蛋白质的分布特征以表征各组分的沉降系数和分子量,并进行定量分析(Schuck et al.，2000)。

AUC-SV 在表征聚合物、生物大分子方面有着悠久的历史。目前的重要应用包括蛋白质大小分布的定量分析及其相互作用研究,纳米颗粒以及用于药物输送的相关载体研究(Bepperling et al.，2023)。AUC-SV 的独特之处在于该技术能够在原始溶液环境中精确测量分子的大小和分布,同时避免了与固定相的相互作用,能够真实地反映蛋白分子在原始溶液中的状态,从而实现各种药物成分和制剂条件(如最终药物或药物产品的基质)的最佳匹配,帮助了解聚集体形成机制。除此之外,AUC 的技术特征还使其适用于分子筛选、分子可制造型评估、配方开发、工艺开发和产品稳定性监测等。

　　基因治疗药物的蓬勃发展使得对病毒载体及病毒的表征和质量控制的需求迅速增加。关键质量属性之一是颗粒的分布,包括对空颗粒、部分颗粒和完整颗粒的占比以及聚集体的定量分析。AUC-SV 提供了基于病毒沉降系数差异的高分辨率分析方法,是量化异质衣壳基因组包装含量的有效方法,在病毒载体研究领域获得广泛应用,为空壳率检测的"金标准"。近十年来,治疗性抗体是最常见的生物制药产品类别,具有明显的临床效果,但在生产、纯化、包装以及运输和储存过程中产生的抗体聚集体(大小从数十纳米到数百微米)已成为需要解决的主要问题。从 21 世纪初期开始,AUC-SV 开始被制药行业广泛用于定量表征抗体聚集体,抗体药物的大小分布和定量的准确表征对药物质量监控具有重要意义,也为药品制备和保存工艺提供指导。AUC-SV 也是疫苗产品重要的表征工具,因为疫苗产品对样品的均一度有着极高的要求,AUC-SV 为疫苗工艺开发和质量监控提供了重要保障。

4.1.4　对分子间相互作用的生物制药评估

　　AUC-SE 是研究溶液中蛋白质分子间可逆相互作用的重要技术,它能提供平均分子量、化学计量等生物物理信息。目前,人们已知蛋白质分子的可逆自聚集可能导致聚集体和黏度升高。可逆自聚集归因于蛋白质的分子间相互作用,通常涉及多种分子间作用力,例如静电相互作用、范德华力和疏水相互作用。第二维里系数(BM)是描述相对稀溶液中分子间相互作用程度的参数之一,可用于评估胶体稳定性。一般认为,BM 为正意味着存在排斥性分子间相互作用,BM 为负则表明存在吸引性相互作用。BM 可以通过 AUC-SE 实验确定,因此在生物制药评估中,AUC-SE 为理解生物制药中的分子聚集以及建立有效的生物制药生产工艺、配方和管理提供了指导。

　　溶液 pH、离子强度和糖的添加对蛋白质的物理性质(即聚集倾向和黏度)有显著影响,表面活性剂和缓冲液的浓度和种类以及蛋白质的浓度对蛋白质的物理性质也有影响,因此需要付出巨大的努力来评估所有参数以优化生物药物的配方。例如抗体和溶菌酶的胶体稳定性与缓冲液的浓度、种类、离子强度、pH、糖和表面活性剂相关。AUC-SE 可以基于胶体稳定性指标预测聚集倾向和黏度,从而仅需消耗很少的样品来筛选各种参数。由于 AUC-SE 可以为判断胶体稳定性的类型和程度提供有效的参考,因此 AUC-SE 技术能够优化生物制品的生产工艺、储运条件。

4.2　在疫苗研发中的应用

　　疫苗作为人类医学史上的突出成就之一，是预防和控制传染病最为经济有效的手段，每年可挽救近 600 万人的生命。疫苗研究的三大核心要素包括：免疫原，佐剂，疫苗与机体互作。其中免疫原决定了所诱导免疫应答的特异性和效应的靶向性。传统的疫苗技术多采用减毒或灭活的病原体，或分离病原体侵染中的关键蛋白质或多糖作为免疫原，配合使用能有效刺激抗体产生但难以诱导细胞产生免疫应答的铝佐剂（磷酸铝或氢氧化铝），通过注射或口服将疫苗递送至机体，诱导免疫状态正常的个体产生保护性抗体应答。这一技术策略尽管有效，但已经难以应对当前的高难度创新疫苗研发，尤其在面对更为复杂的新发突发病原、多基因型或高变异性病原，或者当个体存在不同预存免疫的情况下，免疫原选择和设计的理论依据不足已成为创新疫苗研究的关键科学问题。疫苗免疫原研究的重大挑战和重大需求，驱动免疫原研究逐步从以减毒、灭活苗等为代表的传统疫苗学，走向以重组颗粒疫苗、mRNA 疫苗为代表的反向疫苗学。在发展过程中，涌现出众多经典研究案例，例如重组戊型肝炎疫苗、重组乙肝疫苗、宫颈癌疫苗、埃博拉病毒疫苗、新冠 mRNA 疫苗等。在这些新型疫苗发展过程中，AUC 作为一种重要的表征技术解决了多种质量控制的难题，对未来的疫苗研发具有重要作用。

4.2.1　病毒样颗粒疫苗研发

　　病毒样颗粒（virus like particle，VLP）是高度有序的重复结构，是病毒蛋白的大分子组装体，可有效交联 B 细胞受体。VLP 可以刺激产生先天性和适应性免疫反应，其颗粒结构有利于抗原呈递细胞的摄取，从而有利于激活高效的保护性免疫应答。目前商业化 VLP 可以通过大肠杆菌、酵母、杆状病毒昆虫细胞和中国仓鼠卵巢细胞（CHO）表达系统实现。在商业化生产中，不同的表达系统成本效益不尽相同，适用不同 VLP 的生产，但同时也会产生多样性的污染源，因此生产系统的选择对下游工艺以及总体生产成本有很大影响。VLP 纯化通常不简单，因为 VLP 需要与源自宿主细胞的大小近似的颗粒分离，验证过程中还必须去除外来病毒。然而，细胞组装的 VLP 很可能被宿主蛋白或 DNA 污染，这些封装的污染物可能会产生不良的生物反应，因此需要进一步处理以满足生物制药产品的严格要求。此外，VLP 本身可能与宿主细胞的蛋白质结合，在一定程度上污染 VLP 的外部，这些黏附的污染物本身会增加处理的复杂性，因此在进一步处理之前必须破坏 VLP 和污染物之间的物理连接。高纯度 VLP 制剂的表征在 VLP 疫苗开发过程中至关重要。由于 VLP 候选疫苗特征不明确而导致对免疫学数据的误解，可能会影响 VLP 设计和生物工艺开发。此外，表征 VLP 亚基和 VLP 的聚集倾向是对生产过程和疫苗批次间一致性质量检查的重要环节。用于疫苗开发或疫苗制造的全面 VLP 表征（包括生物化学、生物物理和生物学）需要多种互补的分析工具，特别是要涵盖 VLP 的结构和功能多样性。VLP 的表征涉及生物制药环节中的一系列技术标准，包括测定氨基酸组成，分子量、表面亲疏水特征、分子纯度和热稳定性等。

利用酵母表达系统生产的乙型肝炎病毒（HBV）疫苗是病毒样颗粒疫苗的典型案例。1986 年重组乙肝疫苗获得 FDA 的批准上市，接种三剂乙肝疫苗能够提供超过 90％的保护率，是控制乙型肝炎病毒感染的最有效策略。尽管具有良好的安全性和有效性，重组乙肝疫苗在特定人群中（患有癌症、自身免疫疾病、肝病、肾病等）的有效性显示出较大差异。因此仍需开发新型的 HBV 疗法来满足特定群体的需求。Eren 等人（2018）报导了一种基于抗体及其片段在抑制 HBV 衣壳组装方面的研究。乙肝核心抗原（HBcAg）在组装条件下（pH 7.5,250mmol/L NaCl）可组装成病毒衣壳，在非组装条件下（pH 9.5,低离子浓度）呈现示为二聚体。e13 和 e21 抗体能分别以较高亲和力识别并结合 HBcAg 二聚体的二聚界面，导致在组装条件下，e13 或 e21 的存在会完全抑制核衣壳的组装。通过 AUC-SV 测定沉降速率发现，在非组装条件下，HBcAg 的沉降系数约为 2.4S,组装后的沉降系数则为 42S～45S；在组装条件下，当存在 e13 或 e21 抗体时，样品组分呈现为 HBcAg 与 e13（或 e21）的免疫复合物，沉降系数分别为 4.3S 和 5.7S,可知病毒核衣壳的组装被有效抑制了，进而抑制了 HBV 病毒在宿主体内的增殖（图 4.2）。

益可宁是我国自主设计研发的一款重组戊型肝炎疫苗，该疫苗以类病毒颗粒 p239 作为免疫原，能够诱发强效免疫保护，是全球肝炎防控的重要里程碑。厦门大学研究团队在体系中存在 4mol/L 尿素条件下，通过 AUC-SV 和 AUC-SE 对类病毒颗粒的组分进行了初步表征（Yang et al. ,2013）。测得主要组分的沉降系数为 1.7S,分子量为 45kDa,而 p239 单体分子量为 25kDa,说明类病毒颗粒的前体分子是以二聚体的形式存在，且在非组装环境中即已形成（图 4.3）。研究团队通过在环境中添加不同浓度的 $(NH_4)_2SO_4$,发现提高盐浓度能促进 p239 二聚体前体组装为类病毒颗粒，而同样条件下截去 N 端 26 个残基的片段却无法组装，说明 p239 N 末端的疏水氨基酸是促进颗粒组装的主要

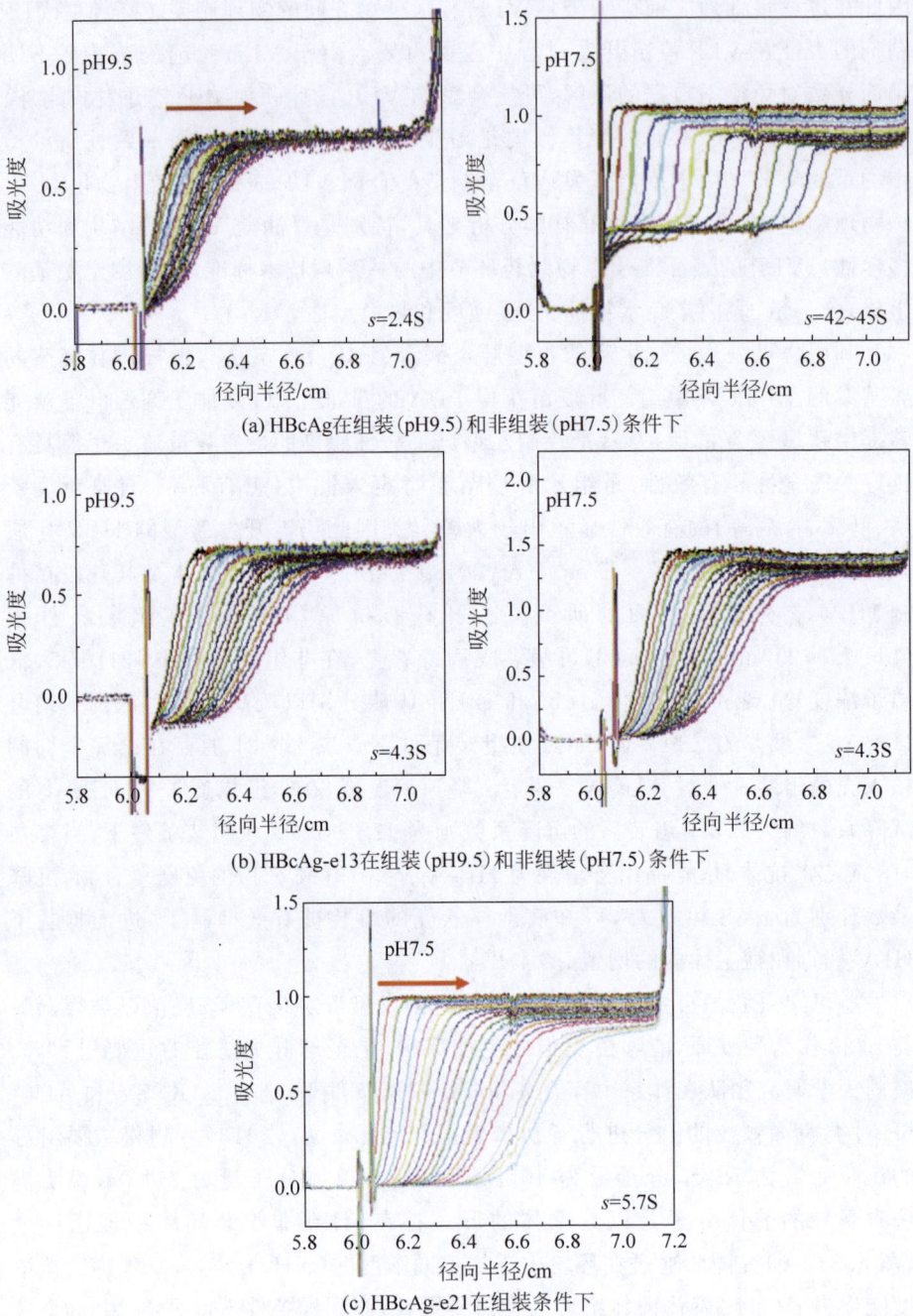

(a) HBcAg在组装(pH9.5)和非组装(pH7.5)条件下

(b) HBcAg-e13在组装(pH9.5)和非组装(pH7.5)条件下

(c) HBcAg-e21在组装条件下

图 4.2　AUC-SV 表征 HBcAg 及其免疫复合物

授权引用自 Eren 等(2018)© Elsevier Ltd 2018

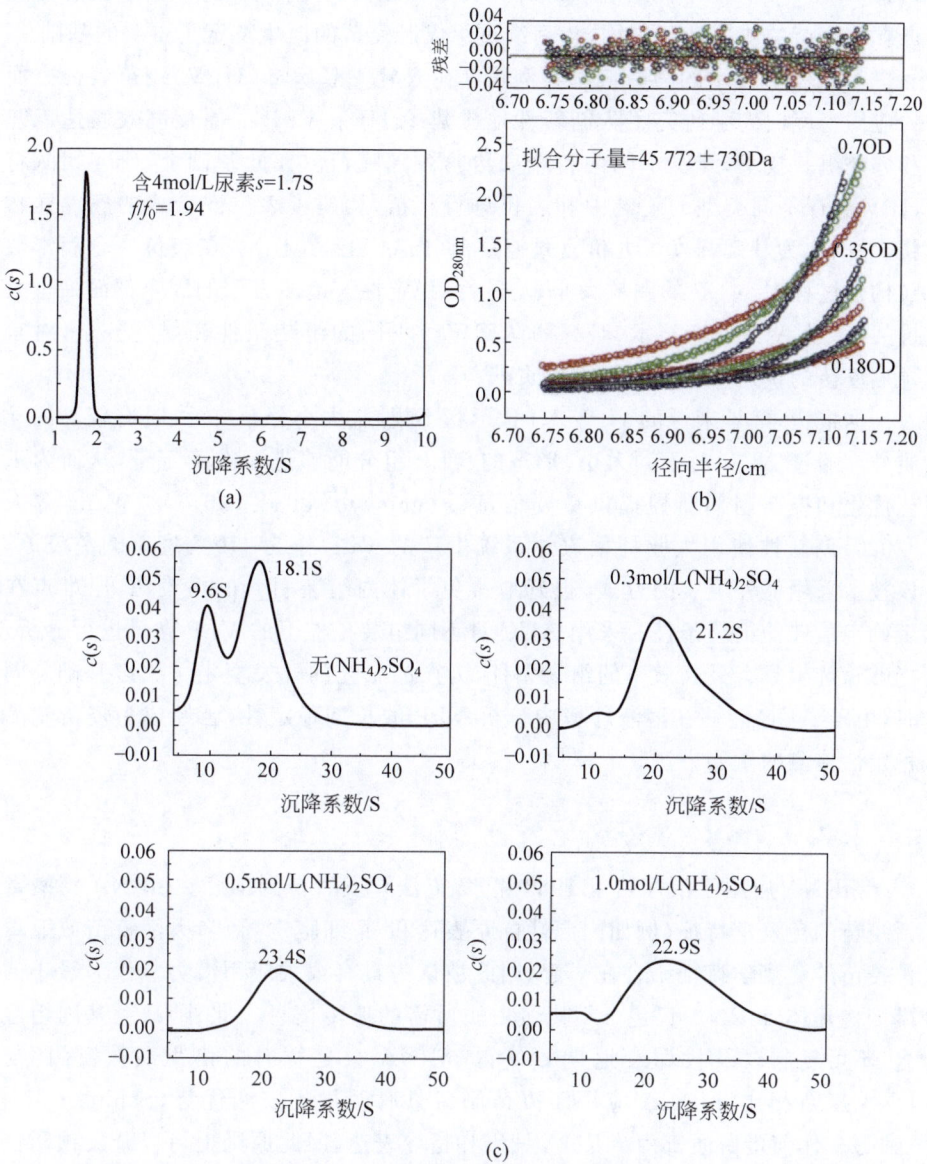

图 4.3　AUC 在戊型肝炎疫苗研发中的应用

利用(a) AUC-SV 和(b)AUC-SE 测定 p239 沉降系数和分子量；(c)利用 AUC-SV 在不同浓度(NH₄)₂SO₄ 环境下测定表观沉降系数，表征 p239 组装状态。授权引用自 Yang 等 (2013)© The Protein Society 2012

因素。AUC-SV 使不同组装状态的类病毒颗粒得到充分表征，促进了戊肝类病毒颗粒疫苗的快速转化应用，为后续重组戊肝疫苗的诞生奠定了重要的基础。

AUC-SV 技术的另一典型案例是其在人乳头瘤病毒（HPV）疫苗表征方面的应用。厦门大学研究团队创新性地构建了 HPV VLP 的原核高效表达工艺和体外组装技术，开发了国内首个二价宫颈癌疫苗。在此基础上，研究团队将 HPV 病毒不同类型的关键中和表位进行移植，构建了表位嵌合式的病毒样颗粒，并以此为基础开发了九价宫颈癌疫苗（Li et al.，2016）。在表位嵌合病毒颗粒构建过程中，VLP 的颗粒大小、均一性、稳定性等诸多方面的因素都面临重大挑战，通过 AUC-SV 技术，研究团队确定了不同的组装条件和候选分子，对宫颈癌疫苗的快速转化做出了重要贡献。

据报道，酵母来源的 HPV VLP 形状不规则、大小分布广泛，具有较高的异质性。通过 AUC 对不同大小、形态的 VLP 组分能够进行准确定量，从而为工艺优化和疫苗制剂监控提供重要信息（Fuenmayor et al.，2017）。Wang 等人（2020）创新性使用大肠杆菌表达系统生产的 VLP 作为 HPV 疫苗的免疫原。该技术采用体外组装的方式，很好地避免了体内组装引入的污染源，但难点在于确定最佳的组装条件。采用 AUC 对不同组装条件下的 VLP 含量进行分析，能够筛选出具有最高效率的组装条件，为产品工艺的开发奠定了关键基础。同时，由于 AUC 能够在溶液环境中分析 VLP 的长期稳定性，已经成为疫苗制品稳定性检测的重要方法。

4.2.2 mRNA 疫苗研发

mRNA 应用于治疗始于 1989 年，该方法开发后得到推广。mRNA 将减毒活疫苗的免疫学特征（例如内源性抗原表达和 T 细胞诱导）与灭活疫苗或亚单位疫苗的免疫学特征结合在一起，因此被认为具有很大应用潜力。作为最小的基因构建体，mRNA 仅包含编码蛋白质所需的遗传信息。此外，缺乏基因组整合、不可复制以及代谢衰退期短使得 mRNA 只是暂时的信息载体，因此与 DNA 疫苗相比，mRNA 应用于疫苗制备具有明显的安全优势（Sahin et al.，2014）。任何蛋白质都由 mRNA 编码和指导表达，因此原则上可以开发预防性和治疗性疫苗以对抗感染和癌症等多种疾病，在生产和应用方面有很大灵活性。由于编码不同蛋白只需改变 mRNA 分子的序列，其理化特性基本不受影响，因此可以使用相同的成熟工艺生产多种产品。与其他疫苗平台相比，mRNA 疫苗开发周期短，成本低。从功效方面来讲，mRNA 疫苗在体液免疫应答和细胞免疫应答方面都具有更佳的潜力，同时可以经过序列设计加入佐剂的特性（Pardi et al.，2018）。总而言之，mRNA 是一类很有前途的治疗分子，有潜力成为"颠覆性技术"的基础。

为了能作为药物在人体系统中发挥作用,mRNA 制剂需要抵抗生物物理和生物化学干扰。裸露的 mRNA 在没有递送系统的情况下会遇到核糖核酸酶降解、肾脏清除、免疫排斥等情况(Yin et al.,2014)。脂质体纳米颗粒(lipid nanoparticle,LNP)等递送系统可以克服这些问题,将 mRNA 有效递送到达靶组织,促进细胞内吞等过程。如今,LNP 介导的核酸药物递送以 siRNA 和 mRNA 为中心,衍生出 200 多种产品(Tenchov et al.,2021)。新冠疫情暴发后,辉瑞/生物科技(BioNTech)mRNA 疫苗和莫德纳(Moderna)mRNA 疫苗在病毒出现仅一年左右就被世界卫生组织列入紧急使用清单。尽管发展速度惊人,mRNA 疫苗技术仍面临诸多挑战。例如,mRNA 的负载效率直接影响疫苗效力,必须对最终产品进行严格表征。在对 mRNA 疫苗表征方面,AUC 具有独特的优势。AUC 设备具备多波长和新型检测系统,能够对蛋白质、脂类、糖类样品进行精确的分析,多项研究已经证明了它们在基因治疗产品分析方面的巨大潜力(Gorbet et al.,2015;Horne et al.,2020)。Henrickson 等人(2021)开发了一种能够定量检测 mRNA 拷贝数的新方法,为 mRNA 的负载工艺和样品质量控制提供重要的检测手段。脂质和 RNA 的密度差异很大,因此其沉降行为有显著区别。利用 AUC 可以检测不同 LNP-mRNA 在 D_2O 或其他同位素标记的水中的密度变化,并将这种密度分布解卷积为脂质和 mRNA 的分数,然后计算每个衣壳的 mRNA 拷贝数。Bepperling 等人(2023)采用该方法对 LNP-1156 进行了分析,通过对 AUC-SV 测得的密度和分子量分布进行分析,研究人员发现 LNP-1156 由 92%~96% 的脂质组成,而 mRNA 占比为 4%~8%,进而分析出每个 LNP 中包裹了 5 个 mRNA 分子,与之前使用的生物物理技术得出的结论一致(Bepperling et al.,2023)。

目前已上市的 mRNA 疫苗其所含可电离的阳离子脂质与核苷酸之比为 6,在离心力的作用下,LNP 呈现上浮趋势,通过 AUC 浮悬速度实验(AUC-FV),可实现对 LNP 沉降系数分布检测和高聚物含量检测。Thaller 等人(2023)对 LNP 疫苗进行预处理,如涡旋振荡,30℃、50℃或80℃下分别处理 4 小时,反复冻融等,然后通过 AUC 实验对 LNP 的稳定性等多个指标进行了研究(图 4.4)。

AUC 可以一次性实现对 LNP 密度、分子量和粒径分布的检测并且密度匹配(density matching)AUC、MWL-AUC、FDS-AUC 对同一样品进行检测可以相互检验(图 4.5;Henrickson et al.,2021)。

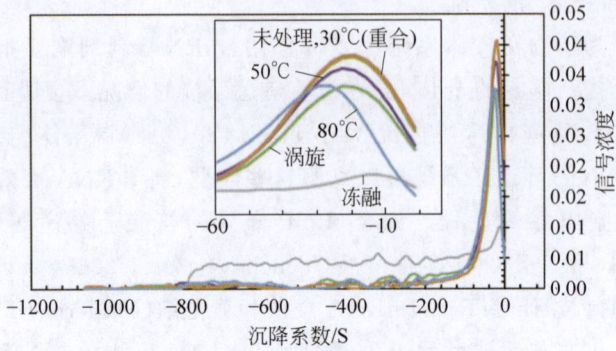

图 4.4   AUC-FV 检测预处理对 LNP 的影响

授权引用自 Thaller 等(2023)© Elsevier B. V. 2022

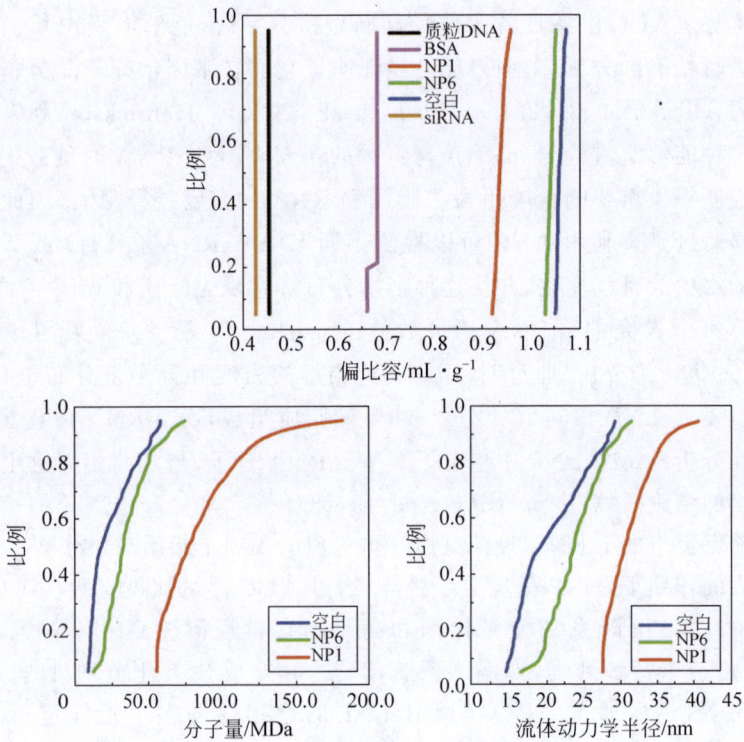

图 4.5   AUC 检测 LNP 物理性质

授权引用自 Henrickson 等(2021)© American Chemical Society 2021

　　国家药品监督管理局药品审评中心发布的《纳米药物质量控制研究技术指导原则(试行)》中，纳米颗粒的平均粒径、密度、稳定性、平均分子量及其分布、纳米药物的聚集状态及演变过程等是纳米药物重要的质量控制指标，纳米颗粒的聚集和药物的降解等是稳定性研究的重要内容。AUC 在这些研究及质量控制中发挥重要作用。

4.2.3 mRNA 原液质量控制

mRNA 原液质量控制涵盖鉴别、纯度、完整性、杂质、安全性等多项指标。对截短 RNA、目标单体 RNA 分子、长链 RNA、双链 RNA 及聚集体的综合检测要综合运用多种实验技术才能实现。如对于截短 RNA 常用毛细管电泳法，对于双链 RNA 采用 ELISA 方法，对于聚集体则通过 AUC 和 SEC 等方法测定，再综合分析这些方法得到检测结果。由于这些组分沉降系数存在差异，AUC 可以实现对上述结果的综合检测，得到更为全面的信息(图 4.6)，可以充分反应截短 RNA、单体目标 RNA 分子及聚集体的整体信息。值得注意的是，与蛋白质相比，由于 mRNA 分子量大、结构相对复杂，目前 SEC 对 mRNA 聚集体的鉴定结果不理想，AUC 对 mRNA 聚体的准确定量有望为 SEC 的方法学进一步优化和建立提供指导与参考。

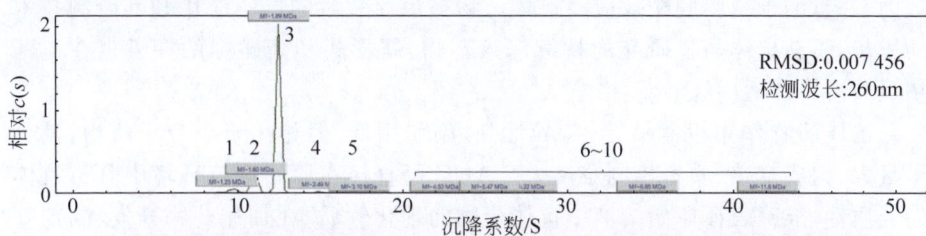

项目	峰1	峰2	峰3	峰4	峰5	峰6~10
沉降系数/S	9.39	11.17	12.51	15.03	17.37	>22.38
含量/%	12.92	13.52	69.32	2.43	1.00	0.80

图 4.6 AUC 对 mRNA 原液检测

4.3 在抗体药研发中的应用

抗体药物是一类可与抗原特异性结合而直接或间接发挥治疗作用的生物大分子类药物。抗体药物的制备结合了细胞工程技术和基因工程技术，具有特异性强、灵敏度高等优点，可用于治疗包括癌症、自身免疫病在内的多种疾病。自 1986 年全球首个鼠源单克隆抗体药物莫罗莫那(muromonab-CD3)上市以来，抗体药物飞速发展，截至目前，全球已有百余个抗体药物获批上市。

　　一般将已获批的抗体分为五类：典型抗体、抗体片段、抗体偶联药物（antibody drug conjugate，ADC）、双特异性抗体和其他形式抗体。

　　典型抗体有完整的抗体结构，由两条全长重链和两条全长轻链组成，常见于多种 IgG 抗体和少数 IgM 抗体中。抗体片段由抗体的部分结构域组成，这种形式包括 Fab 片段、单链可变区片段（scFv）、Fc 片段和骆驼抗体重链可变区（VHH）。由于分子量较小，抗体片段在组织穿透性方面具有优势。

　　抗体偶联药物（ADC）结合了单克隆抗体的特异性和高细胞毒性药物的效力，能够有效降低有效载核对正常细胞的毒性。与大多数药物一样，抗体偶联药物的开发中断通常是由于疗效及安全性等问题，在最大耐受剂量下抗肿瘤活性不足是临床试验终止的主要原因。抗体偶联药物未来的研发方向包括新的靶抗原、具有新作用机制的有效载荷、可以提供更好治疗指标的新连接子技术以及新的抗体和载体形式。

　　双特异性抗体是一种工程抗体或抗体片段，旨在将两个或多个不同的抗原识别结构域嵌合为一个独立的分子形态。这种设计策略显著提升了抗体药物效力，并有助于减少脱靶效应。抗体药物在治疗领域的广泛应用和其研制技术的进步，驱动抗体药物研究的持续深入药物，新形式和新靶标的探索也在不断拓展其潜力和适用性。

　　抗体药物作用机制清楚、特异性强、副作用低，但相比于小分子药物，其分子量大、构成复杂、质量控制难度大。AUC 可直接在原始溶液环境中分析抗体的异质性，准确表征原始溶液中抗体药物的理化性质，在加速药物开发、制剂筛选和质量控制中发挥重要作用。同时，AUC 还可以用来检测抗体偶联药物的结合效率。

4.3.1　抗体药物聚集体精准检测

　　抗体药物在生产、纯化、灌装、运输和储存过程中面临的最大问题是聚集体问题。聚集体能诱发机体的免疫反应，增加患者安全风险，因此在单抗药物的全生命周期管理中需要严格控制其大小变异体的含量。在小体积（小于 50mL）体系中配置高浓度抗体溶液（大于 1mg/mL）时，这一点尤为重要，因为这些条件有助于形成聚集体。

　　抗体聚集体的尺寸从几十纳米到数百微米不等，根据其大小可分为四类：纳米颗粒、亚微米颗粒、亚可见颗粒和可见颗粒（图 4.7）。目前，没有一种仪器方法可以覆盖整个尺寸范围，并且缺乏已知粒径和浓度的蛋白聚集体的标准品，因此通常使用基于不同检测原理的正交方法评估蛋白聚集体（Uchiyama et al.，2018）。

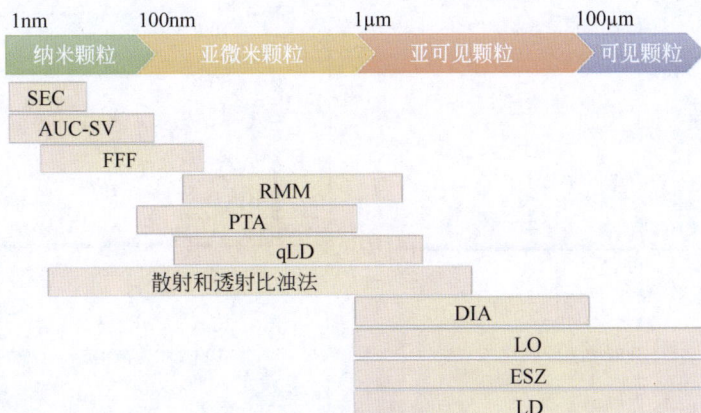

图 4.7　用于表征不同尺寸蛋白质聚集体的方法

SEC：尺寸排阻色谱；AUC-SV：沉降速度分析超速离心；FFF：场流分离；RMM：共振质量测量；PTA：粒子跟踪分析；qLD：定量激光衍射；DIA：动态影像分析；LO：光阻法；ESZ：电感应区域法；LD：激光衍射。授权引用自 Uchiyama 等（2018）© International Union for Pure and Applied Biophysics（IUPAB）and Springer-Verlag GmbH Germany 2017

此外，Krayukhina 等人发现使用 AUC-SV 测量的流体动力学特性可以提供有关抗体构象的信息，表明抗体的流体动力学参数取决于转速。通过在不同转速下研究单克隆抗体和多克隆抗体等不同类型抗体，发现不同转速下的摩擦比变化与抗体结构相关。虽然沉降系数值在不同转速下基本保持不变，但摩擦比和表观分子量随着转速的降低而增大，这些参数的变化都反映出结构的变化，可用于评估制造工艺和配方条件对产品质量和长期稳定性的影响（Krayukhina et al.，2012）。

4.3.2　双抗复合体检测

在双抗复合体检测中，一般采用不同混合摩尔比的双抗和抗原分子进行 AUC 实验。以对人表皮生长因子受体 2（HER2）的研究为例（Weisser et al.，2023），HER2 是一种受体酪氨酸激酶，泽尼达妥单抗（zanidatamab）是抗 HER2 IgG1 双特异性抗体，泽尼达妥单抗能以反式方式结合 HER2。泽尼达妥单抗与曲妥珠单抗（trastuzumab）和帕妥珠单抗（pertuzumab）相比，具有独特增强的功能。将泽尼达妥单抗（125kDa）、曲妥珠单抗（145kDa）、帕妥珠单抗（145kDa）及其联用体系与 HER2 胞外结构域（72kDa）在溶液中按照 1∶1、1∶2 和 1∶5 的摩尔比混合后，通过 AUC 分析体系中组分的比例可发现，泽尼达妥单抗与 HER2 胞外结构域主要形成 1∶2 及更大、更复杂的高阶复合物，表现与曲妥珠单抗联用帕妥珠单抗相近。曲妥珠单抗或帕妥珠单抗与 HER2 胞外结构域主要形成 1∶1 和 1∶2 复合物，高阶复合物仅存在痕量（图 4.8）。

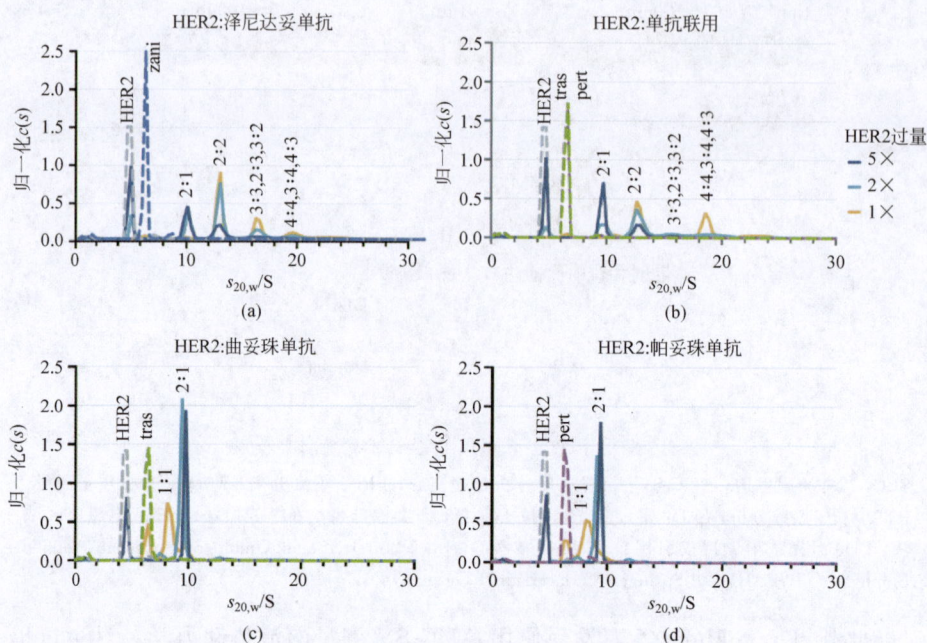

图 4.8　将 HER2 胞外结构域分别与泽尼达妥单抗（a）、曲妥珠单抗（c）、帕妥珠单抗（d）及曲妥珠单抗和帕妥珠单抗联用体系（b）在溶液中按照 1∶1（1×）、2∶1（2×）和 5∶1（5×）的摩尔比混合后的 AUC 结果

图中 zani 代表泽尼达妥单抗，tras 代表曲妥珠单抗，pert 代表帕妥珠单抗。授权引用自 Weisser 等（2023）© The Author(s)2023

　　Oganesyan 等人（2018）使用 AUC 研究了 HER2 可溶性片段与抗体药物的相互作用。MEDI4276 是一种抗 HER2 双抗偶联药物，每个抗体臂内有两个互补位。39S 是一种可与二聚化的 HER2 位点结合的类曲妥珠单抗单链片段。研究者将 HER2 片段（86kDa）和 MEDI4276（208kDa）、39S（148kDa）分子以 4∶1 比例混合后进行多信号 AUC-SV 实验（图 4.9）。实验结果表明 HER2 与 39S 形成单一 2∶1 复合物，沉降系数为 8.6S，与预期相符。而 MEDI4276 双抗与 HER2 抗原结合后不是单一饱和的复合物，而是沉降系数为 10～30S 的多种复合物，且复合物的峰较宽，表明是由不同形状和摩擦比复合物构成的非均质混合物。

4.3.3　抗体药物制剂筛选

　　AUC 还是一种用于筛选和表征抗体药物的强大技术，可以分析抗体的理化性质及其与潜在药物分子的相互作用。AUC 在抗体药物制剂筛选方面主要有以下应用：1)评估结合亲和力。通过研究抗体与药物复合物的沉降速度及其

(a) HER2与MEDI4276混合

(b) HER2与39S混合

(c) 单一样品对照

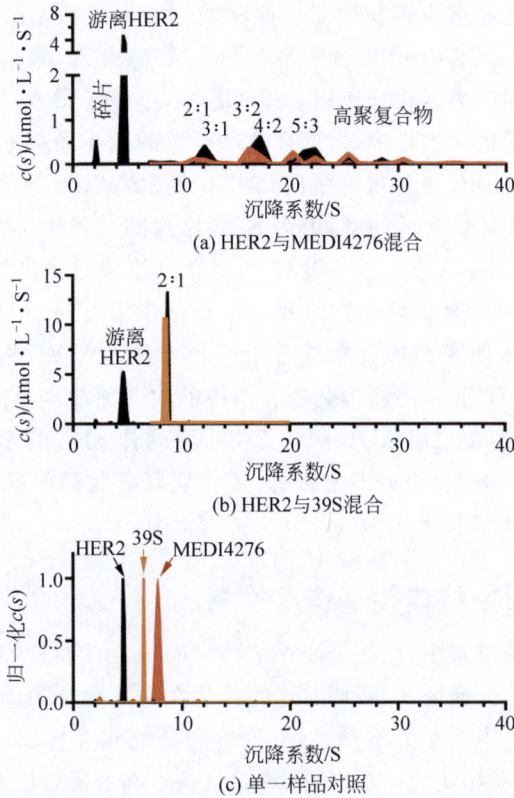

图 4.9　将 HER2 可溶性片段与 MEDI4276 和 39S 以 4∶1 比例混合后的 AUC-SV 结果

授权引用自 Oganesyan 等（2018）© The American Society for Biochemistry and Molecular Biology 2018

在不同条件下（如不同药物浓度）的解离情况，可以评估抗体与药物相互作用的强度，有助于确定结合特性最佳的候选药物。2）测定化学计量比。AUC 可以确定与单个抗体分子结合的药物分子数量，这对于了解抗体与药物复合物的性质以及优化药物剂量至关重要。3）表征药物诱导的变化。通过检测和表征药物结合诱导的抗体结构变化或构象改变，有助于识别药物结合导致的会影响抗体功能或稳定性的潜在修饰。4）研究结合动力学。通过监测一段时间内的沉积剖面，可以得出抗体与药物复合物结合和解离的速率，这些信息可用于分析药物结合动力学和优化给药方案。5）优化制剂配方。通过评估候选抗体药物在不同配方条件下（如 pH、温度和辅料浓度）的稳定性来帮助优化候选抗体药物的配方。

4.3.4　抗体偶联药物聚集体检测

由于结合了小分子毒素，抗体偶联药物的结构和性质比单抗更加复杂，且与单抗对应物相比通常更容易聚集。偶联使用的大多数小分子毒素本质是疏水性的，因此药物/抗体比增加通常导致聚集增加，此外，聚集体还取决于抗体偶联药物分子之间的静电相互作用。简而言之，小分子毒素对抗体偶联药物整体的疏水性产生了极大的影响，因此在药物开发的全生命周期监测聚集体的含量变得更为重要。SEC 是常规的蛋白聚集体检测方式，但单独使用不足以解决抗体偶联药物聚集体测定的问题，因为 SEC 检测的过程中，随着流动相中药物浓度的升高，其聚集体含量也相应升高，导致无法准确对聚集体进行定量。

与 SEC 填料和抗体偶联药物之间发生相互作用不同，AUC 可以在原始配方缓冲液中对抗体偶联药物聚集体含量进行检测。AUC 测定抗体偶联药物时，聚集体的含量同期望一致，不会随着浓度的改变而改变。因此，对于一些复杂的生物分子，应尽量采用 AUC 作为正交手段弥补 SEC 的不足。国家药品监督管理局药品审评中心 2024 年公布的《抗体偶联药物药学研究与评价技术指导原则》中已将 AUC 技术作为推荐方法纳入其中。

4.3.5　抗原-抗体相互作用检测

在抗体药开发过程中，往往需要评估药物的稳定性和有效性。尽管已经对药物进行详细的体外研究，但我们对这些药物在血液循环中的理化性质知之甚少。为了检测血清中潜在的不相容性、降解和药物相互作用，通常需要进行昂贵、复杂且耗时的动物实验。AUC-FDS 因具备更高的灵敏度和选择性，拓展了抗体药的研究范围。由于引入了荧光分子，AUC-FDS 可以在复杂的基质中进行检测，更深入地研究生理条件下抗体药的性质。如用于分析人血清中的样品，有助于检测给药后可能形成的抗体聚集体，还可以用于确定血清中抗原-抗体复合物的大小和化学计量比，从而提供有关抗体药与其靶标或其他蛋白质相互作用的信息。

抗原寡聚体可能含有多个抗体结合位点，从而引发由抗原-抗体相互作用介导的分子交联，形成巨大的免疫复合物，进一步诱导 Fcγ 受体介导的信号通路，激活免疫系统，甚至导致某些血清病。因此，需要适当评估各个免疫复合物的大小。尽管免疫复合物大小分布可能仅由抗原和抗体之间的解离常数以及表位的化合价决定，但对于治疗性抗体来说，免疫复合物的大小仍有待研究。在 AUC 中应用荧光检测器显著扩展了 AUC 的动态检测范围，能够分析高亲和力蛋白质-蛋白质相互作用以及检测皮摩尔每升到纳摩尔每升浓度范围内的蛋白质聚集体。Krayukhina 等人（2017）使用 FDS-AUC 测量了三种肿瘤坏死因子拮抗剂的免疫复合物的大小分布和临床相关的治疗性抗体浓度（即接近血清中的浓度），这可能有助于确定免疫复合物在患者治疗中免疫原性的作用。

Demeule 等人(2009)使用抗 IgE 单克隆抗体奥马珠单抗(omalizumab)来探索使用 FDS-AUC 直接在人血清中研究单克隆抗体及其复合物的潜力。研究发现,用荧光染料 Alexa Flour 488 标记后,奥马珠单抗的性质基本没有改变,奥马珠单抗和 IgE 在血清中形成的复合物在大小和亲和力方面都不同于在 PBS 中。Kuo 等人(2022)使用 Alexa Flour 488 偶联的另一种抗 IgE 单克隆抗体 UB-221 作为标记物,通过 FDS-AUC 检测了在 PBS 和人血清中可能形成的不同化学计量比的 UB-221-IgE 免疫复合物,以模拟 UB-221 给药后临床相关的血清单抗浓度范围。他们发现 PBS 和血清之间的低聚复合物模式基本相似,但在血清中的峰相对变宽,这可能与血清较高的黏度、优先溶剂化和非特异性有关。

4.4　在病毒类产品研发中的应用

4.4.1　重组腺相关病毒载体研发

自 20 世纪 90 年代以来,基因治疗领域的相关研究呈现持续上升的趋势,多款细胞治疗和基因治疗制品获批上市。以重组腺相关病毒(rAAV)载体的基因治疗制品为例,全球已有 6 款重组腺相关病毒制品获批上市。目前,国内也有多达 22 款重组腺相关病毒制品获得临床许可,涉及治疗眼科疾病、血液系统疾病、神经系统疾病及感染性疾病等适应证。目前实现基因治疗有两种基本策略(High et al.,2019):将整合载体引入前体细胞或干细胞,以便将基因传递给每个子细胞,或者将基因以不整合的载体传递给长寿的有丝分裂后的细胞或缓慢分裂的细胞,确保该基因在细胞生命周期内的表达。基因治疗载体大体分为 3 类:1)病毒载体类,如腺病毒、腺相关病毒、慢病毒、单纯疱疹病毒等;2)核酸载体类,如质粒或基于染色体的载体、RNA 等;3)细菌载体类,如改良的乳球菌属。

如前文所述,基因治疗产品是一种需要载体对遗传物质进行运输的药物,理想状态下,基因载体应具有安全性,运输过程需要有靶向性,运输的遗传物质需要正确发挥功能,即有效性,但这些目的由于技术或其他原因常常难以顺利地完全实现。由于对人类基因转移的安全性和对后代的潜在影响等方面的忧虑,目前法律只允许对体细胞进行基因治疗,基因的靶向整合也是载体开发的重要环节。在临床前研究中,开发基因载体需要更多大动物模型数据支撑整个技术体系。另外,由于生产鉴定工艺复杂,基因治疗产品往往较为昂贵,且需要重复给药。这对基因治疗领域提出了更多的要求。

腺相关病毒(AAV)是一类结构简单、无包膜的单链 DNA 病毒,因其安全性好、宿主细胞范围广、外源基因表达持久等诸多优势，目前是体内基因治疗的主流载体。AAV衣壳是由六十聚体形成的 $T=1$ 的二十面体结构，衣壳由VP1、VP2和VP3亚基以 $1:1:10$ 的比例形成，内部包裹的遗传物质为单链DNA，约 $4.7kb$（Tseng et al.，2014）。AAV有超过一千种变体，属于五个灵长类分支，野生型AAV可以定点整合到宿主细胞基因组中，人类基因组中最著名的整合位点是19号染色体上的AAVS1（Kotin et al.，1991）。由于其优秀的靶向性，并随着CRISPR-Cas9技术的发展，AAV相关药物在定点基因治疗上展示出了巨大潜力。但由于AAV可能将其自身基因稳定整合至宿主基因组内，尽管目前尚未发现安全问题，对其长期安全性的评估也十分有必要。

4.4.1.1　沉降速度法的应用

在rAAV生产中，除会产生含有所需的治疗性DNA的颗粒（完整颗粒）外，还会产生产品相关杂质和工艺相关杂质。工艺相关杂质如宿主DNA残留、宿主蛋白残留等。产品相关杂质如空壳病毒（空颗粒）、部分包装病毒、DNA错误包装病毒（中间颗粒）、病毒聚集体、可复制型AAV等。由于空颗粒和中间颗粒具有与完整颗粒相似的表面和颗粒性质，难以完全去除，因此常常遗留在药品中。产品相关杂质和免疫原性直接挂钩，通过与靶细胞表面的受体相互作用与完整颗粒竞争，降低完整颗粒的治疗效果。病毒聚集体在体内可能会对生物分布产生负面影响，并引起机体对完整颗粒的不利免疫反应（Khasa et al.，2021）。因此，rAAV生产中的产品相关杂质的控制一直是业内和监管部门关注的焦点。

国家药品监督管理局药品审评中心在2024年发布的《重组腺相关病毒载体类体内基因治疗产品临床试验申请药学研究与评价技术指导原则》中明确建议选择分离度好、性能稳定的分析方法用于质量控制。在国外的基因治疗相关指导中，明确AUC为推荐的放行方法。AUC主要应用于检测rAAV产品的空壳率，在缓冲液条件下，AUC-SV具有更好的分辨率和灵敏度（Yarawsky et al.，2023）。

AUC是rAAV产品杂质检测的"金标准"，根据各组分的沉降系数不同，可以区分、量化rAAV空壳病毒颗粒、部分包装病毒颗粒、完整包装病毒颗粒、病毒聚集体和病毒碎片等。空壳病毒颗粒的沉降系数一般为 $60\sim65S$，可以据此初步判断空壳峰（图4.10）。另外，空壳峰在260nm下的 $c(s)$ 信号值显著低于280nm，峰面积 c 值的比值约为0.6，而完整包装病毒颗粒为1.4。结合沉降系数和峰面积比值，可以鉴定样品组分和含量。

由于rAAV异常包装可能存在包装部分基因组、包装了宿主细胞DNA、包装了辅助质粒DNA、包装了突变或甲基化全基因组等情况，异质性强，使产品

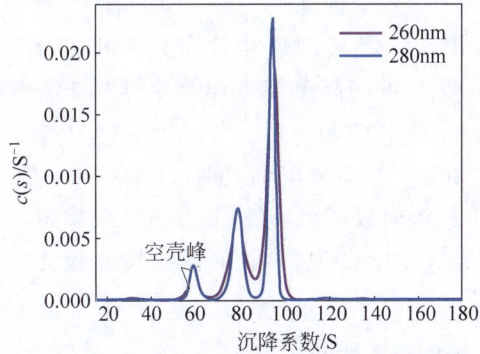

图 4.10　使用 AUC 对 rAAV 混合样品进行检测

存在潜在的安全性和有效性风险。rAAV 的表观沉降系数和所含 DNA 片段的核苷酸数呈线性相关,且这种相关性和 rAAV 的血清型无关(Burnham et al.,2015),因此可以利用线性方程对 rAAV 完整包装颗粒的沉降系数进行推算,或根据沉降系数反推片段的包装情况,从而实现对异常片段和包装基因组完整性的检测。

快速 AUC-SV 可以更快将颗粒沉降到底部,搭配干涉检测器可实现高效快速的数据采集。为了避免对流,快速 AUC-SV 通常在较低的温度(例如低于10℃)条件下进行,提前预冷转子可加速温度平衡,在 20min 内采集数据,可以有效对异常包装 rAAV 颗粒进行检测。

为提升 rAAV 检测通量,可采用无需空白对照区的 AUC-SV 法,2 个扇形皆加入待检测样品,通过将 AUC 的光强信号转换为准吸光度信号可以显著提高rAAV 载体空壳率的检测通量,一轮即可检测 14 个样品,极大地提高检测的效率。

4.4.1.2　条带沉降法的应用

AUC-SV 具有良好的分辨率和灵敏度,但每次检测消耗超过 $100\mu g$ 的样品。条带沉降分析超速离心(AUC-BS)是 AUC-SV 的一种替代方法。AUC-BS由 Vinograd 等人(1963)首次提出,此后主要用于研究两种溶液原位混合时的大分子相互作用或化学反应。

AUC-BS 中使用了一种与 AUC-SV 实验不同的中心件,两个小的储存室与样品扇区通过细毛细管连接。在低转速下,储存室中加载的样品通过毛细管挤压,形成薄层覆盖在中心件高密度扇形区的顶部。在扩散过程中,样品层中的组分根据其沉降速度呈带状沉降(图 4.11;Schneider et al.,2018)。与 AUC-SV相比,该方法分辨率高,并且使用样品较少,当沉降速度差异显著时,可以实现大分子混合物的物理分离,可用于对空颗粒和实心颗粒的定量分析。

Maruno 等人（2023）报告了一种 AUC-BS 检测 rAAV 的有效方法，用于 rAAV 的尺寸分布分析和成分识别。利用 PBS/H_2O^{18}，可以高分辨率地测定样品中各组分的浓度。AUC-SV 通常需要 $2 \times 10^{12} \mu g$ 的 rAAV 载体，而 AUC-BS 在 260nm 下检测时需约 1/25 的 rAAV 载体量，在 230nm 下检测时仅需约 1/50 的 AAV 载体量（$4 \times 10^{10} \mu g$），具体取决于 rAAV 样品在各波长的吸光系数。

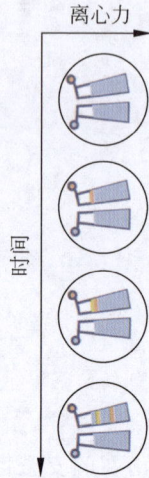

图 4.11　AUC-BS 原理示意图

4.4.1.3　密度梯度平衡法的应用

密度梯度实验利用浮力密度差异分离混合物。长期以来，这种方法因高灵敏度而一直备受关注，并在 Meselson 和 Stahl（1958）的著名实验中大放异彩。他们通过密度梯度平衡沉降实验，巧妙地证明了 DNA 复制是半保守的。

AUC-DGE 是一种高度简化的分析方法，可进行不同密度的生物制剂（如空和满病毒衣壳）的高分辨率分离（Savelyev et al.，2023）。与 AUC-SV 相比，AUC-DGE 的分析过程简单许多，且对于较大的病毒颗粒（如腺病毒），可以使用氯化铯梯度进行表征。该方法可以使用更少的样本量得到高分辨率数据（与 AUC-SV 相比，灵敏度提高约 56 倍）。此外，AUC-DGE 还可以在不影响数据质量的情况下进行多波长分析。而且，AUC-DGE 的分析结果与血清型无关，可以进行直观的解释和分析，不需要专门的 AUC 软件（Sternisha et al.，2023）。

常规的 AUC-SV 分析通常存在尺寸限制，在获取用于评估病毒载体负载的多波长数据时，需要借助专门的软件包。与 AUC-SV 相比，AUC-DGE 实验分辨率高，灵敏度高，所需样品量少（仅为 AUC-SV 的 1/30～1/20）。AUC-DGE 在 AAV 质量控制方面的应用仍在不断优化中，随着技术的成熟，该技术将在 AAV 以及其他腺病毒研究领域中得到更广泛的应用。

4.4.2　溶瘤病毒产品研发

溶瘤病毒疗法是一种极具潜力的抗肿瘤方法，它利用了溶瘤病毒优先攻击癌症组织而不是正常组织的特性（Russell et al.，2012）。尽管其作用机制尚未明确，但溶瘤病毒被认为通过两种不同的作用机制介导抗肿瘤活性：病毒在肿瘤细胞内选择性复制，导致对肿瘤细胞的直接裂解作用；激活身体抗肿瘤免疫应答。溶瘤病毒诱导系统性先天的和肿瘤特异性适应性免疫反应似乎是溶瘤病毒消灭肿瘤的关键因素（Kaufman et al.，2015）。

　　溶瘤病毒可以直接感染并原位杀伤肿瘤细胞,还可以产生其他刺激免疫的信号,从而促进有效的抗肿瘤免疫反应。但由于肿瘤细胞与正常细胞具有不同的胞内环境,溶瘤病毒的自我复制及免疫系统对溶瘤病毒的抑制作用也使溶瘤病毒的应用条件更加复杂。

　　早在 18 世纪就有报道称感染流感或其他病毒的癌症患者病情得到一定程度缓解(Bifulco et al.,2023),1949 年,Moore(1949)首次报道了病毒对癌细胞的杀伤能力,但直到最近才证明了溶瘤病毒产品在临床实验中的有效性(Andtbacka et al.,2015)。1950—1970 年,研究者们使用野生型病毒治疗肿瘤,但效果甚微,病毒扩散至正常细胞中还造成了一系列副作用(Bifulco et al.,2023),仅在 ECHO-7 病毒的应用中展现了一定有效性和安全性(Alberts et al.,2018),而后经过几十年研究,所研产品被注册为药品 Rigvir。

　　随着分子病毒学研究的不断深入,研究者们逐渐从基因层面上改造病毒基因组,提高抗肿瘤的靶向性和有效性。1991 年,Martuza 等人研发出首代工程化的溶瘤病毒,使用工程化胸苷激酶缺陷型单纯疱疹病毒(HSV)进行了恶性胶质瘤的治疗。第一个进入 I 期临床试验的溶瘤病毒是腺病毒 dl1520(Bischoff et al.,1996),也是第一个转基因溶瘤病毒,它在 I 期和 II 期试验中均显示出良好的安全性。上海三维生物技术公司生产的安柯瑞于 2005 年获得中国国家食品药品监督管理局批准,用于联合化疗治疗晚期难治性鼻咽癌。2015 年,第一款美国食品药品监督管理局批准的溶瘤病毒制品 IMLYGIC® 上市。2021 年,基于基因工程改造的 HSV-1 病毒开发的 DELYTACT® 在日本获得市场批准,用于治疗恶性胶质瘤。

　　由于溶瘤病毒是活的病毒颗粒,在设计时必须考虑优化肿瘤细胞靶向性和减弱病毒致病性的方法,并且在提升肿瘤细胞杀伤性的同时限制病毒免疫原性的方法。为了实现这些目标,研究者们设计了携带病毒基因、非病毒基因或多种协同病毒基因的溶瘤病毒以增强其治疗效果。Rivadeneira 等人(2019)的研究表明,在肿瘤细胞中表达瘦素的工程溶瘤病毒能够在荷瘤小鼠中诱导完全免疫应答,并支持肿瘤浸润中的记忆发展,提出了溶瘤病毒和代谢治疗联用的方案。研究者使用放射、免疫刺激等联合治疗手段以增强溶瘤病毒的效力,其中,表达 TNF-α 的第二代溶瘤性 HSV 正在开发用于癌症治疗,并在临床前研究中表现出了较好的疗效(Peter et al.,2015)。迄今为止,腺病毒、痘病毒、HSV-1、柯萨奇病毒、脊髓灰质炎病毒、麻疹病毒、纽卡斯尔病病毒、呼肠孤病毒等已进入临床试验阶段,溶瘤病毒疗法领域呈现蓬勃发展的态势(Wang et al.,2023)。

　　针对溶瘤病毒的表征主要集中在对病毒的特异性和变异性方面,许多体外培养的连续细胞系已被用于评估溶瘤病毒的肿瘤特异性和原发肿瘤细胞的易感性。变异性表征包括测试产品是否存在预期溶瘤病毒的分子变体。野生型/减毒型溶瘤病毒可能因复制选择性改变或溶瘤谱的改变导致变异体出现。

国家药品监督管理局药品审评中心于 2023 年发布的《溶瘤病毒产品药学研究与评价技术指导原则（试行）》中建议采用适宜的方法检测杂质，并进行安全性评估。对产品安全性和有效性无影响的物质归类为产品相关杂质，需要在合适的阶段进行监测，以确保批间的一致性。此外，国际人用药品注册技术协调会（ICH）发布的《基因治疗产品非临床生物分布的考虑》指导原则，将溶瘤病毒归到基因治疗大类，也对产品相关杂质做出了类似的规范。

目前上市的六款溶瘤病毒产品，其中三款产品基于疱疹病毒，两款基于腺病毒，一款基于埃可病毒。疱疹病毒呈球形，二十面体对称，其基因组为双链DNA，直径为 150～200nm，具有包膜。AUC 检测疱疹病毒的结果示例如图 4.12 所示。A 表示因 DNA 包装失败而产生的空病毒颗粒，B 表示含有支架蛋白核心但不含 DNA 的病毒颗粒，C 为含有目标 DNA 的成熟病毒颗粒。类似地，腺病毒、埃可病毒、柯萨奇病毒及脊髓灰质炎病毒等产品的相关杂质也可以使用AUC 进行检测。表 4.1 列举了常见溶瘤病毒的沉降系数，可参考不同病毒的沉降系数，调整转速进行 AUC-SV 实验。

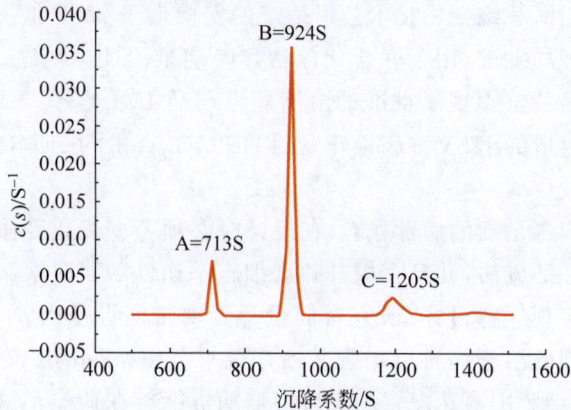

图 4.12 疱疹病毒 AUC 检测结果示例

表 4.1 溶瘤病毒沉降系数

项目	腺相关病毒	慢病毒	疱疹病毒	腺病毒	呼肠孤病毒	埃可病毒	柯萨奇病毒	脊髓灰质炎病毒	痘病毒	新城疫病毒
基因组	单链DNA	双链RNA	双链DNA	双链DNA	双链RNA	单链RNA（＋）	单链RNA（＋）	单链RNA（＋）	双链DNA	单链RNA

续表

项目	腺相关病毒	慢病毒	疱疹病毒	腺病毒	呼肠孤病毒	埃可病毒	柯萨奇病毒	脊髓灰质炎病毒	痘病毒	新城疫病毒
形状	二十面体	二十面体	二十面体	二十面体	二十面体	二十面体	二十面体	二十面体	椭球形	多形性（球形，椭球形，长杆状）
边长/nm	20～26	80～100	150～200	70～90	60～100	24～30	28	27～30	300～450（长轴）170～260（短轴）	100～500
包膜	无	有	有	无	无	无	无	无	有	有
沉降系数/S	63～65（空），约100	200～300	713（空），1205	645	630	143	160	160	约5000	约1000
推荐检测器	紫外/干涉	紫外/干涉	紫外/干涉	紫外/干涉	紫外/干涉	紫外/干涉	紫外/干涉	紫外/干涉	干涉	干涉

4.5　在其他生物制品研发中的应用

4.5.1　胰岛素制剂研发

胰岛素是一段由 51 个氨基酸组成的多肽。胰岛素分子在 1921 年首次被分离迅速实现商业化,胰岛素序列、分子结构、分子药理学被广泛研究。1982年,人胰岛素被应用至临床,取代了动物源胰岛素成为市面上胰岛素制剂的有效成分。人胰岛素由 A、B 两条链组成,A 链的 6 号半胱氨酸与 11 号半胱氨酸形成内部二硫桥,构成 6 个氨基酸的环。B 链在 24 号苯丙氨酸与 26 号酪氨酸之间形成氢键,使单体分子形成二聚体,三个二聚体形成六聚体(图 4.13)。胰岛素类似物是天然胰岛素的改造产物。利用基因工程技术在保持胰岛素生物活性的同时,使六聚体在体内逐渐解聚为有效单元,从而延长起效时间。

分析超速离心技术被用于胰岛素制剂的聚集趋势和自相互作用分析。图 4.14 示例了制剂中 EDTA 含量对胰岛素水溶液行为的影响。实验中设置一组 EDTA 浓度梯度缓冲液,用 AUC-SV 测定沉降系数,检测各缓冲液中各种胰岛素聚集体的含量。结果表明,无 EDTA 时胰岛素以六聚体形态存在,随着

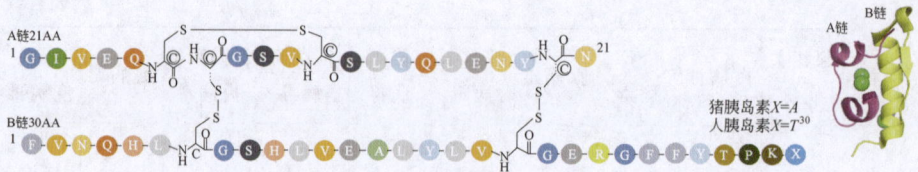

图 4.13　胰岛素的基本结构

EDTA 浓度的升高,六聚体减少,转而形成聚集程度较低的四聚体和三聚体,胰岛素的聚集程度随 EDTA 浓度的升高降低。

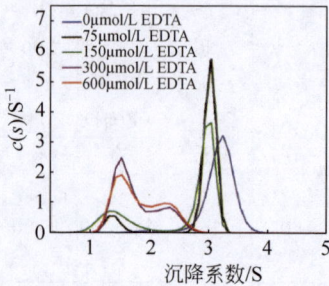

EDTA浓度	六聚体	二聚体	单体
0μmol/L	100%(3.201S)	—	—
75μmol/L	88.88%(3.015S)	—	11.11%(1.373S)
150μmol/L	73.59%(2.949S)	—	26.41%(1.400S)
300μmol/L	—	40.63%(2.258S)	59.37%(1.52S)
600μmol/L	—	31.99%(2.262S)	68.01%(1.551S)

图 4.14　AUC 检测胰岛素在不同 EDTA 浓度下的聚体含量

Adams 等人(2018)在使用沉降速度和沉降平衡法检测胰岛素及其类似物的自聚集和自相互作用时引入了样品浓度和溶液体系因素。由于测量中使用的样品浓度较高(3.5mg/mL),蛋白分子处于非理想溶液状态,故使用沉降平衡法测定第二维里系数(表 4.2),佐证分子间的自相互作用趋势。

表 4.2　9 种胰岛素及其类似物的水动力学参数(Adams et al.,2018)

胰岛素	$s_{20,w}$/S	第二维里系数/mL·g^{-1}
IHr	3.0±0.1	20.6±0.3
IBov	3.4±0.1	2.89±0.23
IPor	3.2±0.2	5.17±0.22
IAsp	3.3±0.3	7.78±0.29
IGlu	3.4±0.4	—
ILis	3.2±0.5	1.65±0.05
IGla	2.0±0.6	26.5±0.2
IDet	3.8±0.7	—
IDeg	3.5±0.8	97.0±1.0

注：天然胰岛素包括 IHr(重组人胰岛素),IBov(重组牛胰岛素),IPor(重组猪胰岛素);速效胰岛素包括 IAsp(门冬胰岛素),IGlu(赖谷胰岛素),ILis(赖脯胰岛素);长效胰岛素包括 IGla(甘精胰岛素),IDet(地特胰岛素),IDeg(德谷胰岛素)。$s_{20,w}$ 为 20℃水溶液条件下的沉降系数。

首先,研究者用沉降速度实验测定了各类胰岛素的沉降系数(表 4.2)分布(实验条件为转速 45 000rpm,温度 20℃,样品浓度 3.5mg/mL)。天然胰岛素(IHr,IBov,IPor)沉降系数相似,均在 3S 左右,只有少部分 IHr(重组人胰岛素)形成聚集。沉降速度均小于 10S,不易产生聚集。速效胰岛素中,IGlu 在溶液中呈三段不连续分布,形成二聚体、六聚体和双六聚体,沉降系数分别为 1.5S、2.7S 和 3.8S。三种长效胰岛素类似物检测结果分布多样。IGla 表现为 2S 的单峰。IDet 形成单体、单六聚体、双六聚体和三六聚体,沉降系数分别为 0.8S、2S、3S、5.5S 和 7S。IDeg 的主峰沉降系数为 3.8S,另有少部分可能以单体形式存在,沉降系数值为 0.5S。溶液中分子形态均为非标准球体。

通过 AUC-SE 在单分散系统中测得的天然胰岛素分子量与采用 AUC-SV 测得的一致,均呈现出六聚体的存在形式。IHr 表观分子量小于 IBov 和 IPor,而其第二维里系数高出 IBov 近 10 倍,这表明 IHr 分子在溶液中可能存在非理想溶液行为。在浓度较低的样品池弯液面处,所测得的分子量、分子数、平均粒径较高浓度处更小,表明 IHr 分子间存在自相互作用。AUC-SE 测得 IGlu 的分子量跨度较大,10~90kg/mol 不等,这与 AUC-SV 测定结果一致,分子量分布较宽表明该溶液是一种自相互作用体系。INVEQ 算法被用于 AUC 中分子量的计算,但在分析宽分布的分子量时有一定局限性。

胰岛素在酸溶液中的行为受多种因素影响,例如在高温酸溶液中其聚集体相互作用方式发生改变,聚合形成淀粉样纤维。而沉降平衡实验结果表明,在 pH=2 的非加热无机酸溶液中,胰岛素以二聚体形式存在,在醋酸中以单体形式存在;在 PH 为 8 的 Tris-HCl 缓冲液中,由于无过量正电荷的影响,仍能形成四聚体(Whittingham et al.,2002)。胰岛素类似物 IDeg 形成聚集体是由锌离子和苯酚介导。IDeg 药剂储存缓冲液中含锌离子与苯酚,而注射剂中不含。在一项模拟药剂环境的沉降速度实验中,锌离子和苯酚存在时,IDeg 以六聚体或双六聚体形式存在于溶液中;当苯酚耗竭时,六聚体聚集形成链状纤维结构(Steensgaard et al.,2013)。这也是该种胰岛素类似物慢速起效的原理。

4.5.2 干扰素制剂研发

干扰素(IFN)是细胞分泌的一种功能性蛋白质,其结构、功能及作用机制有重要研究价值。它不仅具有抗病毒的能力还具有抑制细胞分裂、调节免疫反应等活性。干扰素本质是一种糖蛋白,糖链和肽链均有可能是其活性中心。科学家使用基因工程技术合成了不含糖的类干扰素,同样具有生物学活性。干扰素主要分为Ⅰ型干扰素和Ⅱ型干扰素。Ⅰ型包括 α 和 β 亚型,Ⅱ型包括 γ 亚型。截至 2023 年 8 月,FDA 批准使用的干扰素药物有 58 种,其中 40 种为 α 干扰素,17 种为 β 干扰素,1 种为 γ 干扰素。干扰素在肿瘤治疗和炎症治疗中有较多的应用,如恶性肿瘤、病毒性皮肤病、过敏性皮炎治疗等。近年的热门通路cGAS-STING 也通过诱导产生过量细胞因子来调节微生物免疫和肿瘤免疫(Oduro et al.,2022)。2022 年,Berns 等人(2022)发现 γ 干扰素(INFγ)有助于治疗多药耐药结核病。

Fountoulakis 等人(1992)使用 AUC 研究了 IFNγ 与其受体的相互作用。将 IFNγ 与其受体按一定比例混合孵育后,研究者使用 AUC-SE 测定了其分子量。昆虫细胞系表达的人源 IFNγ 与其受体复合物的分子量呈现为 85kDa 和96kDa,鼠源 IFNγ 与其受体复合物的分子量呈现为 86kD,该值的计算依据SDS-PAGE 测得的糖基化贡献分子量(每处糖基化贡献 6kDa)及 IFNγ 与其复合物的碳水化合物占比得出。根据 Svedberg 方程,通过沉降系数、扩散常数计算得到的人源 IFNγ 与其受体复合物的分子量为 81kD,鼠源 IFNγ 与其受体复合物分子量为 79kD,均小于 AUC-SE 测得的分子量。AUC-SE 测得 IFNγ 与全糖基化受体复合物为单一的 96kDa 复合物,而与脱糖受体的结合则呈现为99kDa 和 72kDa 两种复合物,说明受体的多糖修饰在与 IFNγ 形成复合物的过程中起到重要作用。

IFNA2 属于 I 型干扰素家族,具有抗病毒和抑制细胞增殖的功能,是慢性免疫缺陷性疾病的重要候选药物。Bis 等(2014)使用 AUC 研究了 IFNA2 在水溶液中的组装。使用沉降速度法测定了 IFNA2 的分子量,结果表明纯化的IFNA2 在药理学允许的浓度范围内在溶液状态中以单体形式存在(图 4.15),分子量为 19.5kDa,与其他方法(序列预测)测得的分子量数值相近。

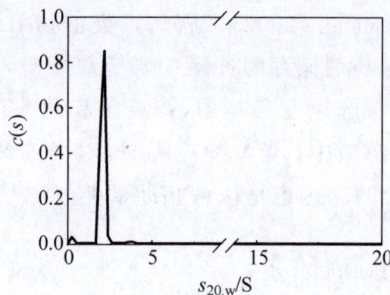

图 4.15　AUC-SV 测定 IFNA2 的实验结果
授权引用自 Bis 等(2014) © Elsevier Inc 2014

干扰素蛋白的水溶状态是干扰素治疗性药物研发中的重要考虑因素。AUC 被用于分析不同 pH 溶液条件下人白细胞干扰素(LeIF-A)的自聚集状态,包括组装性质及溶液中的离子化行为。研究者将 LeIF-A 溶于不同 pH 的缓冲体系以及中性盐溶液中,浓度为 0.25~0.38mg/mL,在室温下采用 AUC-SV 分别测定不同 pH 下的沉降系数(Shire,1983)。如图 4.16 所示,蛋白的沉降系数随 pH 的增大而增大。蛋白从单体聚集成三聚体,聚集程度随蛋白浓度的增加而增加;浓度到达一定水平后,聚集程度达到平台期而不再增加。沉降系数还与聚集体内单体排列方式有关(表 4.3)。该研究对于确定制剂的稳定储存条件(如浓度、温度、pH)及运输条件提供了重要参考。该研究中,作者也通过实验验证了软件计算值具有很高的准确性。

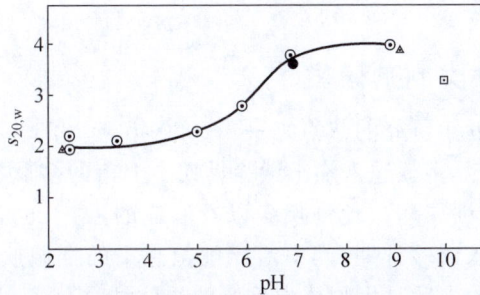

图 4.16　不同 pH 下人干扰素 LeIF-A 的沉降系数校正值

图中不同符号代表不同单位浓度。授权引用自 Shire(1983)© American Chemical Society 1983

表 4.3　沉降系数与聚集体形状关系模型

沉降系数/S	聚集度	模型	b/Å	a/Å
3.7	二聚体,线形		19.3	38.6
4.5	三聚体,线形		19.3	57.9
5.2	三聚体,平面环形		19.3	43.4
5.2	四聚体,线形		19.3	77.2
6.7	四聚体,平面		19.3	46.6
4.8	四聚体,重叠		38.6	38.6

注:a 为长轴半径,b 为短轴半径。授权引用自 Shire(1983)© American chemical Society 1983

　　沉降速度法测得的沉降系数和蛋白分子量受蛋白形状的影响，沉降平衡法则不受分子形状限制。Yphantis 等人（1987）用沉降平衡法测定了重组 DNA 表达的人源 IFN-γ 分子量为（33 400±500）Da。蛋白在溶液中的电负性使得检测结果出现偏移，数据分析模型引入非理想溶液状态中的各种因素后，计算结果趋于准确。在低 pH 溶液中，IFN-γ 受离子强度影响会发生解聚，因此在干扰素产品的储存中需要考虑 pH 对产物稳定性的影响。

　　总之，分析超速离心技术是干扰素药剂研究中制剂研发、受体研究、作用机制研究的重要手段。

4.5.3　多肽类制剂研发

　　多肽类药物是近年研究的热点之一。2020 年至 2023 年 8 月，全球上市多肽药物 46 款，另有 50 多款进入临床试验Ⅲ期。上市的多肽类药物适应证主要针对代谢性疾病（如糖尿病）、免疫疾病以及癌症的治疗，也有数款感染性疾病的多肽药物进入临床试验Ⅲ期，其中治疗细菌感染的抗菌肽类药物有 5 种，治疗乙肝的药物 1 种。多肽是生物体内重要的受体结合分子，是信号转导途径的激动剂。多肽不能透过血脑屏障，从毒理学角度看是一种积极因素，但也决定了它无法靶向中枢神经系统靶点，递送系统的开发有助于打破这一限制。多肽类药物血浆半衰期较短，开发具有更优药代动力学性质的多肽类似物是肽类药物研发的方向之一。经典的多肽类药物有环肽和拟肽（Henninot et al.，2018）。天然植物来源的环肽常被用于民间草药，环肽具有环形骨架和保守的二硫键（图 4.17），该拓扑学结构在血浆和胃液中具有良好的稳定性。拟肽是经过人工修饰的一类多肽，常通过引入非天然氨基酸、修改肽键数目及位置来增加结构和血浆稳定性。分析超速离心技术在测定多肽产品纯度、分子量、递送系统药物包封率，以及血清药物残留量和药物受体结合检测方面有很好的应用。

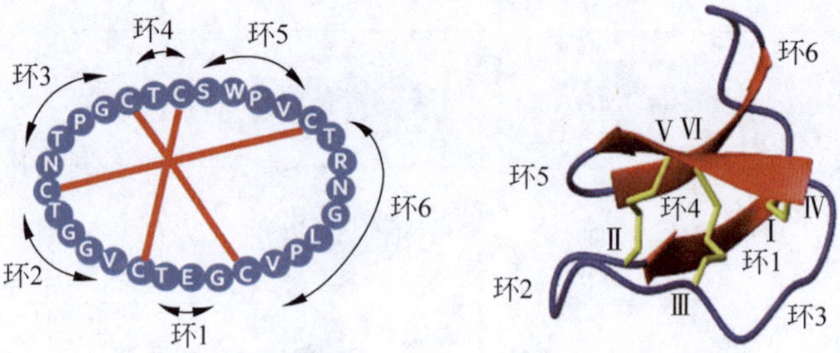

图 4.17　环肽药物 Klata B1 的二维和三维结构

授权引用自 Henninot 等（2018）© American Chemical Society 2017

4.5.3.1　测定药物分子量和聚集状态

AUC 为表征不同浓度条件下的样品提供了一种简约、可靠的分析方法。α-抗胰蛋白酶用 AUC-SE 在 8000rpm 下沉降 24h,测得其分子量为 50 000Da;当通过 AUC-SV 进行分析时,样品沉降系数随样品浓度的增加而略有降低,表明聚集状态发生改变(Takahara et al.,1980)。

AUC 被用于多种多肽的分子量测定。通过采用沉降平衡法测定分子量,确定了牛肾上腺皮质激素肌钙蛋白由一条单独的肽链构成。超氧化物歧化酶的铜分子伴侣(SOD)是生物体内存在的一种抗氧化物金属酶,能有效清除超氧阴离子自由基,延缓细胞氧化和衰老,常被用作美容产品的主要添加成分。SOD 的酵母铜伴侣蛋白称为 LYS7,其结构域 2 称为 L7D2。Hall 等人(2000)通过 AUC-SV 发现 L7D2 在溶液中为单体。SV 和 SE 实验显示,在非还原条件下,全长蛋白 LYS7 存在单体与二聚体的平衡;而当存在磷酸根离子时,这一平衡向二聚体方向移动了约一个数量级。类弹性蛋白多肽(ELP)是一种来源于天然弹性蛋白、可人工合成的多肽聚合物。ELP 由天然氨基酸组成,生物相容性好,易于生物降解,免疫原性低,无毒副作用。由于以上优势,ELP 已被广泛应用于体外诊断、药物递送和组织工程等生物医药领域。Zai-Rose 等人(2018)研究了 ELP 沉降系数与温度和时间的关系。通过设置一系列浓度梯度和温度梯度,测定样品在不同条件下的沉降系数,揭示出 ELP 具有温度和浓度响应性,会随温度的升高聚集成胶束。在低温条件下,高浓度的分子间斥力较大,趋向于分散;高温时,浓度越高,分子越趋向聚集。

上述案例均展示了 AUC 在多肽药物聚体检测中的应用,不仅如此,美国药典《〈1503〉合成肽类原料药的质量属性》中明确推荐使用 AUC-SV 检测多肽的聚合物或聚集体,我国国家药品监督管理局药品评审中心发布的《化学合成多肽药物药学研究技术指导原则(试行)》中也明确推荐 AUC 技术。

4.5.3.2　基于多肽的递送系统研发

AUC 可用于研究蛋白质在溶液中的天然行为,为蛋白类递送载体的开发提供更多信息。螺旋卷曲是蛋白的基本结构单元,是药物递送的常用单元。Pechar 等人(2014)设计了两对多肽:$(VAALEKE)_4$ 和 $(VAALKEK)_4$(二者的叠氮、戊酰四聚乙二醇,耦联化合物分别简称 E_1 和 K_1),$(IAALESE)_2$-IAALESKIAALESE 与 IAALKSKIAALKSE-$(IAALKSK)_2$。前者形成螺旋二聚体,方向随机,后者形成聚集度更高的寡聚体。这些多肽作为连接子连接载荷和靶向配体,连接子在溶液中的聚集状态及其引起的最终产物在溶液中行为的改变与药物递送的效率密切相关。研究人员利用 AUC-SV 分析了这些多肽在溶液中的行为,发现大部分以单体形式存在,E_1 和 K_1 的沉降系数分别为

0.53S 和 0.56S；少量 K_1 片段聚集成更大的寡聚体，根据沉降系数大小判断其可能为三聚体或四聚体(图 4.18)。E_1 和 K_1 混合溶液中可测得不同于两种组分的峰，该峰具有更大的沉降系数，表明两种组分存在相互作用，聚集成更大的颗粒。圆二色谱和尺寸排阻色谱正交实验则从二级结构、三级结构角度对分子在水溶液中的行为及其原因做了进一步解释。经圆二色谱测定得出 E_1 与 K_1 在溶液中混合后形成更多螺旋结构，在 PBS 溶液中，螺旋结构推动分子聚集形成更大的颗粒。

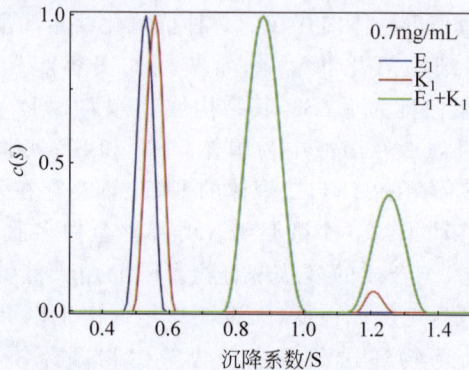

图 4.18　螺旋偶联药物沉降系数 AUC 测量值
授权引用自 Pechar 等(2014)© American Chemical Society 2014

　　多肽纳米笼是基于多肽的新型递送系统，这一系统的研发常与计算机模拟设计联用。包括 AUC 在内的多种生物物理检测手段评测纳米笼的理化性质，监控产生的颗粒质量。Fletcher 等人(2013)设计了一种新型纳米笼，包括两个连续卷曲片段、一个非共价的同源二聚体和一个同源三聚体胶束。几类多肽在溶液中组合形成球形空心颗粒可用于药物递送。AUC 测得的分子量与 DLS 测得的粒径趋势一致(表 4.4)。

表 4.4　纳米笼分子量及半径评测

组装形式	AUC 测得的分子量/Da	DLS 测得的水化直径/nm
	7944	2.3±0.6
	5390	2.6±0.6
	16 910	3.7±0.6

4.5.3.3　多肽类药物检测

胰高血糖素样肽 1(GLP-1)是一种由 31 个氨基酸残基构成的肽激素,其类似物常用于治疗 2 型糖尿病。GLP-1 及其 C 末端酰胺衍生物 GLP-1-Am 具有物理稳定性,两者均聚集成淀粉样原纤维。与 SEC 不同,在 AUC-SV 实验过程中,样品不进行稀释,也不与任何柱基质相互作用,因此可以得到更准确的结果。AUC-SV 结果显示两种多肽均形成低分子量寡聚体,其中二聚体含量高,较大寡聚体含量较低(从四聚体到十三聚体),如图 4.19 所示。此外,在 GLP-1 类似物浓度一定的情况下增加 N-[(2-羟基苯甲酰基)氨基]辛酸钠(SNAC)浓度,会导致 GLP-1 类似物表观分子量降低,这与其寡聚状态向单体形式的转变一致(图 4.20)。

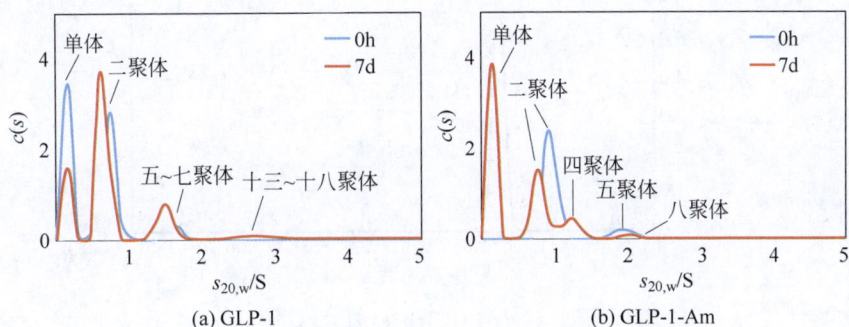

图 4.19　不同时间段对 GLP-1 及其衍生物聚体检测

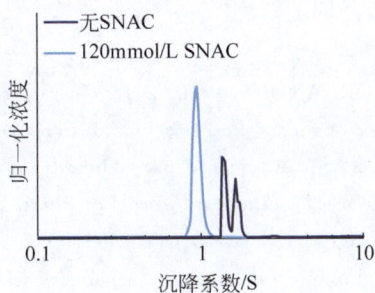

图 4.20　GLP-1 类似物聚集体检测

授权引用自 Buckley 等(2018)© The Authors 2018

除了上述应用外,AUC 也用于测定血浆样品中药物的存在形态。有人曾利用 AUC 分析了血浆样品中的胰高血糖素类似物,发现其以三聚体、六聚体和十聚体形态存在,并配合使用薄层层析测定了其含量。

4.5.4　小核酸药物研发

小核酸片段通过 AUC-SV 检测（图 4.21）区分出片段、目标产物和聚集体。小核酸药物 Patisiran Sodium、Nusinersen Sodium、Givosiran Sodium 及 Inclisiran Sodium 的指导原则已将 AUC 纳入推荐的理化性质分析方法。AUC 被用于研究药物分子在水溶液中的行为（包括聚集度、热动力学），物质纯度，分子量分布以及分子形状。其优势在于样品无需特殊处理，保持了其天然属性，且能够测定分子在溶液状态下的天然行为，同时起到分离作用，使之能够具有更高效的评价功能。

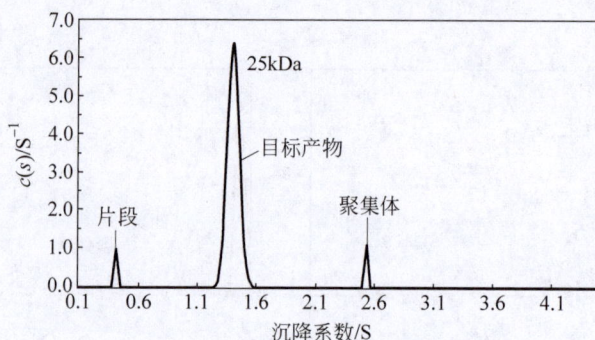

图 4.21　AUC 对小核酸原液检测

参考文献

ADAMS G G, MEAL A, MORGAN P S, et al. , 2018. Characterisation of insulin analogues therapeutically available to patients[J]. PLoS One, 13(3)：e0195010.

ALBERTS P, TILGASE A, RASA A, et al. , 2018. The advent of oncolytic virotherapy in oncology：the Rigvir® story[J]. European Journal of Pharmacology, 837：117-126.

ANDTBACKA R H I, KAUFMAN H L, COLLICHIO F, et al. , 2015. Talimogene laherparepvec improves durable response rate in patients with advanced melanoma[J]. Journal of Clinical Oncology, 33(25)：2780-2788.

BEPPERLING A, BEST J, 2023. Comparison of three AUC techniques for the determination of the loading status and capsid titer of AAVs[J]. European Biophysics Journal, 52(4/5)：401-413.

BEPPERLING A, RICHTER G, 2023. Determination of mRNA copy number in degradable lipid nanoparticles via density contrast analytical ultracentrifugation [J]. European Biophysics Journal, 52(4/5)：393-400.

BERNS S A, ISAKOVA J A, PEKHTEREVA P I, 2022. Therapeutic potential of interferon-gamma in tuberculosis[J]. ADMET and DMPK,10(1): 63-73.

BIFULCO M,DI ZAZZO E,NAPOLITANO F,et al. ,2023. History of how viruses can fight cancer: From the miraculous healings to the approval of oncolytic viruses[J]. Biochimie, 206: 89-92.

BIS R L,STAUFFER T M,SINGH S M,et al. ,2014. High yield soluble bacterial expression and streamlined purification of recombinant human interferon α-2a[J]. Protein Expression and Purification,99: 138-146.

BISCHOFF J R,KIRN D H,WILLIAMS A,et al. ,1996. An adenovirus mutant that replicates selectively in p53-deficient human tumor cells[J]. Science,274(5286): 373-376.

BUCKLEY ST,BÆKDAL TA, VEGGE A,et al. ,2018. Transcellular stomach absorption of a derivatized glucagon-like peptide-1 receptor agonist[J]. Science Translational Medicine, 10(467): eaar7047.

BURNHAM B,NASS S,KONG E,et al. ,2015. Analytical ultracentrifugation as an approach to characterize recombinant adeno-associated viral vectors[J]. Human Gene Therapy Methods,26(6): 228-242.

DEMEULE B,SHIRE S J,LIU J,2009. A therapeutic antibody and its antigen form different complexes in serum than in phosphate-buffered saline: a study by analytical ultracentrifugation[J]. Analytical Biochemistry,388(2): 279-287.

EREN E,WATTS N R,DEARBORN A D,et al. ,2018. Structures of hepatitis B virus core- and e-antigen immune complexes suggest multi-point inhibition[J]. Structure,26(10): 1314-1326. e4.

FLETCHER J M, HARNIMAN R L,BARNES F R H,et al. ,2013. Self-assembling cages from coiled-coil peptide modules[J]. Science,340(6132): 595-599.

FOUNTOULAKIS M,ZULAUF M,LUSTIG A,et al. ,1992. Stoichiometry of interaction between interferon γ and its receptor[J]. European Journal of Biochemistry,208(3): 781-787.

FUENMAYOR J, GÒDIA F, CERVERA L,2017. Production of virus-like particles for vaccines[J]. New Biotechnology,39: 174-180.

GORBET G E,PEARSON J Z,DEMELER A K,et al. ,2015. Next-generation AUC: analysis of multiwavelength analytical ultracentrifugation data[J]. Methods in Enzymology,562: 27-47.

HALL L T,SANCHEZ R J, HOLLOWAY S P,et al. ,2000. X-ray crystallographic and analytical ultracentrifugation analyses of truncated and full-length yeast copper chaperones for SOD(LYS7): a dimer-dimer model of LYS7-SOD association and copper delivery[J]. Biochemistry,39(13): 3611-3623.

HENNINOT A, COLLINS J C, NUSS J M,2018. The current state of peptide drug discovery: back to the future?[J]. Journal of Medicinal Chemistry,61(4): 1382-1414.

HENRICKSON A, KULKARNI J A, ZAIFMAN J,et al. ,2021. Density matching multi-wavelength analytical ultracentrifugation to measure drug loading of lipid nanoparticle formulations[J]. ACS Nano,15(3): 5068-5076.

HIGH K A, RONCAROLO M G, 2019. Gene therapy[J]. The New England Journal of Medicine,381(5): 455-464.

HORNE C R, HENRICKSON A, DEMELER B, et al. , 2020. Multi-wavelength analytical ultracentrifugation as a tool to characterise protein-DNA interactions in solution[J]. European Biophysics Journal,49(8): 819-827.

KAUFMAN H L, KOHLHAPP F J, ZLOZA A, 2015. Oncolytic viruses: a new class of immunotherapy drugs[J]. Nature Reviews Drug Discovery,14(9): 642-662.

KHASA H, KILBY G, CHEN X Y, et al. , 2021. Analytical band centrifugation for the separation and quantification of empty and full AAV particles[J]. Molecular Therapy-Methods & Clinical Development,21: 585-591.

KOTIN R M, MENNINGER J C, WARD D C, et al. ,1991. Mapping and direct visualization of a region-specific viral DNA integration site on chromosome 19q13-qter[J]. Genomics, 10(3): 831-834.

KRAYUKHINA E, NODA M, ISHII K, et al. , 2017. Analytical ultracentrifugation with fluorescence detection system reveals differences in complex formation between recombinant human TNF and different biological TNF antagonists in various environments[J]. mAbs, 9(4): 664-679.

KRAYUKHINA E, UCHIYAMA S, FUKUI K, 2012. Effects of rotational speed on the hydrodynamic properties of pharmaceutical antibodies measured by analytical ultracentrifugation sedimentation velocity [J]. European Journal of Pharmaceutical Sciences,47(2): 367-374.

KUO B S, LI C H, CHEN J B, et al. , 2022. IgE-neutralizing UB-221 mAb, distinct from omalizumab and ligelizumab, exhibits CD23-mediated IgE downregulation and relieves urticaria symptoms[J]. The Journal of Clinical Investigation,132(15): e157765.

LAGASSÉ H A D, ALEXAKI A, SIMHADRI V L, et al. , 2017. Recent advances in (therapeutic protein)drug development[J]. F1000Research,6: 113.

LI Z, YAN X, YU H,et al. ,2016. The C-Terminal Arm of the Human Papillomavirus Major Capsid Protein Is Immunogenic and Involved in Virus-Host Interaction[J]. Structure, 24(6): 874-885.

MANNING M C, CHOU D K, MURPHY B M, et al. , 2010. Stability of protein pharmaceuticals: an update[J]. Pharmaceutical Research,27(4): 544-575.

MARUNO T, ISHII K, TORISU T, et al. ,2023. Size distribution analysis of the adeno-associated virus vector by the $c(s)$ analysis of band sedimentation analytical ultracentrifugation with multiwavelength detection[J]. Journal of Pharmaceutical Sciences,112(4): 937-946.

MESELSON M, STAHL F W, 1958. The replication of DNA in *Escherichia coli* [J]. Proceedings of the National Academy of Sciences of the United States of America, 44(7): 671-682.

MOORE A E,1949. The destructive effect of the virus of Russian far East encephalitis on the transplantable mouse sarcoma 180[J]. Cancer,2(3): 525-534.

ODURO P K, ZHENG X X, WEI J N, et al. , 2022. The cGAS-STING signaling in cardiovascular and metabolic diseases: future novel target option for pharmacotherapy [J]. Acta Pharmaceutica Sinica B,12(1): 50-75.

OGANESYAN V,PENG L,BEE J S,et al. ,2018. Structural insights into the mechanism of action of a biparatopic anti-HER2 antibody[J]. Journal of Biological Chemistry,293(22): 8439-8448.

PARDI N, HOGAN M J, PORTER F W, et al. , 2018. mRNA vaccines—a new era in vaccinology[J]. Nature Reviews Drug Discovery,17(4): 261-279.

PECHAR M, POLA R, LAGA R, et al. , 2014. Coiled coil peptides and polymer-peptide conjugates: synthesis, self-assembly, characterization and potential in drug delivery systems[J]. Biomacromolecules,15(7): 2590-2599.

PETERS C, RABKIN S D, 2015. Designing herpes viruses as oncolytics [J]. Molecular Therapy-Oncolytics,2: 15010.

RIVADENEIRA D B,DEPEAUX K,WANG Y Y,et al. ,2019. Oncolytic viruses engineered to enforce leptin expression reprogram tumor-infiltrating T cell metabolism and promote tumor clearance[J]. Immunity,51(3): 548-560. e4.

ROBERTS C J,2014. Therapeutic protein aggregation: mechanisms,design,and control[J]. Trends in Biotechnology,32(7): 372-380.

RUSSELL S J,PENG K W,BELL J C,2012. Oncolytic virotherapy[J]. Nature Biotechnology,30(7): 658-670.

SAHIN U, KARIKÓ K, TÜRECI Ö, 2014. mRNA-based therapeutics—developing a new class of drugs[J]. Nature Reviews Drug Discovery,13(10): 759-780.

SAVELYEV A,BROOKES E H,HENRICKSON A,et al. ,2023. A new UltraScan module for the characterization and quantification of analytical buoyant density equilibrium experiments to determine AAV capsid loading[J]. European Biophysics Journal,52(4/5): 311-320.

SCHNEIDER C M, HAFFKE D, CÖLFEN H, 2018. Band sedimentation experiment in analytical ultracentrifugation revisited[J]. Analytical Chemistry,90(18): 10659-10663.

SCHUCK P, 2000. Size-distribution analysis of macromolecules by sedimentation velocity ultracentrifugation and lamm equation modeling [J]. Biophysical Journal, 78 (3): 1606-1619.

SHIRE S J,1983. pH-dependent polymerization of a human leukocyte interferon produced by recombinant deoxyribonucleic acid technology[J]. Biochemistry,22(11): 2664-2671.

STERNISHA S M,WILSON A D,BOUDA E,et al. ,2023. Optimizing high-throughput viral vector characterization with density gradient equilibrium analytical ultracentrifugation [J]. European Biophysics Journal,52(4/5): 387-392.

TAKAHARA H,NAKAYAMA H,SINOHARA H,1980. Purification and characterization of rat plasma α-1-antitrypsin[J]. The Journal of Biochemistry,88(2): 417-424.

TENCHOV R,BIRD R,CURTZE A E,et al. ,2021. Lipid Nanoparticles—from liposomes to mRNA vaccine delivery, a landscape of research diversity and advancement[J]. ACS Nano,15(11): 16982-17015.

THALLER A,SCHMAUDER L,FRIESS W,et al. ,2023. SV-AUC as a stability-indicating method for the characterization of mRNA-LNPs[J]. European Journal of Pharmaceutics and Biopharmaceutics,182：152-156.

TSENG Y S, AGBANDJE-MCKENNA M,2014. Mapping the AAV capsid host antibody response toward the development of second generation gene delivery vectors[J]. Frontiers in Immunology,5：9.

UCHIYAMA S, NODA M, KRAYUKHINA E, 2018. Sedimentation velocity analytical ultracentrifugation for characterization of therapeutic antibodies[J]. Biophysical Reviews, 10(2)：259-269.

VINOGRAD J,BRUNER R,KENT R,et al. ,1963. Band-centrifugation of macromolecules and viruses in self-generating density gradients[J]. Proceedings of the National Academy of Sciences of the United States of America,49(6)：902-910.

WANG D N, LIU X L, WEI M X, et al. ,2020. Rational design of a multi-valent human papillomavirus vaccine by capsomere-hybrid co-assembly of virus-like particles[J]. Nature Communications,11(1)：2841.

WANG X W,SHEN Y H,WAN X X,et al. ,2023. Oncolytic virotherapy evolved into the fourth generation as tumor immunotherapy[J]. Journal of Translational Medicine,21(1)：500.

WEISSER N E, SANCHES M, ESCOBAR-CABRERA E, et al. , 2023. An anti-HER2 biparatopic antibody that induces unique HER2 clustering and complement-dependent cytotoxicity[J]. Nature Communication,14(1)：1394.

WHITTINGHAM J L,SCOTT D J,CHANCE K,et al. ,2002. Insulin at pH 2：structural analysis of the conditions promoting insulin fibre formation[J]. Journal of Molecular Biology,318(2)：479-490.

YANG C,PAN H,WEI M,et al. ,2013. Hepatitis E virus capsid protein assembles in 4M urea in the presence of salts[J]. Protein Science,22(3)：314-326.

YARAWSKY A E, Zai-ROSE V, CUNNINGHAM H M, et al. ,2023. AAV analysis by sedimentation velocity analytical ultracentrifugation：beyond empty and full capsids[J]. European Biophysics Journal,52(4/5)：353-366.

YIN H,KANASTY R L,ELTOUKHY A A,et al. ,2014. Non-viral vectors for gene-based therapy[J]. Nature Reviews Genetics,15(8)：541-555.

YPHANTIS D A, ARAKAWA T, 1987. Sedimentation equilibrium measurements of recombinant DNA derived human interferon γ[J]. Biochemistry,26(17)：5422-5427.

ZAI-ROSE V,WEST S J,KRAMER W H,et al. ,2018. Effects of doxorubicin on the liquid-liquid phase change properties of elastin-like polypeptides[J]. Biophysical Journal, 115(8)：1431-1444.